普通高等学校教材

合成生物学
Synthetic Biology

牛秋红　韦宇平　张　林　主编

化学工业出版社

·北京·

内容简介

本书以合成生物学的原理知识、学科前沿和应用案例为主线，主要介绍了合成生物学的概念、原理、方法，合成生物系统的设计与调控，以及无细胞合成生物系统、合成生物学的应用案例分析和发展趋势、生物安全与伦理问题，旨在总结和阐述合成生物学理念、理论、方法和工程应用。

本书具有较强的专业性、系统性，可作为高等学校生物工程、化学化工及相关专业的教材，也可作为生物、化学、医学等领域科研人员和管理人员的参考资料。

图书在版编目（CIP）数据

合成生物学 / 牛秋红，韦宇平，张林主编. -- 北京：化学工业出版社，2024. 8. -- ISBN 978-7-122-45907-7

Ⅰ. Q503

中国国家版本馆 CIP 数据核字第 2024W2U054 号

责任编辑：刘　婧　刘兴春　　　文字编辑：杜　熠
责任校对：边　涛　　　　　　　装帧设计：刘丽华

出版发行：化学工业出版社
（北京市东城区青年湖南街 13 号　邮政编码 100011）
印　　装：北京盛通数码印刷有限公司
710mm×1000mm　1/16　印张 15¼　字数 241 千字
2025 年 1 月北京第 1 版第 1 次印刷

购书咨询：010-64518888　　　　　售后服务：010-64518899
网　　址：http://www.cip.com.cn

凡购买本书，如有缺损质量问题，本社销售中心负责调换。

定　　价：58.00 元　　　　　　　版权所有　违者必究

前言

合成生物学自诞生起就极大地改变了生物学研究和应用的面貌。作为生物学与工程学之间的新兴交叉学科，合成生物学既是一门科学也是一门工程技术。合成生物学是以系统生物学、生物信息学和遗传学为基础的现代生物技术，其目标是在发育和分化的过程中设计、改造、重建、再生生物分子、生物组分、生物系统、代谢途径、人工细胞和生物个体等。合成生物学是继遗传工程之后生物技术发展的一个新的里程碑，在生物能源、环境改善、医药、保健、疫苗等领域具有良好的应用前景。

合成生物学作为现代生物前沿技术，已经成为各国必争的技术高地，各国政府政策频出以促进产业优先发展。2014年，经济合作与发展组织（OECD）发布《合成生物学政策新议题》，该报告指出合成生物学领域具有重大研究意义和广阔应用前景，引起各国政府高度关注。美国早在2006年便成立合成生物学工程研究中心，美国白宫、国会、国防部、科学院、科学基金会等均发布过相关政策支持合成生物学的发展；欧盟、英国、日本等发达国家和地区也陆续发布政策，其中欧盟《战略创新与研究议程2030》提出了"2050年循环生物社会"；中国"973""863"等国家重点基础研究发展计划也建立了合成生物学专项，国家发展和改革委员会也在2022年5月发布了《"十四五"生物经济发展规划》，报告多次提及合成生物，提出要在医疗健康、绿色低碳、食品消费、生物安全等重点领域发展生物经济，使其成为推动高质量发展的强劲动力。诚然，当前合成生物学技术的研究还处于起步和发展阶段，但随着生物工程技术的持续发展和进步，合成生物学及其应用必将为实现生命科学的高质量发展、推动人类应对和解决全球性挑战做出更大贡献。

本书由合成生物学概述、合成生物学的原理和方法、合成生物系统的设计与调控、无细胞的合成生物系统、合成生物学的应用案例分析和发展趋势、合成生物学涉及的生物安全与伦理问题等部分组成，全书系统、全面地阐述了合成生物学，分析了合成生物学的基本概念与产生过程、合成生物学解析的思路、合成生物学的模块化设计、合成生物系统的层级化结构等，并通过一些实践案例对合成生物学进行了研究与探讨，进而对合成生物学的生物安全风险、社会伦理冲击以及知识产权问题进行了探究等，本书可作为高等学校生物工程、化学化工及相关专业的教材，也可作为生物、化学、医学等领域科研人员和管理人员的参考资料。

  本书由牛秋红、韦宇平、张林担任主编，焦朋飞、张浩、李娜担任副主编，姚伦广、惠丰立、李丹丹参编，具体编写分工如下：牛秋红进行全书内容设计，编写了第一章和第二章；韦宇平进行全书内容校对修改，编写了第三章和第四章；张林编写了第五章和第六章；焦朋飞参与了第一章和第二章的编写，张浩参与了第三章和第四章的编写，李娜参与了第五章和第六章的编写；姚伦广教授、惠丰立教授、李丹丹教授对本书的设计编写给予了指导和帮助，南阳师范学院校领导对本书的出版给予了大力支持，在此表示感谢！本书在编写过程中，参考和引用了领域专家、学者的部分相关资料，在此向所有被参考引用资料的专家同行表示衷心感谢！

  限于编者水平及编写时间，书中不足和疏漏之处在所难免，敬请读者提出修改建议。

牛秋红
2023 年 11 月于南阳师范学院卧龙园

目录

第一章 合成生物学概述 / 001

第一节 合成生物学概念 / 001
第二节 合成生物学的研究内容和意义 / 003
一、合成生物学研究的基本步骤 / 003
二、合成生物学研究的核心内容 / 004
三、合成生物学研究意义 / 011

第三节 合成生物学：多学科交叉领域和工程化特质 / 012
一、合成生物学与遗传学和分子生物学的交叉 / 012
二、合成生物学与系统生物学和生物信息学的交叉 / 013
三、合成生物学与基因工程和代谢工程的交叉 / 015
四、合成生物学的工程化特质 / 016

第四节 合成生物学的创新与应用 / 017
一、合成生物技术在新材料开发中的创新与进展 / 017
二、通过合成生物学进行天然产物的高效合成 / 022
三、合成生物学在微生物药物开发方面的创新与前景 / 029

第二章 合成生物学的原理和方法 / 033

第一节 合成生物学的基本原理 / 033
一、生物系统的解耦 / 033
二、生物系统的抽提 / 034
三、合成生物系统的设计原理与合成新反应的设计原理 / 035

第二节 合成生物学的模块化设计：生物积块 / 040
一、生物积块的通用符号和功能描述 / 043
二、生物积块的连接方法 / 043
三、生物积块的定量机制 / 044

第三节 合成生物系统的逻辑结构与分析 / 046

一、合成生物系统的基本逻辑结构 / 046

二、合成生物系统的组合逻辑结构 / 051

三、合成生物系统逻辑结构分析 / 052

四、分析方法和策略 / 053

第三章 合成生物系统的设计与调控 / 055

第一节 合成生物系统的元件 / 055

一、合成生物元件、装置、系统和模块的定义 / 055

二、合成蛋白质元件 / 057

三、合成蛋白质装置 / 064

四、合成 RNA 元件 / 068

五、合成 RNA 装置 / 072

第二节 合成生物系统的基因网络 / 074

一、合成转录基因网络 / 074

二、合成转录后基因网络 / 075

三、合成信号转导网络 / 077

第三节 合成生物系统的结构 / 077

一、生物元件 / 078

二、生物装置 / 080

三、生物系统 / 081

四、多细胞交互与群体感应 / 083

第四节 合成生物系统的设计 / 084

一、合成生物学的设计方法 / 084

二、新合成反应与网络的设计 / 085

三、合成生物系统性能分析 / 090

第五节 构建合成生物系统 / 094

一、从头合成基因组 / 094

二、简化的生物系统 / 098

第六节 调控和优化合成生物系统 / 102

一、单个元件的调控 / 102

二、代谢通路的系统优化 / 104

三、对基因组范围内靶点进行识别和组合修饰 / 107

第四章　无细胞的合成生物系统 / 110

第一节　无细胞合成生物学与无细胞合成生物系统 / 110
一、基于细胞提取物体系 / 111
二、纯化组分体系 / 112
三、多酶体系 / 112

第二节　无细胞合成生物系统的特点 / 113
一、直接控制 / 113
二、原位监测和产品获取 / 115
三、加速"设计-构建-测试"周期 / 115
四、毒性物质忍耐性 / 116
五、扩展生命化学 / 116

第三节　无细胞合成生物系统的工程改造 / 117
一、无细胞系统的优化 / 117
二、基因模板及其设计 / 119
三、小分子的无细胞合成 / 120

第四节　无细胞合成生物系统的应用 / 122
一、在结构组学方面的应用 / 122
二、在高通量筛选方面的应用 / 122
三、在生物医药领域的应用 / 123

第五章　合成生物学的应用案例分析和发展趋势 / 126

第一节　基于合成生物学的天然产物的微生物合成 / 126
一、合成生物学的研究进展 / 127
二、青蒿素的微生物合成 / 130
三、莽草酸的微生物合成 / 135
四、林可霉素生物合成基因簇的克隆、编辑及其异源表达 / 141
五、Sch40832 生物合成基因簇的克隆 / 143
六、新型维里硫酰胺类抗生素的生物合成 / 144
七、萜类化合物的微生物合成 / 146
八、长春碱的微生物合成 / 150

第二节　生物材料中的合成生物学研究 / 151
一、合成生物学在生物基聚酰胺材料合成中的应用 / 151
二、细菌纤维素的微生物合成 / 161

三、聚羟基脂肪酸酯的微生物生产 / 163

第三节 合成生物学技术在生物能源和生态环保中的应用 / 166
一、合成生物学与生物能源 / 166
二、合成生物学与生态环保 / 171

第四节 新时代中的合成生物学 / 178
一、酵母基因组化学再造 / 178
二、二氧化碳合成淀粉 / 181
三、DPP4 抑制剂西格列汀个性化糖尿病治疗的机制 / 185
四、合成生物学在微生物药物研究中的应用 / 189

第五节 合成生物学的发展趋势 / 196
一、未来合成生物学的主要研究方向 / 196
二、未来合成生物学重点关注的科学问题 / 197
三、合成生物学产业发展趋势 / 198

第六章 合成生物学的生物安全与伦理问题 / 205

第一节 合成生物学的生物安全风险 / 205
一、合成生物学技术的安全风险来源 / 205
二、合成生物学技术风险的体现 / 207
三、合成生物学安全风险的特征 / 208
四、合成生物学安全风险的应对 / 211

第二节 合成生物学的概念性伦理 / 216
一、生物伦理学 / 216
二、合成生物学对生命概念的挑战 / 217
三、合成生物实体的道德地位 / 219

第三节 合成生物学的知识产权问题 / 220
一、合成生物学的知识产权问题背景 / 220
二、合成生物技术能否被授予专利权 / 221
三、合成生物技术专利带来的争议 / 224
四、合成生物学相关专利保护的伦理建议 / 228

第四节 合成生物学生物安全与伦理案例 / 231

参考文献 / 234

第一章

合成生物学概述

第一节 合成生物学概念

合成生物学是21世纪初兴起的一门新工程学科，并有望成为21世纪引领生命科学领域技术高质量发展的领头羊。合成生物学具备生物学、化学、工程学、数学和计算机等研究领域的共性导向，其发展历程是上述学科交叉融通的结果。合成生物学的基础是生物化学与分子生物学。1953年，沃森和克里克提出了DNA双螺旋结构模型。1958年他们又提出了分子生物学中心法则，给出了生命活动的基本过程。显然，中心法则是合成生物学最核心的研究基础之一。1961年，雅各布和莫诺德提出了操纵子模型，该模型表明基因是可以表达调控的，这是合成生物学中进行基因线路设计构建的前提。1970年，史密斯发现了DNA限制酶，DNA限制酶与DNA连接酶联合应用，诞生了DNA重组技术，为合成生物学提供了直接有力的工具。1974年，波兰科学家希巴尔斯基根据分子生物学的成熟度展望了生物学发展的可能性，指出"直到现在，我们还工作在分子生物学阶段，但是当我们的研究领域进入合成生物学阶段，真正的挑战才即将开始。我们将设计新的调控单元，并将这些新的模块加到现有的基因组中，或构建全新的基因组，这将是一个具有无限发展潜力的领域"。继之，1978年，希巴尔斯基进一步指出"限制酶的工作不仅提供了重组DNA的工具，而且引领我们进入了新的'合成生物学'领域"，首次提出了具有现代意义的合成生物学思想。1980年，霍博姆发表了"基因外科：合成生物学开端"的论文，用"合成生物学"术语描述经重组基因组技术改造的细菌。1990年，随着人类基因组计划的启动、模式生物基因组计划的实施，合成生物学及其术语逐渐为人所知。

2000～2008年，合成生物学已由"声明"阶段进入研究阶段和快速发展时期：J. D. Keasling课题组通过合成生物学方法在酿酒酵母中合成了青蒿素前体青蒿酸，C. A. Voigt课题组则利用大肠杆菌构建了成像系统。合成生物学研究和应用方面取得了重大突破，其发展受到多个国家政府和研究团体的高度重视，美国、欧洲等国家和地区均投入大量资金支持合成生物学的研究与工业化。和国外相比，国内合成生物学也已开展了很多研究。2009年，由中国科学院300多位专家经过一年多研究发布的《创新2050：科学技术与中国的未来》战略研究系列报告指出"合成生物学是可能出现革命性突破的4个基本科学问题之一"。例如，天津大学系统生物工程教育部重点实验室和生物信息学中心建立了必需基因数据库DEG，其系统生物工程教育部重点实验室利用两个群体感应信号转导回路，设计和构建了一个合成生态系统；清华大学生物信息学教育部重点实验室实现了代谢通路的逆向工程设计；北京大学一个研究团队设计合成了一种由多个模块组成的新的遗传时序逻辑线路；中国科学技术大学开发出了一种人工转录元件的通用化设计策略。自中国特色社会主义进入新时代以来，中国的合成生物学研究也迎来新的飞跃：天津大学合成生物学前沿科学中心成功自主合成了酵母5号和10号染色体，堪称合成生物学中人工基因组化学再造的里程碑；中国科学院天津工业生物技术研究所首次完成了实验室水平的二氧化碳到淀粉的从头合成。当前，合成生物学已成为一门多学科交叉、各技术集成的现代工程学科，是继遗传工程之后现代生物技术的一个新制高点，并取得了巨大的成功。

作为多学科、多领域的研究交叉，合成生物学的概念还处于开放、探索的阶段。研究人员普遍认为合成生物学应包括：新生物元件、装置及其系统的设计构建；为特殊目的对天然系统的再设计；所设计和构建的生物系统用来解决能源、健康、环境，以及相关生物技术进步、人类社会发展等重大问题。总之，合成生物学的目标是多样的，最终目标是创造人工生命体，造福人类社会。

第二节　合成生物学的研究内容和意义

不同于既往的生物研究，合成生物学非常注重"设计"和"重设计"。设计、模拟和实验是合成生物学的基本环节。但合成生物学不仅仅局限于实验，更要根据现实需求开展设计、重设计，利用既有的生物学、工程学等多领域知识，构建数学模型、进行计算机模拟，从而指导设计和实验，这就是合成生物学的基本研究内容。

一、合成生物学研究的基本步骤

"不是你做什么，而是你如何做它"是许多合成生物学研究者耳熟能详的一句"行话"。由此可见，合成生物学强调的是设计、建模、合成和分析4个步骤，这个工艺流程往往是高度循环的。

所谓设计是以元件、装置和系统所规定的技术要求进行，包括利用电工学的设计原则来指导、完成生物元件、装置及其系统的模块化和标准化，这是合成生物学的特质，是其区别于生物学其他学科的标志。但是，生物系统的复杂度远非电工学等系统可比。生物系统的工程化与电子学等学科有着本质的区别，既类似又不同。电子学线路中的开关和振荡器，在生物学中存在类似的单元，如启动子、抑制物和诱导物等，这样通过模拟电子线路便可以设计和构建具有相似功能的合成生物线路。建模/模拟包括借助计算机的高性能计算指导生物元件、装置和系统的合理设计和实验最佳化。但是目前定量的建模、预测和最佳化还不能作为合成生物学的主要手段，只能起辅助作用，提供参考信息，这是因为人们对生物系统的了解还处于"黑匣子"阶段。合成包括遗传单元和生物模块的合成，基因线路和生物网络的合成，最小基因组、底盘工程以及全基因组合成等。合成过程中涉及的技术既有传统技术，也有新兴技术，合成是合成生物学最核心的环节，也是最体现合成生物学工程性的环节。分析包括目的产物或新功能的检测和验证，生物模块的稳定性、健壮性和快速响应性。

合成生物学包括认识生命、改造生命和创造生命3个方面。具体地讲，它是以天然生物系统的结构（包括动态结构）与功能为基础，以工程生物系统为核心，以标准模块化为导向，研究生物元件、装置和系统设计与构建的理论策略和方法，开发生物系统的新功能、新性质，进而重构生命，为人类造福。合成生物学的概念随着科学研究的不断深入发展将会进一步充实和改进，进一步增强统一性和权威性。

二、合成生物学研究的核心内容

所谓合成生物学的核心内容，就是设计、构建新生物成分，如生物大分子、基因线路和网络、基因组或是再设计现有的生物系统和生物过程。随着合成生物学的发展，每一生物成分都实现标准化和模块化，都有各自特性及表征说明，因而使用者得以各取所需进行"搭建"。具体地讲，目前合成生物学的核心内容包括以下3个方面。

（一）生物成分标准模块化设计和构建

合成生物学是通过精制的生物模块合成生物系统，强调生物成分的合成、抽象化和标准化，这是合成生物学有别于生物学其他学科的标志性特征。而合成所涉及的生物模块，即可再使用的生物元件、装置和系统。合成生物学的抽象化涉及生物模块的功能而不是组成，标准化则涉及具有即插即用特征、可再生产和可交换的所有合成的元件、装置和系统。

基于此，合成生物学家为了有效地组合基本成分，使细胞最佳化和定制最佳化的细胞，创造性地提出生物模块的概念，并构建了相应的DNA元件文库——iGEM Registry（iGEM注册表）。在合成生物学中，生物模块的构建至关重要。相对于非生物系统，高度复杂的生物系统需要借助工程学中针对复杂系统的方法进行标准化、解耦合和抽象化，生物成分的模块化可以简化生物系统，使设计、模建、合成和分析更具操作性，有效提升其规模化水平。所谓标准化，是按照一定标准或规范设计和构建生物成分的过程。而解耦合就是将模块之间的依赖度降到最低，根据了解和需要将整个系统分割成相对独立的子系统。抽象化则是利用抽象的层次模型从不同层次对生物系统的独立性和协同作用分别进行表征。以iGEM注册表为例，其生物模块标准是包含组合各种遗传单元序列的一种有效的DNA克隆机制。这是克隆机制的简易化，避免了常规克隆技术的烦琐操作。然而，延伸生物模块标准仍然是一个重要挑战。首先，工程学科中的标准化，可以使各成分容易组合形成较大系统，而它依赖成分之间的模块化。故而我们需要知道每个元件的基本表征，如基本转录调节单元可以应用 POP 表征；同样，某些基本后翻译调节单元可以通过其磷酸化活性来表征。组合的各种元件将需要更复杂的描述，或许需要应用数学模型。关键是组合的各元件的模型也必须能够组合，这样甚至可以描述更大的组合元件。因此，目前生物模块标准化努力集中于产生基本元件库，这样容易组合并便于一起发挥作用。一种途径是产生具有相似动力学性质和输入输出阈值的各元件。它可以通过简单（如单一碱基突变）或复杂（如结构域改组）的遗传操作来完成。然而在实际实验中，标准化、解耦合和模块化是受细胞前后序列效应影响的，很难保证一种功能模块适合于所有细胞类型。在设计过程中，研究人员需要注意细胞内、细胞间或细胞外环境。各种元件和模块需要在系统和有意义的前后效应中进行表征。

（二）中心法则的再设计与构建

中心法则代表了生命的核心过程。毫无疑问，合成生物学研究的各个领域都涉及中心法则。基于中心法则的合成工程是合成生物学核心研究内容之一。

中心法则合成工程的目标是再设计信息流和过程流。显然，在任一节点上的中心法则过程的 DNA、RNA 操作都会造成信息流和过程流水平的改变，继而造成在蛋白质水平上的改变。作为细胞的主要成分，合成新的 DNA、RNA 和蛋白质是合成生物学的主要目标之一。某些操作，如启动子工程和密码子最佳化，改变了 DNA、RNA 和蛋白质表达水平，而其他方面，如生物电路设计、定向进化和非天然氨基酸，意在直接改变 DNA 序列、蛋白质的功能，这也是元件工程的基础。合成生物学的出现改进并提高了设计新信息流和过程流的能力但更多的工作还是需要从头设计。从合成生物学角度看，中心法则合成工程可以分为转录和翻译合成工程、细胞内在调节合成工程和细胞外物理-化学环境工程 3 个层次（图 1-1）。

中心法则的第一个过程单元是转录。大量的蛋白质、小分子，甚至小 RNA 都参与这个单元中的各个步骤，最终目标是 RNA 转录。因此，这个过程中各步骤的合成控制影响 mRNA 合成的速率和能力。RNA 聚合酶 II 与启动子序列结合是转录的关键步骤，这方面已开展了许多工程工作，如启动

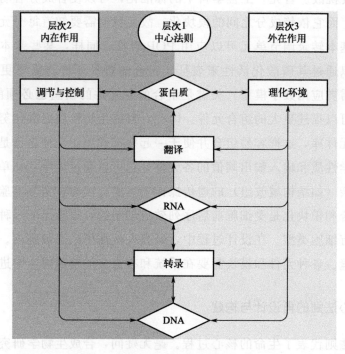

图 1-1 合成工程层次

子工程。它通过产生启动子序列突变库建立分等级表达方法，可以提供详细的表达水平，方便表征启动子的功能。控制转录的另一关键是遗传线路，俗称基因线路，通常这些线路应用于诱导启动子。这些遗传单元在产生合成线路中是相当重要的。然而，转录是需要蛋白质和 DNA 的双基质问题。以前的工作大多集中在 DNA 方面，而涉及蛋白质方面比较少。改变 DNA 序列主要是改变一种特殊的遗传定位，而蛋白质的改变则有全面的影响。同时改变许多基因转录可以获得所希望的复杂表型，这种合成控制水平对于把细胞重构为"生物工厂"是必要的。另一个合成生物学工具称为全转录装置工程（gTME），其目标是改变负责转录过程中的各种蛋白质。全转录装置工程（gTME）途径是建立转录蛋白质（如 σ 因子和 TATA 结合蛋白）的突变体库和高通量表型筛选。这个技术对于构建多基因控制下的表型是有效的，提供了调节转录过程的一种新途径。

中心法则第二个主要过程单元是翻译，它已成为合成生物学研究的重要课题。与转录相似，翻译包含许多不同类的分子，它们可以作为最佳化和重构细胞的靶标。然而，关于这个过程中最主要的分子所知甚少。合成工程翻译装置一个最成功的例子是非天然氨基酸掺入蛋白质，即氨酰-tRNA 合成酶突变体把非天然氨基酸掺入蛋白质中，这个途径可以定做希望功能的蛋白质。另一个例子是基因密码子最佳化，密码子最佳化在许多情况下被证明是成功的，可以提高翻译速率、蛋白质产量和酶活性。当与途径工程组合时密码子最佳化更有效；当试图产生与宿主机体关系不大的天然产物时，这个途径是特别重要的。密码子最佳化和组装设计的计算机技术的开发，将有力地改进控制翻译过程的能力。然而，最近的证据表明，改变 mRNA 二级结构使密码子最佳化可能是更有效的途径。工程 mRNA 二级结构是控制中心法则的一种调节方法，从头合成 DNA 与密码子最佳化算法组合将有力地促进这个过程，并清除系统中翻译水平的某些限制。

（三）生物网络的设计与构建

对于一个细胞来说，其调控网络和代谢网络构成了其生物网络。这两个网络各具特征：前者主要是信息处理和信号交换，即信息流；后者主要是物质交换，即物质流。在生物网络中，调控网络和代谢网络不是孤立的，两者之间存在广泛联系。

1. 基因线路的设计与构建

基因线路和电子线路虽属不同领域，但两者却有很大的相似性。在合成生物学中，借鉴电子线路提出并构建基因线路是其主要研究方法之一。基因线路是指生物网络中，具有确定的方向边缘、输入信号和输出反应的遗传装置或动态网络。严格意义上讲，合成生物学中遗传/基因、线路/网络尚无绝对的区分。但根据功能可将基因线路分为两大类：一类是逻辑门线路，模拟诸多逻辑关系、数字元件的线路，即各种"与""或"和"非"等逻辑门关系的基因线路；另一类是控制基因表达的各种"开关"线路，如核开关、阻遏振荡器及脉冲发生器等。

显然，使用标准化的生物模块或元件，是设计较大、较复杂基因线路的前提。然而，不像电子线路那样，理想的基因网络模块是不存在的。由于成分、宿主或合成系统不完全清楚，其难以预测特殊宿主内合成网络的精确行为。不过，已表征的线路模块库是有价值的设计资源，所设计的合成基因网络往往是动态控制基因表达。控制论提供了一种分析它们行为的可靠的数学基础。控制论的各种概念，如稳定性分析、强度、反应动力学、振荡或不规则行为等均用来建模和分析基因调节系统，特别是通过正反馈或负反馈自动调节的线路。虽然合成控制系统给人以深刻的印象，但是天然系统更复杂，自然界中某些最简单的控制系统往往是由多个正反馈和负反馈回路组成的，彼此之间连环或相互套入，这些相互联系的基因及其调节结构是作为紧密的遗传单元存在的。

数字线路和计算的另一个关键成分是计数器。遗传计数器可以计数到3种感应（诱导）事件，可以计数变化，确定使用物的输入。日益增加合成基因线路成分扩大了分子工具箱，这对合成生物学家和生物工程师是非常有益的，可以构建复杂的细胞系统。尽管合成基因组学进展迅速，但组装具有可预测功能的上述网络，仍然是很大的挑战。这个领域的进展及其长期目标的实现取决于构建的功能网络的可预测性，以及如何在同一底盘内组合这些成分，这样便可产生多成分、多功能的合成网络。

第一个合成基因网络——双稳态转换器（图 1-2）和阻遏振荡器（图 1-3）表明工程学的方法的确可以用于构建复杂的、类似电子学行为的生物网络，从而奠定了合成基因线路设计和分析的框架结构概念。这种框架结构的核心思想是合成基因网络与电子学控制系统的相似性，并且可以应用控制论的原理进行分析。这个方法学已用于构建包括其他的遗传开关、级联（系统）、脉冲发生器、时间-延迟线路、振荡器、空间模式和逻辑公式。它们可以用于调节基因表达、蛋白质的功能、代谢和细胞通信。合成生物学家拓展了现有的遗传工程技术并开发出新的线路设计原理：

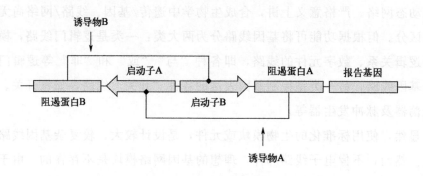

图 1-2　双稳态转换器的设计

① 重复合理设计涉及系统的产生和分析计算模型，构建相应的遗传线路，实验评价线路性能，提炼设计，直至实现性能目标；

② 组合不同构型的各元件构成线路突变体，然后选择适当性能的突变体；

③ 定向进化使元件和线路最佳化。

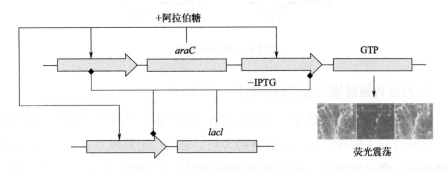

图 1-3　阻遏振荡器

一种杂合体启动子（Plac/araC，由 araBAD 启动子的活化操纵子部位和 LacZYA 的阻遏操纵子部位构成）驱动 araC、lacI 和 GFP 基因的表达，形成负反馈和正反馈回路。在阿拉伯糖存在时，启动子由 AraC 蛋白质活化；在异丙基-D-1-硫代吡喃半乳糖苷（IPTG）缺乏时，启动子由 LacI 蛋白质抑制。把阿拉伯糖和 IPTG 加入到生长介质中，启动子被活化。在阿拉伯糖存在时，增加了 AraC 的生产，从而活化了正反馈回路。然而，LacI 同时增加，则活化负反馈回路。两个反馈回路的不同活性，导致线路振荡行为。通过改变 IPTG 和阿拉伯糖的水平，振荡周期是协调的（15～60min）

遗传振荡器（图 1-4）是在负反馈回路中应用 3 个转录阻遏蛋白，用数学模型开发预测转录调节行为。在这个模型中，阻遏蛋白及其相应的 mRNA 浓度视为连续的动态变化。在各因子的变化中，如转录速率取决于阻遏蛋白的浓度、翻译速率和蛋白质及 mRNA 的衰变速率，结果会是以下两个解中的一个：或系统收敛于稳态；或系统变为不稳定，导致持续的有限循环振荡。这个模型表明该振荡系统具有可比较的蛋白质和 mRNA 衰变速率，强启动子及高效核糖体结合部位相互配合非常有利于振荡的发生及延续。因此，根据这个模型可以应用杂合体启动子（保证转录强度和密度）和 C 端标签构建网络。由于振荡周期慢于细胞分裂周期，振荡器网络周期性地诱导绿色荧光蛋白产生并强化，振荡器状态似乎是代代相传的。更强和更协调的振荡器是一个在哺乳动物细胞中起作用的协调合成振荡器。

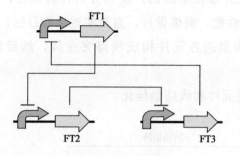

图 1-4 遗传振荡器

2. 合成代谢网络和合成酶学途径

合成生物学是产生合成代谢网络强有力的学科。表征和了解天然酶及其途径已经打开了构建合成代谢网络的大门。合成代谢路线是途径中各种酶的效能体现，例如抗疟疾药物前体青蒿酸和用作生物燃料的几个支链醇的生产。当前，许多高价值的化合物并没有可工业化的天然合成途径，其可工业化的代谢路线需要进行人工构建。单纯从生物反应角度上讲，这个新的路线可以由各种非天然酶组成。合成生物学的各种元件-装置框架本身可以看成是由人工设计的酶催化反应的元件组成的用于合成途径的产生代谢装置。整个系统首先募集各种酶元件，然后扩展到途径水平，即由酶元件设计代谢途径。在代谢途径未知的情况下，合成生物学的生物代谢途径构建不同于以往，其构建的是从头合成代谢途径。在构建过程中，合成生物学采用逆生物合成方法，即以目标化合物为中心构建可能的代谢途径。此法扩大了生物合成的适用范围，特别适合合成不存在天然合成途径的化合物。围绕逆生物合成方法，已经有多种从已知酶及其反应出发构建代谢途径的计算机算法被开发出来。途径水平的合成生物学目标是创建新的代谢路线，以产生天然的代谢物和非天然的化合物。传统上，途径工程与代谢工程是同义词，并且它的工具箱是由同样的基因敲除、流量最佳化和基因高效表达等工具组成。途径工程或代谢工程已用于操纵天然代谢。合成代谢可以用于构建非天然途径。

在构建非天然代谢途径之前，首先必须进行设计。途径设计的目标是应用与目标产物分子相联系的一系列生物化学反应，这可以通过天然酶或工程酶实现。途径设计的第一步是获取有效用于途径的各种酶和酶催化反应。综合蛋白质和代谢数据库，如 BRENDA、KEGG、Metacyc 和 Swiss-Prot，募集已表征过的各种天然酶及酶催化的化学转化。目前 Swiss-Prot 大约登记了 398000 个蛋白质。由于大量表征的酶催化相似的化学反应，因而被编为广义酶催化反应，目的是构建途径。

通过多个不同代谢途径的整合，工程细菌宿主可以生产复杂的天然产物。偶联多个酶产生的代谢途径可以合成复杂的天然产物。已知天然产物（如紫杉醇和万古霉素）在疾病治疗中日见重要。为了用简单的、低成本的起始材料生产这些复杂的化合物，开发合成酶学途径存在巨大的潜力。合成酶学途径最优的例子包括青蒿酸的生物合成、人工酶系统产氢和人工组装合酶催化合成聚酮化合物。

三、合成生物学研究意义

不同于传统生物技术需要大量、重复的实际实验进行验证和修改，合成生物学则尝试着结合数学、计算机方法和工程学进行虚拟实验，设计和改造生物系统。合成生物学的目的是借助工程化手段进行生物系统的合成和遗传线路的连接，即先设计、再制造、再设计，与现代工程中集成电路的制造方法类似，有时也会被形象地称为生物电路。合成生物学正是要通过这种理性"设计"和"重设计"的过程，通过实验获得人们所需要的生物功能。其研究的意义在于通过工程化策略加速生物学研究和应用的进程，利用人工合成的生物系统验证和深化人类对于生命的理解。

1. 加速生物系统工程化进程

合成生物学自提出到现在已经有 30 多年的时间，虽然遗传工程和生物技术各自取得了巨大进步，但当前生物系统的合成仍然是一项昂贵且不完全可靠的过程。毕竟生物系统几十亿年的自然进化本无关人类的认识和工程化。目前，生物系统大量的、单一功能组分之间的相互作用（如基因多效性）并不完全明了，对如何将复杂生物系统可靠地工程化和标准化提出了严峻挑战，继而极大限制了其在生产方面的应用。合成生物学作为生物工程的分支，致力于实现细胞装置的工程化自组装，全新分子和生物系统构建，有效推动生物能源、环境改善、医药、保健、疫苗、基因编码功能及生命起源等其他方面的研究。合成生物学提供了自然生物系统的"重写"手段，也使得设计和构建工程化生物系统更加简便易行，提供了制造可以有效替代某些自然生物系统的工程化代用品的可能。

2. 验证和深化对于生物现象的理解

回顾合成生物学的发展史，在现代生物学中"分析"和"合成"扮演了同样的角色。在分子生物学诞生前，传统生物学以个体或细胞水平的形态、特性考察为基础，这显然无法解释生物发展和演化的根本原因。随着分子生物学的诞生，生物学可以在分子水平基础之上进行定性定量的分析，使现代生物学变成成熟的科学。这得益于测量的精度和通量上的进步，基因组测序、DNA芯片、分子结构确定及高通量的显微技术方法和体内生物传感器等现代实验技术，提供了大量生物分子组件细节、生物系统特性及其行为的描述。为了正确、完整地理解复杂生物系统，"合成"将是"分析"的必要补充，通过人工构建各种生物分子、遗传线路和代谢途径，进而进行研究，人类才能更好地验证和理解生物现象。对于合成生物学来说，成功地建立其基本原则和新生物系统的工程化技术当然很好，但失败也同样可以为认识自然生物本质提供直接佐证，为人类更好地理解和运用源自自然的技术提供助力。

第三节　合成生物学：多学科交叉领域和工程化特质

互相交叉融通是当今学科发展的大趋势，合成生物学也不例外。一方面合成生物学的发展需要生物学、化学、工程学、计算科学、数学、物理学和医学等相关学科的支持，另一方面合成生物学的进步也促进着相关学科的发展。作为一门综合各学科及工程思想的新学科，合成生物学与许多学科都存在交叉。同时，合成生物学作为一门独立的学科，又存在与其他学科不同的、自己所独有的特点，下面将从合成生物学与各学科的交叉、合成生物学的工程化特质等方面详细阐述。

一、合成生物学与遗传学和分子生物学的交叉

遗传学和分子生物学是生命科学中较早发展的学科，目前已经具备了较为成熟的学科体系和研究方法。遗传学是一门研究生命起源与进化的学科，

它的主要研究内容包括生物的遗传与变异、基因的结构和功能及其突变、遗传信号的传递和表达规律。分子生物学主要是研究分子水平上的生命现象。通过对现有生物元件的改造或者重新构建新的生物元件，从而构建出新的遗传系统，对于研究生命的起源与基因的编码功能等具有重要意义。

"人造生命"是合成生物学研究的终极目标之一，其实现主要是通过对生物元件进行人工设计、合成与组装完成的，因而合成生物学与遗传学具有紧密的联系。合成生物学采用突破传统的"自下而上"的研究思路，在合成过程中对已有的理论进行验证与改进，为遗传学的发展提供了新的思路。建立标准化的生物元件是合成生物学研究的基础之一，组装这些标准化的元件并引入宿主中，可以赋予其复杂的功能，同时结合对宿主细胞的解析，得到更为复杂但遗传背景更加清楚的生物系统。由于这些生物元件具有详细的生物学特征与功能，利用这些元件可以大大简化基因线路的构建与调控。而生物元件的标准化为进一步模块化的遗传路线设计与构造创造了条件，最终实现真正意义上的"人造生命"的创建。

合成生物学不仅与遗传学关系紧密，与分子生物学也密不可分。分子生物学是一门基础学科，主要研究生命现象的本质与规律。遗传信息是分子生物学的核心内容。分子生物学的出现使人们对生命现象的研究从宏观观察与描述进入微观深入的解析。分子生物学发展到现在，已经成为生命科学研究中不可或缺的手段。DNA重组技术以及细胞融合技术奠定了现代分子生物学的发展，其利用遗传工程、细胞工程等手段构建新的生物分子、基因线路乃至生命体，并赋予其新的性能。DNA重组技术、分子克隆、大片段组装、基因组整合等分子生物学技术的发展为合成生物学的产生与快速发展奠定了坚实基础。合成生物学不仅利用这些分子生物学手段来构建DNA序列，还增加了DNA序列的自动合成技术，并通过建立标准化生物元件来简化人工系统的构建过程。

二、合成生物学与系统生物学和生物信息学的交叉

系统生物学主要的研究对象是自然界中生物的系统整体，是以系统论和实验、计算方法整合等作为研究手段，表征从细胞到生物系统多维度的功能和行为。系统生物学的快速发展得益于基因组学的出现和广泛应用。从基因组学到全代谢组学（包括基因组学、转录组学、蛋白质组学、代谢组学、代

谢物组学等），系统生物学可以实现多维度生物系统研究。合成生物学与系统生物学有着非常紧密的关系，系统生物学通过定量分析、数学模拟、建模等方法对系统或系统中的各个组件进行解析后所得到的数据，可以经合成生物学的解耦将系统分解为生物元件。这也是合成生物学的特性之一，即合成生物学的关键是将生物元件模块化与标准化，它是一种从头合成复杂生命系统的技术。合成生物学与系统生物学采用的是两种不同的研究策略，前者为"自下而上"，后者为"自上而下"。虽然如此，两者之间却存在紧密的联系。系统生物学是基因组尺度合成生物学的基础，为合成生物学的生物元件组装、整合及系统构建和验证提供分析手段。同时，合成生物学改造或重新构建的生物元件为系统生物学中进行组分研究与相互关系的探索提供了新的材料与工具，使人们更为深入地理解现有的系统。

　　人类基因组计划后，人们获得各种生物学数据和信息的能力突飞猛进，但如何处理海量的数据，从浩瀚的数据海洋中筛选出对我们有用的信息，更高效地进行生物学研究，避免因信息量过大、方法缺失而带来的知识浪费现象成为进入 21 世纪后研究人员一直面临的问题。为解决这一问题，生物信息学应运而生并逐渐发展。生物信息学的目的就是在通过其他手段如组学研究等得到的数据中筛选、挖掘和提取有用的信息，这对于解释生命现象的本质、研究基因和蛋白质的功能具有重要作用。当前生物信息学已经发展到了后基因组时代，主要内容包括基因组的注释与分析、基因芯片、蛋白质结构解析等。其中，各种组学水平的研究也为生物信息学提供了大量的数据，尤其是随着第二代和第三代测序技术的不断发展，基因组与转录组的遗传信息可以快速准确地测定，为生物信息学下一步的研究提供了资源。生物信息学的快速发展为合成生物学提供了强有力的支撑，尤其是测序技术的发展与基因组功能的研究，为合成生物学研究提供了多种数据库。例如，通过转录组学的研究，人们进一步发现了非编码 RNA 对转录的调节、蛋白质活力的调节等具有一定的影响，从而从更高层次认识了基因组的生物元件及工作机制。合成生物学无论是改造现有的生物元件还是重新构建新的生物元件，都要建立在对现有生物元件充分了解的基础之上，生物信息学可以为其提供相关信息和数据，而合成生物学的研究结果也可以对现有的生物信息学数据进行验证。

三、合成生物学与基因工程和代谢工程的交叉

合成生物学与基因工程具有密不可分的联系，两者体现了现代生物技术发展的两个重要阶段，前者建立在后者的基础之上，甚至可以说两者有些内容是重合的。基因工程主要通过自动测序技术对基因组 DNA 序列进行识别读取，并通过分子生物学手段实现 DNA 序列的构建。而合成生物学则通过人工合成 DNA，构建标准化的生物元件，这其中包括对新的 DNA 合成技术和测序技术的开发、基因组改组技术的建立、大片段组装技术的研究等。相较于基因工程，合成生物学更多的是利用标准化生物元件对现有的基因线路进行改造或重构。基因工程往往设计的基因数目较少，也更少利用计算机或者数学手段进行分析。而合成生物学则是对多组基因甚至整个基因组的改变、设计到网络分析、计算机模拟等。虽然合成生物学发展已经取得了很大的突破，但仍不能完全取代传统基因工程的作用，在基因工程的基础上不断发展新的生物学技术，解决合成生物学目前存在的困难是两个学科发展的一个重要方向，有助于两门学科的相互融合、促进与发展。

所谓代谢工程，是利用分子生物学手段，特别是 DNA 重组技术对已有的生化反应、代谢途径和调控网络进行合理的设计与改造，以合成新产物、提高产物的合成能力或获得新性状。例如，通过表达不同来源的酶（包括内源基因或外源基因的表达），在微生物中构建全新的代谢途径，实现一些高附加值的天然产物及其衍生物的合成。而合成生物学的快速发展为代谢工程提供了更系统、更有力的分子生物学工具，其在代谢工程中的应用可分为以下 4 部分：

① 改造代谢途径中的关键酶，如对异源基因进行密码子优化、借助随机突变或定向进化提高酶的催化活性等；

② 构建异源的代谢途径；

③ 调控表达代谢途径中的多基因，如在代谢途径中设计合理的操纵子以调控多基因的同时表达；

④ 改造宿主细胞，如构建最小基因组、人工全基因组合成等。

合成生物学诞生于代谢工程发展 10 年之后，为代谢工程改造提供了新的思路与方法，在代谢途径的系统设计、构建以及基因线路的调控等方面发挥了重要作用。合成生物学中生物元件的设计和利用，可以提高代谢途径的

构建效率，简化构建过程。

四、合成生物学的工程化特质

从我们前面对合成生物学的基本概念解释与其发展可以看出，合成生物学具有明显的工程化本质，这是其明显区别于其他生物学科的一个特征。设计构建系统和标准化等典型的工程化语言频繁出现在合成生物学的描述中，这些都从不同层面上反映出了合成生物学的主要学科特点，即工程化。合成生物学家期望通过工程化的方法将工程化概念引入生命科学研究，令合成生物学研究实现标准化、模块化和系统化，从而借助探索自然界存在的生物现象，进一步推动细胞工厂、人造生命等科研进程的快速发展。

1. 生物学中的现代工程学

生命现象是极度复杂的，这也是现代工程学原理在生命系统的应用中面临的主要挑战。而在生命领域之外，通过现代工程学的方法，多种具有高度复杂性的人工体系已经被成功构建出来。模块化的结构、层次化的组织是这些人工体系的共同之处。所谓模块化指的是系统可以分解为在结构和功能上具有相对独立性的组成单元，而层次化指的是这种分解过程又可以逐层细化，好比将较大尺度的单元模块逐级细化为许多更小尺度的单元模块。众所周知，生命系统的组织结构也具有典型的模块化和层次化特征。因此，基于模块化和标准化手段分析生命系统的各组成部分，进而"分而治之"，采用数学模型预测等策略创建复杂人工生物系统，终将会成为生物学中的现代工程学应用典范。

2. "硬件"与"软件"缺一不可

确立了实验方案之后，就需要经过选取所需的标准化生物元件、模块，设计研究方案，获得新的生物系统以及最后实现预期的功能等几个阶段。该实施过程与制造计算机等工程项目极为相似。所以，生物系统也可以类比计算机工程项目，由"硬件"与"软件"两部分组成。前者指的是DNA、蛋白质等组成生物系统的基础生物元件，而后者指的则是基因组所携带的遗传信息及其丰富的表达调控信息。

经过许多年的研究，人们对于生物系统的"硬件"部分已经有了较为详细的了解，同时也具备了人工合成DNA"硬件"的能力。随着合成技术的长足进步，DNA 自动化合成已经实现了商品化、规模化，这种合成单个基因乃至整个基因组等"硬件"的能力为合成生物学的进步提供了坚实的技术支持与保障。

3. 生命系统的独特性

在诸多工程系统设计构建中，"自下而上"、从头构建和合理规划等工程学方法已完全成熟。但是，高度复杂的生物系统的整合程度与难度远远超过了非生物系统，其系统运作的细节信息目前仍大量缺乏。标准化、解耦和抽提均需要分解生物体组件，这虽然在概念化方面是一种有效方法，但在实际实践中，由于目前在生物体动态整体水平上进行生命表征的机制尚不清楚，所以运用和修改生物元件，以无生命物质系统组成可用的人工生物系统仍是十分困难的。显然，生命系统的工程化与化学、物理学等学科领域的工程化存在本质区别。

① 生物系统工程化的最基本单元是生物大分子、单体等微观对象，而其他系统工程化的最基本单元多是聚合体等宏观对象。

② 在生物系统中，生物分子等基本单元、基本单元组成的更高层次单元，以及不同单元之间的信息传递途径，是通过生物系统自组织而非外力操纵实现的。

③ 生物系统的整体功能并非各组成单元特性的线性加和，而是多个单元依照特定相互作用的统一组合表现出的新特性，整体功能来源于系统作为整体所具有的"呈展"性质。

④ 自然界生命系统的工程化是生命长期进化的结果。这种自然进化所产生的、多样化的从分子到细胞、细胞到组织器官等层次完整、结构功能复杂的生物系统，可从生物元件与宿主、结构模板与工作机制、设计与演化原理等诸多方面为合成生物学研究所学习利用。

第四节 合成生物学的创新与应用

一、合成生物技术在新材料开发中的创新与进展

材料的进步是人类文明进步的标志之一。人类发展的历史进程中，从石

器的使用到青铜铸造再到铁器锻造、从蒸汽机到电动机再到信息时代，生产生活的发展都离不开材料的变革。众所周知，塑料的发明制造是近代材料发展的一个里程碑，然而随处可见的塑料产品为生产生活提供便捷的同时也给生态环境造成了巨大的压力。习近平总书记指出"绿水青山就是金山银山"，发展绿色低碳环保的可持续性替代品成为新时代中国材料研究的必然趋势。自然界中的许多天然生物质，例如木材、蚕丝、棉花等，生物性状优良，其经过提取加工获得的生物基材料具备高机械强度、多功能性、可编程性、多层级结构、自生长和自修复等动态特征，成为新型材料研发热点。但不尽人意的是很多生物功能组分天然产量十分有限，例如从10000只加州蓝贻贝中仅能提取1g黏性足丝蛋白，其分离纯化过程不但成本高昂且不可持续，因此如何通过现代生物技术创新新材料设计和合成成为研究热点。显然，合成生物学为新材料的发现、设计和生产带来了新机遇，通过合成生物技术可以改造生命、赋予其定制化合成材料的功能和特性。近年来，材料学和合成生物学不断交叉融合，催生出了一个新兴研究领域和产业——材料合成生物学，该领域集合成生物学与材料科学的工程原理于一体，利用合成生物技术设计新生命系统生产新材料，特别是具有特定功能的活体材料。基于生命系统的活体材料除理化特性外还具有如环境响应、自修复、自我再生等动态特征。此外，遗传物质的可编辑与可编程性使得设计复杂逻辑线路，继而精确调控生物系统合成材料性能成为可能。材料合成生物学的研究主要可分为3类：

① 设计、改造底盘细胞或系统，实现天然生物组分的高效异源表达；

② 通过"自下而上"的方式，理性设计不同生物材料模块，实现功能可调的仿生功能材料构建；

③ 借助生物网络调控底盘细胞，原位合成特定功能组分，开发活体功能材料。

接下来，本书将从合成生物技术如何推进天然生物组分的异源发酵、仿生功能材料的模块化设计和功能"活"材料三个方面的进展分别进行概述。

1. 天然生物材料/组分的异源发酵

20世纪80年代以来，一些具备特殊性能的天然组分和生物材料及其应用引起了广泛关注，科研人员进行了大量仿生学研究。例如，具备超强机械性能的蛛丝蛋白在轻便高效防弹衣帽设计制作中的应用；海洋贻贝、藤壶等潮汐带海洋生物的水下黏附物质及其性能研究应用；基于乌贼等生物的伪装反射分子的隐形涂层设计开发。然而，人工饲养生物中提取相关功能组分，继而分离纯化、制备相应特种材料是一种烦琐、昂贵且低效的方法，更何况不是所有的生物都能人工饲养。因此，科研人员对这些材料的生物生产和改造产生了极大的兴趣。得益于基因测序与合成、组学、生物信息学以及材料微观先进表征手段的发展，天然生物材料的成分、功能与其代谢途径关系得到充分的解析，天然材料的基因以及相关的生产或代谢途径转入大肠杆菌、毕赤酵母或需钠弧菌等成熟的工业菌株中进行异源发酵已不再困难，其问题集中于如何实现低成本、高效的规模化生产。借助合成生物技术，科研人员可对发酵过程中工业菌株的生物代谢途径进行优化设计，尽可能地集中细胞资源表达目标生物分子，并辅以灵活的基因转录水平调控，实现产物各种性能的控制。此外，利用合成生物技术改造底盘细胞的代谢合成途径，可以使目标生物组分的表达更"自然"，更接近自然的性能特征。例如，加入工程化的氨酰tRNA合成酶，可以在细胞生产贻贝足丝黏性蛋白的过程中引入非天然氨基酸L-Dopa；通过细菌中过量表达磷酸化酶，可以促进重组蛋白的翻译后磷酸化修饰。随着异源表达技术的发展和发酵工艺的进一步优化，多种从自然基因组中挖掘的特殊功能生物分子被成功表达，在底盘细胞改造、代谢途径优化等过程中也积累了大量经验。然而，特定基团的修饰以及分子多层级组装往往决定了生物大分子的功能，这是当前工业化的异源表达体系还难以完全满足的，直接导致当前获得的目标生物分子性能逊于天然材料。此外，由于微生物表达体系的局限，一些具有重复序列的超高分子量蛋白基因，例如蛛丝蛋白、肌联蛋白等基因，不易被底盘细胞翻译合成，所以只能生产其低分子量替代物，在一定程度上限制了其最终材料产品的性能和应用。针对这个问题，研究人员通过引入生物分子体内聚合反应，实现了超高分子量蛋白在异源宿主的表达。例如，通过将快速反应的split-inteins片段分别融合到肌联蛋白亚基两端，成功生产出相对分子质量达百万的肌联蛋白聚合物，所产材料的机械性能等同于天然材料。

2. 模块化设计组装新材料

除优化天然分子的代谢合成途径外，模块化策略也被引入到材料设计构建中。借助合成生物技术，根据实际应用的要求，将不同种类、性能各异的生物大分子（如蛋白质、多糖、脂质等）进行理性优化、重组和整合，设计创造全新的生物材料。这些生物大分子材料模块依据其基因编码，可分为结构模块与功能模块。前者包括能够自组装的生物大分子，例如淀粉样蛋白、S-layer 二维骨架蛋白，以及亮氨酸拉链、弹性蛋白、细菌纤维素等。根据不同种类结构模块的分子自组装特性，可相应发展一维纳米纤维、二维纳米片或三维水凝胶等结构材料。功能模块包括催化酶、荧光发色团、生长因子、黏性蛋白等具备特定功能的生物分子，以及能够响应外界信号的传感分子等。功能模块可用于修饰材料赋予其特定性能或设计构建环境响应的生物活性材料。可编码的核酸分子（DNA、RNA）既是结构模块也是功能模块。通过 DNA 折纸技术，将核酸单链依照预设空间结构进行折叠得到二维或三维纳米结构，可应用于精确制备光学材料、药物递送等诸多领域；此外，核酸的数据存储功能也已被用于发展新型存储材料。毫无疑问，通过模块化策略，上述的生物材料模块都可以在分子层面组合，在细胞工厂中合成、在胞内自组装成具特定结构的生物活性材料，以满足设计的功能和性能需求。当前模块化设计的典型案例包含整合了相分离蛋白凝聚特性与贻贝足丝蛋白界面黏性所制作的水下黏合涂层材料、智能感应光照引发自动降解的医用仿生水凝胶材料、CRISPR 环境响应的智能凝胶材料以及基于生物自修复蛋白所制作的软体机器人等。尽管近年来该领域取得了一系列重要成果，但仍面临一个瓶颈，即如何通过纳米尺度的微观生物分子改造，显著提升宏观级别的材料性质或生物活性功能。另外，在生物基新材料设计过程中缺乏对结构和功能模块标准化的表征也是限制其广泛应用的另一重要原因。材料基因组计划正是因生物功能分子高通量的计算模拟、合成制备、检测分析以及数据库搭建问题而提出的，未来有望为生物材料模块的标准化创造条件。

3. 活体功能材料

以上两种生物活性材料的设计表达都是基于细胞作为材料合成和加工工厂进行的。不同以往，新型的"活"材料（活体功能材料）是把细胞也视为材料组成的一部分。在"活"材料的设计中，代谢途径转移和模块化组合都可以采用。显然，由于生命体系的可再生特点，设计构建可降解的合成生物材料完全满足当代可持续技术发展的需求。此外，利用细胞行为可编程的特点，"活"材料还可以引入人工设计的基因逻辑线路，实现材料的合成、分布与功能发挥的实时调控。由于当前模式微生物（如大肠杆菌、枯草芽孢杆菌、酿酒酵母等）代谢途径相对清晰，基因操作成熟，故而当前"活"材料的相关研究大都是围绕模式微生物展开的。典型的案例是以大肠杆菌、枯草芽孢杆菌以及红茶菌为代表的功能生物被膜材料的开发。一方面，通过合成生物技术，可以通过对生物被膜主要结构模块（CsgA、TasA或细菌纤维素）进行功能修饰的方式，调控整个生物被膜材料的性能；另一方面，可以通过整合基因调控线路，实现时空可控的生物被膜材料的分布与功能的精确操纵。当前，基于生物被膜的"活"材料已经在代谢物催化、医学成像、生物发电、污水处理、水下黏合、土壤固化以及环境污染物检测等诸多领域得到了广泛应用。

此外，近年来生物分子及其自组装形成的胞内材料，包括用于提高生物催化效率的细胞微室、用于操纵细胞行为的相分离蛋白液滴、用于活体组织超声深层成像和药物智能释放的生物自组装载体等越来越受关注。尽管纯生命系统组装的"活"材料在实际应用中面临诸多问题，如难以实现自支撑、机械强度弱、性能不如成熟的人工合成参照物等。鉴于此，研究者提出了设计构建同时包含生命体系和非生物组分（如高分子水凝胶等支架材料）的杂合"活"材料的策略。引入非生物材料能够为生物材料提供足够的机械支撑或者赋予其特定的理化功能，有效提升"活"材料的实际应用范围和价值。例如，在滤纸表面涂覆感知型酵母菌可检测蔬菜病原体污染；可吞服电子设备引入传感细菌有助于实现胃肠健康状况的远程监测；半导体与工业菌株的结合使得异养微生物可以利用太阳能来提升发酵效率；通过微生物矿化所制备的建筑材料可以实现建筑外墙小型裂痕缺陷的自动修复、长效释放驱虫分子或吸收降解空气污染物，还可以有效减少传统砖块烧窑过程的温室气体排放。

通过工程化的生命系统进行有特定应用价值的代谢产物的合成与分泌是当前发展"活"材料的另一重要方向；在"活"材料的使用过程中，生物安全性依然是限制"活"材料应用的一个重要问题。例如，通过工程化的乳酸菌、枯草芽孢杆菌可以制备用于皮肤病菌感染或糖尿病足伤口护理的活性敷料，但活性敷料若发生微生物泄漏就会引起严重免疫反应。同时，经过基因改造的生命体对环境的影响也常常被人们所重视，例如改造海洋微生物的生物被膜可以有效帮助船体抵抗生物污染，但船体表面上的转基因微生物也有可能严重破坏现有的海洋生态系统。因此，未来活体功能材料的发展还需要重点关注生物安全性，以保障"活"材料在不破坏生态环境、不危害人类发展的前提下得到推广应用。

二、通过合成生物学进行天然产物的高效合成

(一)合成生物学创新天然产物的高效合成过程

1. 基于合成生物学的全合成

目前,基于合成生物学开展微生物平台改造,构建合理的重组生物合成途径并改造其相应的微生物高产菌株,实现从可再生原料中生产化学品、药品、能源和其他高附加值天然产物,有效地解决了原有天然材料中提取天然产物方法的高污染高能耗问题,为其工业化大规模生产提供了一种可持续绿色制造的替代方法。这里以番茄红素的合成生物学合成为例进行讲解。

番茄红素是一种类胡萝卜素,作为四萜化合物有着极强的抗氧化、防癌、抗癌特性。目前番茄红素的工业化生产主要分为两种:一种是从番茄中直接提取;另一种是化学合成。早在20世纪,依托大肠杆菌的番茄红素生物全合成技术已经被突破,但其产业化进程却大不如人意。番茄红素的生物合成途径本身相对简单,仅包括上游模块前体IPP/DMAPP的供给和下游模块番茄红素异源合成。下游模块的基因定向进化、过表达限速步骤、下调竞争途径、加强乙酰辅酶A前体供应、平衡NADPH利用、多元化IPP和DMAPP获取途径等策略的实施,有效加强了番茄红素在模式菌株酿酒酵母体内的高产。但这些策略依然无法解决番茄红素异源表达过程中重组途径无法强耦合、产物耐受性差的两大困境,使得番茄红素生物全合成无法彻底取代其化学合成方法。

首先,重组途径无法强耦合,即异源微生物宿主中各蛋白协同工作效率不高,最终导致整个异源重组途径效率不足。针对这一问题,武汉大学刘天罡课题组和江夏课题组利用多肽相互作用标签RIAD和RIDD,使上游代谢途径的最后一个酶Idi和下游番茄红素模块的第一个酶Crt E在细胞体内进行自组装,得到Idi-Crt E多酶聚合体,使得番茄红素异源合成途径强耦合IPP/DMAPP的供给途径,聚拢各个功能元件在体系中的分散度,减少中间产物的流失、浓度的稀释以及毒性中间产物的积累,有效解决了底物传递和代谢流不稳定的问题,番茄红素的产量提升了58%,达到了2.3g/L。

其次，高浓度番茄红素对异源宿主有毒性。番茄红素是脂溶性的，其疏水性质使其无法在亲水性细胞质中大量积累，直接导致番茄红素易在酿酒酵母的细胞膜中大量聚集，致使细胞膜破裂。基于这一点，武汉大学刘天罡课题组过表达了酿酒酵母体内与脂肪酸合成和三酰甘油（triacylglycerol，TAG）产物相关的关键基因，并通过调节 TAG 脂肪酰基组成来调节脂滴大小，提高异源宿主体内的脂质含量、增加番茄红素的储存量和储存空间，容纳更多的番茄红素从而降低细胞毒性、突破番茄红素产量的瓶颈。最终，番茄红素产量高达 2.37g/L。

由此可以看出，合成生物学能够多方面、多角度应对天然产物在模式菌株中高效生产的诸多挑战，其合成策略能够在更多的案例中得到应用。不过在实际研究中，像番茄红素这类有着完善路线、工艺及高得率的成功实例并不多见。更多高价值复杂天然产物的生物全合成机制的探究往往难度大、耗时长，亟待更多的研究人员参与、更多的经费持续资助。

2. 基于合成生物学的化学半合成

由于细胞色素 P450 及其后修饰酶与大部分植物来源的复杂天然产物生物合成途径紧密关联，其作用机制难以挖掘并阐明，对植物复杂天然产物进行生物全合成变得困难重重。同时，由于天然产物复杂的结构，其化学从头全合成路线往往多达几十步，导致总收率极低。针对这一难题，研究人员提出了半生物合成的方案：围绕易获取的天然产物构建生物合成途径，其所得产物经过少量的化学催化，就可以实现复杂天然产物的合成。以抗疟疾药物青蒿素为例，青蒿素全球市场需求极高，但传统的植物提取方法产量极其有限，远远无法满足市场需求，因此化学半合成或许是一个不错的选择，即通过工业菌株发酵生产青蒿素的化学合成前体青蒿酸，然后将青蒿酸通过化学合成转化为青蒿素。

在盖茨基金会的赞助下，J. D. Keasling 教授等研究者联合 Amyris 公司围绕这一问题进行了研发。2006 年，Ro 等改造酿酒酵母，通过加强前体物质 FPP 的供给、下调酵母本底对 FPP 的利用，得到了强前体供给的酵母底盘，成功异源表达黄花蒿来源的青蒿酸生物合成基因，提升青蒿酸产量至 115 mg/L。2012 年，Westfall 等进一步改造酵母菌株 CEN.PK2，进一步提升青蒿酸产量，并发现了青蒿酸前体紫穗槐二烯（amorphadiene）转化为青蒿酸是其生物合成途径的限速步骤。2013 年，Jay Keasling 教授团队基于这一点，向上述高产突变株中再引入了3个植物源还原酶，并结合两相发酵的策略，使青蒿酸产量达到了25g/L。最后，通过化学合成，以40%～50%的产率得到高纯度青蒿素，使得利用工业菌株来化学半合成青蒿素取得突破性进展。同年，该法完成了工业化生产，青蒿素最终生产成本稳定在2000元/kg以上，产能为60t/a。但是由于这个生产价格和植物提取相比未有显著优势，并没有得到大规模推广，但是其仍然将青蒿素的原料稳定在1500元/kg左右，进一步推动了青蒿素的使用。

第二个例子则是愈创木烷类倍半萜类化合物 Englerin A，Englerin A 具有显著抗肾癌活性，但也因为其化学全合成方法复杂、低效，且缺乏生物合成途径而无法工业化生产。幸运的是，Englerin A 有其结构类似物 guaia-6，10(14)-diene，两者有着相同的核心骨架，也就是说如果可以高效地获取 guaia-6，10(14)-diene，就有望实现 Englerin A 的生物半合成。刘天罡课题组联合 Mathias Christmann 课题组系统筛选了真菌来源的倍半萜合酶，在禾谷镰刀菌 Fusarium graminearum J1-012 中找到了能够高效合成 guaia-6，10(14)-diene 的倍半萜合酶后，便以酿酒酵母为目标，运用代谢工程的手段实现了 guaia-6，10(14)-diene 的0.8g/L的高效合成，而后以此为出发点进行了七步化学合成，以38%的总产率获得了 Englerin A。

通过合成生物学实现化学半合成，除了能够完成复杂天然产物的合成从"0"到"1"的突破外，这种全新工业生产方式更能够颠覆既有行业的格局。维生素E作为全球市场容量最大的维生素类产品之一，其化学结构中含有萜类结构单元，长期以来依靠化学法进行合成是工业主要生产方式。我国研究人员创造性地运用合成生物理念，通过微生物发酵，合成法尼烯为前体的维生素E的关键中间体异植物醇，进而一步合成维生素E，颠覆了国外垄断几十年的化学全合成技术，其相关成果获评2018年湖北十大科技事件之一。

（二）合成生物学革新新型天然产物的开发过程

1. 激活沉默基因簇

随着基因组测序技术和生物信息学工具（如 anti SMASH 6.0、BiG-SCAPE、MIBi G 2.0等）的快速发展，当前已经可以基于序列分析进行功能预测，大量的天然产物生物合成基因簇（biosynthetic gene cluster，BGC）

被分析、预测和进一步鉴定。例如，保守估计，链霉菌属能产生的天然产物数量可达150000种以上，但其中仅5%被鉴定出来。这是因为大多数天然产物的BGCs往往受到菌体内部严格的转录和翻译调控，通常处于沉默状态。而基因簇的沉默并不是基因簇的失效，而是意味着生物体内仍然蕴藏着丰富而未知的天然产物合成途径。沉默基因簇的激活策略可以分为靶向激活沉默BGCs和非靶向激活沉默BGCs两大类。

一种靶向激活沉默BGCs策略是指在目标BGC上游加入强启动子，以强制启动相应生物合成途径合成天然产物。例如，赵惠民课题组利用CRISPR/Cas9技术，有效激活了5种链霉菌属中的多个沉默BGCs，并从产物中分离得到了新型聚酮化合物。另一种靶向激活沉默BGCs策略则是针对沉默BGCs的调控因子进行敲除或"诱骗"。敲除技术很容易理解，例如敲除植物内生真菌 *Pestalotiopsis fifici* 中表观遗传因子 *ccl A*、*hda A*、*COP9* 信号复合体亚基 *Csn E*，以及敲除真菌 *Calcarisporium arbuscula* 中编码组蛋白去乙酰化酶的基因 *hda A*，均能够导致新化合物的产生。而转录因子的"诱骗"则是模仿被调控的DNA，人为设计一段类似的DNA序列，使其能与调控子结合，来阻止后者与同源DNA的靶点结合，最终使得目的沉默BGCs解除抑制从而激活。赵惠民课题组就利用该策略成功激活了不同链霉菌中的8个沉默的BGCs，从产物中分离鉴定出了1个新的化合物。

非靶向沉默BGCs策略指的是无须明晰基因组信息来实现沉默BGCs的激活。Gerard D. Wright课题组通过敲除野生型放线菌中常见抗生素的BGC，来引起菌体调控网络的改变，释放代谢前体，调整代谢流从而提高野生菌中原本低表达代谢物的产量，最终鉴定出了新型抗生素。而M. R. Seyedsa-yamdost教授团队构建了一种无需遗传操作系统的高通量诱导子筛选与成像质谱偶联（High-Throughput Elicitor Screening-Imaging Mass Spectrometry，Hi TE-IMS）的方法，通过以多种小分子化合物为诱导，来诱导多种已测序和未测序的细菌激活沉默BGCs，最后利用成像质谱实现产生的代谢物的高通量检测。

2. 在模式生物中进行基因簇异源表达

由于许多微生物在实验室不易培养，难以建立遗传操作方法等限制，研究人员难以对天然宿主中的生物合成途径进行理性设计和改造以提升产率。因此，将这些沉默BGCs从其天然宿主中完整移植到具有完善遗传操作体系的模式生物中，就能够极大地提升其产量并发现新型天然产物。

其中一类策略是对靶向目的 BGC 进行克隆，这需要从复杂的原始基因组中寻找、克隆完整 BGC 的高效策略。研究人员利用限制酶或 CRISPR 技术酶切分出目的 BGC，连接到目的载体上导入异源宿主。张友明团队就利用基于外切核酸酶的 Rec ET 重组（Exo CET）技术克隆构建 79kb 的多杀菌素异源表达人工基因簇，使异源宿主 *Streptomyces albus* J1074 中多杀菌素的产量提高了 328 倍。除此之外，利用位点特异性重组也是一种克隆完整 BGC 的有效策略。刘天罡课题组通过链霉菌噬菌体 φC31 整合酶介导 BAC 文库构建，成功抓取了多杀菌素完整 BGC，并进一步通过代谢组学及蛋白质组学分析找到限速步骤，和较原始菌株 *S.albus* J1074 相比，提升多杀菌素的产量约 1000 倍。

另一类策略是在底盘菌株中高通量靶向批量表达沉默 BGCs。唐奕课题组以酵母菌株作为底盘，构建了一个异源表达（heterologous expression，HEx）的合成生物学平台，将 41 个来自不同真菌物种的基因簇（包括膜结合萜类环化酶和聚酮合酶）与启动子、终止子融合后，在不进行密码子优化的前提下进行异源表达，得到 22 个 BGCs 表达的相应产物，最终鉴定了其中 7 个产物的结构。此外，在丝状真菌体内实现异源基因簇的高通量表达也见诸报道。Clevenger 等采用真菌人工染色体技术（fungal artificial chromosomes，FACs），从曲霉基因组中随机剪切，选取 56 个长约 100kb 的片段在构巢曲霉中进行异源表达，继而通过代谢组学的方法梳理宿主的代谢背景，最终发现了 15 个新型次级代谢产物。

尽管目前研究人员针对多种模式菌株，已经开发出了各种策略来挖掘高通量天然产物，但由于底盘菌株自身的限制，这些策略的实际应用存在一些问题，或无法提供用于相关基因的功能鉴定的足量底物，或难以获取充足的产物用于成药分析等。因此，利用合成生物学策略开发通用型、可控制、定制化的高效前体供给底盘成为 BGCs 的快速挖掘高效的优选方案。

3. 使用高效前体供应底盘进行高通量挖掘

大肠杆菌作为模式生物，具有遗传代谢特性透明、生长速度快、遗传工具众多等特点，是实施合成生物学改造、构建高效前体供应底盘的首选之一。刘天罡课题组依照"定向合成代谢"策略，针对丝状真菌 *Fusarium graminearum* J1-012 中的具有显著底物和反应杂泛性的两个萜类合酶，深度挖掘其合成潜力，构建高效合成萜类化合物的大肠杆菌平台，最终得到多达 50 种不同的萜类化合物，证明了利用高效前体供给底盘来实现天然产物的高通量挖掘的可行性。

然而在挖掘天然产物上，大肠杆菌底盘依然存在限制，例如无法进行转录后剪接外显子、缺乏翻译后修饰和精确的膜结合过程、存在显著的密码子偏好性、底物的供给效率低、天然产物的耐受性差等问题。因此，除大肠杆菌之外，使用酿酒酵母等真核生物来打造高效底盘也是一个热点。

来源于丝状真菌的 BGCs 中广泛存在非常小且不可预测的外显子，这使得制备得到能够有效表达产物的 cDNA 难以为继。同时，人工选择异源表达 BGC 时，往往会出现外源引入的 CPR 与 BGC 上的 P450 无法兼容的现象。这也导致在酿酒酵母底盘中进行真菌来源的天然产物 BGCs 的异源表达时，常常会出现产物产量低下到不足以进行结构鉴定的问题。

可以看出，不同来源的基因同底盘菌株往往会存在各种适配性上的问题，为了解决这一问题，研究者提出三大原则——近源性、同类性、完备性。近源性原则，即针对 BGCs 的来源去选择相近来源的底盘，如丝状真菌来源的 BGCs 在米曲霉中进行异源表达、放线菌来源的 BGCs 在链霉菌中进行异源表达。同类性原则，即针对天然产物的类型去选择提供相同类型前体的底盘，如高效萜类前体供给的大肠或酵母底盘、高产 I 型或 II 型聚酮化合物前体的工业链霉菌底盘等，这样可以有效提高基因与宿主的适配性。完备性原则，即作为底盘的模式菌株应当有完善的基因编辑手段及相应的表征数据（如启动子表征、明确限速步骤等），以及能够提供充足的前体、能量、还原力和相应的抗性基因。以这三大原则为基石构建高效底盘，能够极大地加速各类不同来源 BGCs 异源表达的进程。

（三）合成生物学在生物产物研究领域所面临的困境

1. 植物天然产物合成基因元件挖掘困难

目前，绝大多数植物源天然产物，特别是具有重要活性的天然产物，其生物合成途径相关基因大多在植物基因组中散落分布而非连锁成簇存在，这使得其生物合成途径只能通过推测并逐个去寻找验证每一个基因。同时，植物生长周期缓慢、遗传背景复杂，导致在植物体内无法简单地、快速地进行基因敲除来鉴定酶功能。进一步加大了解析植物天然产物生物合成途径的工作量和难度。

紫杉醇作为有着显著抗肿瘤活性的明星药物，最早分离得到短叶红豆杉树皮，但13.6kg的树皮仅能提取出1g紫杉醇，在经无节制地砍伐后红豆杉也因此被列为国家一级保护植物。具体的紫杉醇生物合成机制至今仍未解析，因其化学全合成复杂且昂贵而受限，缺少商业推广价值。目前紫杉醇商业化的生产途径主要是化学半合成，即从部分红豆杉属的可再生枝条中提取10-去乙酰巴卡亭Ⅲ为底物，再通过少数几步化学合成来获得紫杉醇。但这种基于植物天然中间体的方法仍会受到植物体自身生长的影响，不适合大规模生产。显然，对于紫杉醇及此类生物合成机制尚不明确的复杂天然产物来说，如果能够像上文提到的青蒿素、Englerin A、维生素E一样，运用合成生物学手段将生物合成与化学合成结合起来，在高效前体供应底盘上以微生物发酵的方式得到一个乃至多个天然产物核心骨架，最终通过化学合成得到终产物，就能够进行高效规模化的生产。即便是无法完成化学半合成，仅通过对天然产物衍生化来得到结构类似物并进行活性分析也是一种探究新型化合物的有效策略。这样一种绿色、高效、易放大的工业合成思路必将有着远大的科研前景。

2. 工程化微生物的发酵产物市场准入受限

目前，我国用于维生素B2生产、抗生素以及氨基酸发酵等的工业菌株均是国外引进的基因工程菌株。近年来，我国科研人员虽利用合成生物学手段改造得到一些用于生产食品原料的菌株，却长期无法应用于大规模工业化生产，究其原因主要是监管和审批的主体和流程还未建立。

在食用安全级别的微生物菌株中，在其染色体上引入食用安全级别的生物异源基因，则该工程化改造的微生物的发酵产物经提纯后理论上应该也是食用安全的。其微生物发酵的本质，就是通过工业生产的方式，利用一个定制的微型细胞工厂来得到高纯度的产品，最后剔除细胞工厂，使产品中不含有抗性基因和引起过敏或者毒性的细胞因子。针对这样一个微生物发酵产品，社会迫切需要一套本土化、量身定制的法律法规来规范生产的工艺，保证产品的质量。

然而，基于微生物发酵的产品，特别是脂溶性产品确实存在一些难以解决的纯度问题，如发酵产品中易携带微生物自身的核酸、蛋白质、细胞膜等杂质。欧美国家的相关法规规定只要杂质不超过相应的阈值，并加以说明这些杂质来源于食品级微生物，则可对其放心使用。因此，我们也呼吁和倡导国家尽快出台相关规范和标准，加速国内的先进技术迅速转化为生产力，从而实现良性循环。

3. 缺乏新型天然产物结构文库

尽管目前我国天然产物领域一直有很好的数据产出，每年新发现的天然产物占全世界的1/3。但这些新型天然产物存在一个"出口"的问题，导致无法充分挖掘出这些天然产物的潜在活性。主要原因有两点：一是这些化合物产量极低，往往仅够鉴定结构，无法进一步进行活性检测；二是化合物的产物不集中，往往散落在各个研究团队中，而单个研究团队的资源与精力的缺乏，导致这些新型天然产物如同蒙尘的珠宝，无人问津。

因此，在充分保障各个研究团队知识产权的前提下，搜集整合各个研究团队存在的零散的新型天然产物的资源，搭建起一个统一的新型天然产物结构文库，从而对这些化合物进行系统且全面的生物活性或靶点的评估，将极大地提高化合物活性检测效率，缩减活性检测成本，并且可以解决我国天然产物的"出口"问题，激发研究人员的科研热情。

三、合成生物学在微生物药物开发方面的创新与前景

1. 合成生物学为微生物药物发展提供新契机

合成生物学本质上属于工程科学，通过创造或改造基因组来建立人工生物体系，让其表现出预期的行为或完成预定的工作。微生物次级代谢产物的结构较复杂，通常其生物合成基因会成簇存在，甚至由多达几十个簇构成。相对于人工生命系统（细胞）的全合成，操作这些基因簇、有目的地获得微生物次级代谢产物相对比较容易实现，同时也不存在伦理问题。早在1985年，Hopwood等通过将一种异色满醌类抗生素（medermycin, granaticin）、放线紫红素（actinorhodin）的生物合成基因簇中的DNA片段导入到其他异色满醌类抗生素产生菌中，从而获得了新的异色满醌类抗生素，这一实践开创了采用基因工程技术研制杂合抗生素（hybrid antibiotics）的新领域。随着微生物分子遗传学研究的持续深入，20世纪90年代，研究人员提出了"组合生物合成（combinatorial biosynthesis）"概念，即在了解微生物次级

代谢产物的生物合成途径后，克隆其与生物合成与调节相关的基因（簇），再对不同来源的基因（簇）进行体外删除、添加、取代和重组，然后导入到合适的微生物宿主中，实现定向合成一系列"非天然"的天然化合物，诸如新抗生素或其他生理活性物质。从当今的视角看，这些研究或多或少都带有通过合成生物学创制微生物新型次级代谢产物的概念和色彩。应用于微生物药物研发的合成生物学，就是以微生物来源的次级代谢产物等为主要研究对象的合成生物学，虽然其研究内容与组合生物合成、代谢工程等有一定重叠，但是它更突出人工生物系统设计、次级代谢途径重构，因而具有更强的目的性。在人类的医疗健康方面，微生物药物发挥了极其重要的作用，就好比青霉素曾被称为人类生物学研究中皇冠上的明珠。然而，微生物药物往往结构复杂，完全依靠化学全合成困难或不经济，有时还会严重污染环境，给人类社会的可持续发展带来威胁。合成生物学的提出，为解决这些问题提供了一种现实的选择，也必将在微生物药物研发应用中发挥重要作用。

2. 合成生物学在微生物新型次级代谢产物发现中的作用

随着 DNA 测序技术结合生物信息学分析的进一步推进，微生物基因组中存在的大量与次级代谢产物生物合成有关的沉默或隐性基因簇被人们知晓，这些基因簇包含了多种结构类型微生物次级代谢产物的编码信息，是微生物次级代谢的天然通路，只是这些通路在常规培养条件下处于关闭状态或其产物尚未被发现。这些基因簇为人类提供了丰富的合成生物学天然元件或模块，为微生物次级代谢产物生物合成途径的设计和构建提供了丰富的物质基础。

采用合成生物学技术手段，在宿主细胞中选择性地表达（或激活）沉默（或隐性）次级代谢通路中的生物合成酶，有可能获得（或发现）新型次级代谢产物用于微生物药物的研发。沉默基因簇中含有的正、负调节基因是其相关次级代谢产物生物合成的开关，对其正调节基因进行组成型表达或对负调节基因进行定点敲除都可激活其沉默基因簇，获得微生物新型次级代谢产物。沉默基因簇的激活还需要宿主细胞提供合适的环境因素，因此也需要对宿主细胞进行遗传修饰改造。例如，一些模式微生物的最小基因组技术会对其 DNA 进行规模化删减，获得含最小基因组或缩减基因组的宿主细胞，以便于开展合成生物学等研究。

放线菌的基因组在原核生物中是比较大的（8～10Mb），编码菌株生长繁殖的非必需基因（簇）位于其线性基因组两端的末端臂（1~2Mb），工程上往往将末端臂通过基因组工程等方法予以删除，构建基因组缩减菌株，以获得生长速度加快、代谢效率提高、菌株稳定增加等优点。基因组缩减不仅可以用于提高菌株特定次级代谢产物的生物合成水平，还可以为菌株次级代谢相关的沉默基因（簇）的表达提供条件。

除放线菌外，大肠杆菌遗传背景清楚、生长迅速、操作简便，是合成生物学最常用的异源表达宿主之一。改造大肠杆菌已经获得能够用于生物合成聚酮类微生物次级代谢产物如红霉素的宿主细胞。模式链霉菌中的天蓝色链霉菌，以及若干链霉菌工业菌株，如白色链霉菌和委内瑞拉链霉菌，也都可以作为微生物次级代谢产物生物合成基因簇异源表达与产物合成的宿主。

以螺旋霉素产生菌为例，其线性基因组 DNA 序列右侧末端臂有一个 150kb 的编码 I 型组件式聚酮合酶的沉默基因簇，其中含有一个不转录表达的编码属于 LAL 家族的一个蛋白质，是该途径的特异性正调节基因。因此，对这个正调节基因实施组成型表达后就激活了此沉默基因簇，得到了预期的新型次级代谢产物。

又如构巢曲霉的基因组 DNA 分析时，发现了一个比较少见编码非核糖体肽合酶和聚酮合酶的沉默基因 *apdA*，其上游几个基因是编码氧化还原酶，下游则是编码转运蛋白基因及其途径特异性正调节蛋白基因。在该菌株中对 *apdR* 实施诱导表达后，获得了具有细胞毒活性的新型次级代谢产物（aspyridones）。采用类似策略，从构巢曲霉中获得了聚酮化合物（asper-furanone）。

再如除虫链霉菌的基因组 DNA 中含有 4 个萜类合酶，其中的 Sav76 功能未知。利用大肠杆菌中表达并纯化 Sav76，体外实验表明 Sav76 可环化法尼基二磷酸酯，生成三环倍半萜醇。而在除虫链霉菌原株中却检测不到该化合物；于是将 Sav76 导入到基因组缩减（缺失 1Mb 基因组 DNA，包括了该菌株的主要次级代谢生物合成基因簇除虫链霉菌）SUKA17 变株中，就检测到了 avermitilol 生物合成。

鉴于此，Feng 等对宏基因组 DNA 黏粒文库进行筛选，改造含有 II 型 PKS 片段的重组黏粒，通过接合转移导入到链霉菌中进行异源表达，分析其发酵产物，得到了抗耐甲氧西林金葡菌和耐万古霉素粪肠球菌活性的数个新芳香聚酮化合物。

3. 合成生物学在提高现有微生物药物生物合成水平与品质中的作用

在微生物细胞中存在多元、多层和多分支的次级代谢途径，即便是同一条代谢途径也会有分支现象，导致一种微生物次级代谢产物会以一系列结构类似物的形式出现，使得目前临床应用的一些微生物药物是多组分混合物。运用合成生物学技术，针对性地精细调节次级代谢通路中的酶（系）活性，可以实现微生物药物产生菌的发酵产物效价提高及产品品质改善。

红霉素是一种重要的 14 元环大环内酯类抗生素，其中红霉素 A 组分是有效组分，红霉素 B 和 C 作为红霉素 A 的生物合成中间产物，属于杂质组分。通过调整红色糖多孢菌中参与红霉素生物合成的 PKS 后修饰酶 EryK（P450 羟基化酶）和 EryG（依赖 S-腺苷甲硫氨酸的 O-甲基转移酶）的生物合成量，就可以实现其发酵过程中红霉素 A 组分绝对产量和相对比例的提高。

同理，通过对次级代谢产物生物合成基因簇中的调节基因进行操作，就可以有目的地提高目标产物的生物合成水平。力达霉素是一种重要的抗肿瘤药物开发先导化合物，是由球孢链霉菌产生的烯二炔类抗生素，调节力达霉素生物合成基因簇中的多个调节基因可显著提高力达霉素产量。

第二章
合成生物学的原理和方法

第一节　合成生物学的基本原理

以系统化设计和工程化构建为理念的合成生物学，其解析思路可以分为两种，即"自上而下"的逆向工程和"自下而上"的正向工程。前者的研究策略主要利用解耦和抽提的方法降低天然生物系统的复杂性，建立工程化的标准模块；后者的研究策略指的是利用标准化模块，通过工程化方法，按照由简单到复杂的顺序重新构建具有期望功能的生物系统。

一、生物系统的解耦

解耦是一种工程化问题的解决思路，旨在将一个复杂的问题拆分，分解成许多相对独立而又能够简单处理的问题，并且最终整合成具有特定功能的统一整体。两个关于解耦的具有代表性的应用是：在建筑领域，项目通常会被解耦成设计、预算、建造、项目管理和监查等相对简单的、可以独立处理的过程；将超大规模的集成电路制造解耦成芯片制造与芯片设计两个相对简单独立的过程，可使构建过程更加容易实现。

在工业化生产中，经常会遇到一些较复杂的设备或装置，其设备控制必须设置多个控制回路来进行。在系统中每一个控制回路输入信号，可以对所有回路的输出产生影响，而每一个回路的输出又会受到所有控制回路输入信号的作用。解耦控制装置正是用于排除输入、输出变量间的交叉耦合的装置，将复杂的多变量系统转变为相对简单的多个单变量控制系统，使系统的每个输出变量由对应的输入变量控制，实现不同的输入控制不同的输出，从而实现控制的独立性，不会相互影响。

同样地，在生物工程领域也有许多应用解耦思路处理生物学问题的例子。例如，通过将复杂的生物"系统"解耦成一系列相互独立的"装置"（例如标准化的细胞或者核苷酸序列等），利用已有的标准化组件实现快速组装和开发。然而，最简单和最直接的解耦方式可能是从构建中设计。由于DNA重组技术不断取得新的进展，已经能够实现基于寡核苷酸和短的DNA片段自动组装的长链分子合成，生物工程设计和构建中解耦的应用也在不断发展。只有在充分发展的基因和基因重组技术的支持下才能够更深入地进行设计和构建基因组等合成生物学领域的研究。

二、生物系统的抽提

天然存在的生物系统是相当复杂的，不仅有复杂的普遍调控机制，还有普遍现象之外的特例。而且，随着研究的不断深入，调控细胞行为的新的分子机理不断被发现，一般性法则以外的特殊情况会不断发生。在这种情况下，如何保证具有很多生物工程组件的生物系统能够达到预期的表现是我们需要解决的问题。

处理复杂事物的另一个有效技术就是"抽提"。分层次抽提是工程化常用的手段，例如，系统边界概念的引入能够使许多内部信息得以隐藏，复杂系统得以简化；能够从不同水平描述生物系统的独立性和协同操作。当前，有2种生物工程中的抽提形式值得进一步研究和探索：

① 利用抽象的层次模型，在不同水平的复杂程度描述生物功能的信息，生物工程的抽象层次模型在每一个水平的工作不需要考虑其他水平的细节，不同水平原则上只允许有限的信息交流。

② 重新设计和构建组成合成生物系统的组件和装置，适当简化以便于模拟和组合，例如转录启动子、核糖体结合位点和开放读码框的重新设计和全新组合等。

三、合成生物系统的设计原理与合成新反应的设计原理

（一）合成生物学设计方法概述

分子是生物系统的基本单位，其中最重要的是核酸、蛋白质、碳水化合物、脂类、维生素和矿物质、水和离子。合成生物学是生物科学与工程科学相结合的一个分支学科，分享了生物学和工程学的思想、原理、概念、工具、特点和目标。它涉及分析、调查、估计自然发生系统中的基因与蛋白质之间的动态相互作用。

对于合成生物学设计中用到的组件，其计算方法和电路工程类比，采用"自上而下"法对生物复合材料进行设计。合成生物产品可由细菌、酵母和哺乳动物细胞产生，因此简单和复杂的生物体都可以进行合成生物学设计。合成生物学可使用构建好的模型直接构建组件，例如使用振荡器、开关、逻辑门和比较器。除了组件之间逻辑关系的算法之外，最终的基因产物或分子需要启动子序列、操作序列、核糖体结合位点、终止位点、报告蛋白、激活蛋白和阻遏蛋白。其中一个最常见的合成生物学结构的例子为：通过四环素控制转录和翻译过程，四环素存在的情况下蛋白质的合成处于关闭状态，在没有四环素的情况下处于打开状态。

数学建模在连接概念与基因线路实现中扮演着不可或缺的角色。本小节主要概述与合成生物学有关的数学建模的概念和方法，包括模型的假设和模型的框架类型（含模型中的参数、建模作为表型分析、建模标准与软件等内容），后面通过实例向大家说明几种建模方法。

（1）模型的假设　尽管在生物分子的结构和功能以及细胞机制方面我们掌握很多信息，但生物系统还是很难实现建模和模拟，这是由于生物系统在不同尺度上表现出复杂性。首先是高度复杂的代谢物、代谢通量、蛋白质、RNA和基因网络，此外，它们的互连可以构成在不同时间尺度上的信息反馈或前馈回路。其次，生物系统对随时间变化的环境很敏感，例如光、湿度和营养供应等。这些和其他未知的不确定因素导致"生物学错误"，它们与仪器或测量误差不同，通常更大。因此，生物系统很难准确地预测其输出。

然而，生物系统通常可以简化到允许用户获得对合成基因线路理解的水

平。例如，Ma'ayan等演示了如何简化单个组件的动态，其过程可能形成与系统功能有关的具有价值的信息。简化模型需要做出各种假设，常用的假设是细胞内和细胞群体内的同质性。空间均匀随时间变化的系统可以通过普通微分方程来建模。然而，特征分类随时间变化的系统，空间隔离，或细胞内梯度可能需要使用偏微分方程。虽然解决PDE（非均匀模型）在计算上比求解ODE（常微分方程模型）要复杂得多，但其可以很好地解决问题。例如，可以通过使用非均匀模型来模拟可能产生细胞内梯度的两种酶的空间分离或蛋白质扩散性对酶活性影响的效应。与空间均匀性密切相关的是细胞群体均一性的假设，该假设在生物系统模型中使用得非常频繁。然而，化学反应堆中异质群体的建模已经在异种细胞群体的建模中得到应用，随机模型经常使用。除了同质性假设，大多数涉及酶动力学或转录规则的模型也假设平衡、稳态或准稳态。这样的假设可以消除模型的时间依赖性，并将ODE转换为更简单的代数方程。制定模型基础假设的任务是在减少系统复杂性的同时保留对于为手头应用进行可靠预测至关重要的系统特征。如果基于某些假设的模型与实验观察到的行为不一致，则必须修改假设。

(2) 模型的框架类型

生物系统的数学模型可以分为确定性数学模型和随机性数学模型两大类。

1) 确定性数学模型 确定性模型模拟一个真实的系统，是一个实际系统，包含数值参数的分析方程（通常为ODE或PDE）。这些方程通常是细胞物质的质量平衡，由这种模型预测的系统状态是可重现的。确定性模型通常用下面的微分方程来描述生物分子之间的相互作用或反应：

$$dX/dt = F(N, t; \theta) \tag{2-1}$$

式中 X 和 N ——物种浓度（可以相同）的载体；

dX/dt ——X 的变化率；

θ ——模型参数的向量（参见下面关于模型参数的部分）；

$F(N, t; \theta)$ ——将变化率与浓度相关联的非线性向量函数。

关于式（2-1）建模的系统，其动态模拟非常简单，并且将通过产生物种浓度的时间序列轨迹来揭示系统的时间依赖特性。此外，当前馈或反馈集成到其中时模拟有助于分析整体的网络行为。

2) 随机数学模型 随机模型试图用随机相互作用的粒子或物种代表真

实的系统。物种之间每个反应的速率遵循概率方程，此外，反应之间的时间也可以变化。在确定性模型中，每个交互和每个参数值是确定的。因此，这些模型预测相同的参数值集合和初始条件的系统动力学相同。然而，实际系统的特征是意想不到的和不可再现的波动。为了捕捉这些波动及其对系统行为的影响，采用随机数学模型，用随机相互作用的粒子或物种代表真实的系统。物种之间每个反应的速率遵循概率方程，反应速率由概率速率定律决定。

所以随机建模中一种方法是假设系统由随机相互作用的生物分子组成，其中分子之间的反应用概率确定的速率参数建模为泊松过程。另一种方法是将随时间变化的系统视为离散时间随机过程。这种方法使用随机变量或向量 X_n 来表示系统在几个（有限或无限）可能状态中的离散状态。系统状态越少，构建随机模型就越容易。

① 模型中的参数。任何模型都包含几个不代表系统状态的变量，但它们的值控制模型中方程的动力学。这些变量包括反应速率常数、平衡常数、扩散性和其他物理性质，这些被称为模型的"参数"，而不是"状态变量"，例如表示系统状态的物种浓度。为了从模型中做出有用的预测，必须准确地估计模型中的参数。基于物理和化学规律的机制模型包括具有物理、化学或生物学意义的参数。然而，可能在很多情况下系统没有太多的信息可用，并且构建"黑匣子"模型是唯一可用的选项。这种模型的参数不具有物理或生物学意义，但是它们的估计对于模型的成功是不可或缺的。有时，有关系统的信息可能太少，即使是黑箱模型也是无法构建的。在这种情况下，采用逆向工程方法将可观察信息转化为参数及模型方程。这种方法包括搜索（离散）拓扑空间而不是（连续的）数值参数空间，或在已知信息很少的情况下，我们可以结合系统的拓扑和数值参数并同时搜索两种类型的参数。

② 建模作为表型分析。第一种表型分析是代谢途径分析。用于建模代谢网络的一组功能强大的技术包括通量平衡分析（FBA）或基因组尺度的代谢网络建模和整体建模。在 FBA 中，代谢网络用线性化学计量方程建模，受诸如细胞外通量测量和反应不可逆性等因素的限制。该模型通常通过线性优化解决，并产生稳态通量值的映射。通过代谢网络的重建，FBA 可以为选择基因缺失靶点提供重要依据。

另一种有价值的技术——代谢控制分析，旨在阐明代谢网络各个部分的相互依存关系。该技术的结果是诸如通量控制系数的度量，其表示由一个系统组分（例如代谢物）对另一系统组分（例如酶）施加的控制量。这种方法对于关联基因组和表型的重要问题有很大的帮助。

还有一种表型分析是转录网络分析。确定调节模块如何控制基因是生物学中的一个重要研究问题。因为基因线路由具有良好表征的组分组成，它们可用于研究和量化转录网络。此类研究将采用组合技术，构建由许多基因和较少数量的调节模块组成的线路。这种网络的高维输出是基因表达数据，低维调控信号（转录因子活性）的最终产物是转录模块与基因之间连接性的关系。通过分析测量的基因表达数据量化转录因子活性和连接性，使用一种或多种分析方法，包括主成分分析、奇异值分解、独立成分分析、网络组件分析或状态空间模型。网络组件分析是一种强大的方法，使用关于转录因子和基因之间的连接性知识以及基因表达数据来量化，从而推断转录因子活性和转录因子-基因连接性的关系。

（二）合成生物系统的设计原理与简约性

1. 合成生物系统的设计原理

合成生物学经常被定义为工程设计原理在生物学中的应用，美国威斯康星大学麦迪逊分校的肿瘤学家斯吉巴尔斯基在1974年推广这个词时，他主要指的是今天属于遗传工程的技术。如今，合成生物学不仅仅涉及遗传工程和基因工程，人们已使用现有的生物模块来创建自然界中不存在的组合。

合成生物学重在"设计"和"重设计"，设计、模拟和实验是合成生物学的重要基础。合成生物学的研究出发点之一是将复杂的生命系统拆分，分解为各个简单的功能元件，继而对生物元件实施标准化、模块化定义，以构建基于生物元件的生物装置，直至打造一个新的生物系统。

传统遗传工程也可以利用生物元件设计构建工程化系统，但由于其所使用的模块及其组装方式缺乏很好的定义或标准化，当组装较大的系统时就会产生难以预计的相互作用，从而导致组合失败和不确定性结果的出现。而合成生物学开始于具有标准化接口的生物元件，有利于建立最优组合方式。因而，合成生物学建立的系统是高度可预测的，即对于单个输入只产生单一对应的输出。

合成生物系统的设计包括生物模块的设计及基因组的设计、合成与组装。

(1) 生物元件标准化及生物模块的设计与构建

按照一定标准或规范设计和构建生物元件,并对其进行详尽地描述及质量控制、测试等,使其具备功能明确、特征明显且能实现诸元件自由组装等特性,这一过程即为生物元件的标准化。在生物元件标准化的基础上生物模块的设计与构建就容易多了。显然,启动子与抑制子之间的相互作用和电路系统中开关与振荡器的相互作用极为相似。因此,基于标准化的生物元件开展不同层次的设计和组装,也可以类比于工程学中电路系统的构建。

生物模块的设计和构建是合成生物学思想的精髓,体现了合成生物学的工程化思想,是合成生物学的标志性内容。模块化设计具有3个特征因素,即信息隐藏、内聚耦合和封闭性-开放性。

信息隐藏的目的是避免某个模块的行为干扰到同一系统中其他模块。

一般来说,模块设计的原则是强内聚、弱耦合。所谓强内聚,是指模块内部各组分之间的依赖性强,而弱耦合是指模块与模块之间的依赖和相互作用弱。

封闭性是指一个模块可以作为一个独立体来应用,而开放性是指一个模块可以被扩充。模块化设计的3个特征因素实现了生物元件标准化,为生物模块的设计与构建奠定了基础。

(2) 基因组的设计、合成与组装

合成生物学研究的本质是对基因组序列的操作。基因组测序技术的快速发展为我们深入认识生命系统,并在此基础上实现对生命体的设计提供了技术手段。DNA合成技术则为我们在认知的基础上进行改造与人工创建奠定了基础。在这种技术手段的支持下,合成生物学家对人造生命的探索逐步前进。2002年,第一个人类合成的病毒基因组诞生。2010年,J. Craig Venter研究所实现了由化学合成的基因组所控制的细菌细胞的创造。2010年,第一个由合成基因组支持存活的原核生物诞生。2014年,由约翰霍普金斯大学Boeke等领导的小组实现了首条酵母染色体的合成。2016年,美国学者开始尝试人染色体的合成。2017年3月,*Science*报道了合成酵母基因组计划(Sc2.0)中5条染色体的合成。

2. 合成生物系统的简约性

底盘细胞是生物元件发挥作用的载体,理想的载体细胞应具有精简的基因组结构，我们称之为最小基因组。最小基因组可以降低研究问题的复杂度，有效提升所设计系统的可控性和可操作性。因而，最小基因组是合成生物系统简约性的代表与体现。最小基因组主要包括几乎所有参与读取和表达遗传信息以及跨代保存遗传信息的基因。

研究最小基因组的关键是确定基因的必需性，即剔除非必需基因、保留必需基因。基于基因的必需性，一方面有目的地精减现有的基因组，删除非必需的基因组片段；另一方面也可以对必需基因进行重新设计、合成与组装。这两种方法是目前公认的实现最小基因组构建的两种策略。

人工建立最小基因组具有巨大的应用潜力。一方面，基因组越简单，用于维持自身生长繁殖所需的资源和能量越少，细菌可更为有效地合成目的产物。另一方面，由于工程菌及其代谢物成分较为简单，目标产物如重组蛋白的分离和纯化也相对容易。

最小基因组对于研究人造生命具有重要意义。2010年，世界上第一个人造生命的诞生就选择了基因组非常小的支原体细胞。同时，通过一系列合成生物学组装策略成功得到了一个仅仅含有473个基因、基因组大小为531kb的人工合成染色体。在这个基因组中，48%的基因与基因组信息的维持及表达有关，35%的基因与细胞膜及细胞代谢有关。简约的基因组是人造生命得以成功的关键因素之一。

体现合成生物学简约性的最小基因组有利于帮助我们更清晰地认知不同基因在生物体生命活动的作用和影响，最小基因组的研究不仅可以为所设计的模块、系统提供理想的底盘，同时为探索生命未知过程提供了重要手段。

第二节 合成生物学的模块化设计：生物积块

通过标准化、解耦和抽提，合成生物学家实现了生物系统的工程化，为了进一步推进生物系统的设计与再设计，合成生物学家创造性地运用工程化方法提出了标准化生物模块——生物积块的概念。众所周知，在工程学中的模块（module），通常具有接口、功能、逻辑、状态等基本属性。其中，接口、功能与状态三者反映模块的外部特性，而逻辑则反映模块的内部特性。每个模块可以完成其特定子功能，诸模块按设定的方法就组装成为一个整体，进而完成整个系统所要求的功能。与之对应的，生物积块不仅包括基因模块，还包括亚细胞模块、生物合成的基因网络、代谢途径和信号转导通路、转运机制等。正如建筑行业的砖块和 IT 行业的电子零件一样，生物积块可大可小。小型的生物积块通常是具有一定功能的 DNA 片段，例如，一个启动子或一个终止子等，序列大小可能是几十或者几百个碱基对；稍大一些的可以是由几个生物元件组成的基因调控线路，就是生物装置（device）；更大的是由基因调控线路组成的级联线路、调控网络，甚至生物系统（biological system）。显然，模块化的目的是降低合成生物系统设计的复杂度，使实验设计、验证和优化等操作简单化，生物积块的构建是为了实现在活细胞体内标准化组合、搭建具有相应功能的生物模块从而构建生物系统。只要经过标准化处理、具有标准的酶切位点的生物模块，都可以称为生物积块。

在生物系统模块化设计中，保持"功能独立"是模块化设计的基本原则。只有"功能独立"的生物积块才称为"模块"。但是"功能独立"并不意味着将各模块完全孤立起来。完成整个系统所要求的功能需要诸模块的相互配合，模块之间的信息交流不可或缺。因此以生物积块为基础进行模块化设计时，不仅要考虑"各个模块提供什么样的功能"，还要考虑"诸模块间应该怎样进行信息交流"。本章第一节三、（二）介绍了信息隐藏、内聚耦合及封闭性-开放性的定义，这里将进一步阐述模块化设计中的 3 个特征因素。

1. 信息隐藏

为了尽量避免同一系统中诸模块间的相互干扰，在模块设计时需要信息隐藏。所谓信息隐藏是指在设计和确定模块时，一个模块中包含的信息对其他不需要这些信息的模块来说是屏蔽的，即在模块设计构建时，其包含的信息对于其他无关模块来说是不能访问或知晓的。各模块间信息交换仅涉及那些完成系统功能所必需的信息。信息隐藏可以通过接口设计来实现：各模块仅提供有限接口，作为模块与模块之间必需信息交流的媒介和通道进行模块间信息交换。与其他工程化系统不同，在生物系统中的接口不是电气工程中的插头，也不是软件设计中的入口参数，而是各种蛋白质、信号分子、RNA 等生物分子。所以生物积块信息隐藏的作用是尽量减少不必要的信号物质，或者将信号物质尽量快速降解以避免对其他模块的干扰。

2. 内聚-耦合

内聚是指一个模块内部各成分间相关联的程度；耦合则是指模块间依赖

的程度。两者密切相关，此消彼长，强耦合的模块通常意味着弱内聚，而强内聚的模块通常意味着弱耦合。值得注意的是，生物系统由于自身的特性，生物积块和宿主细胞间存在一定的依赖性，会互相影响。宿主细胞生理过程的各种波动都会传播到模块并影响其功能；反之亦然。这显然不利于提高工程化生物系统的可预测性与可靠性。因此，增强生物模块内部组分之间的依赖性，削弱模块与模块之间的依赖性和相互作用是模块设计的标准之一。换言之，需要增加生物积块内部组分间的关联性，削弱生物积块间的依赖性。或者说，生物积块间的保留下来的相互作用，都要具有理论可预测性。如果可以做到模块在宿主细胞内不受胞外环境影响的同时仅仅对特定生理过程产生作用则最为理想。合成生物学虽然具有工程化特质，但由于生物系统自身特性，具有与其他工程领域的模块化不一样的设计。总而言之，模块之间以及模块和宿主之间的耦合越少，越有利于插入的模块发挥作用。

3. 封闭性与开放性

模块的封闭性指一个模块可以作为独立功能体使用；模块的开放性则指一个模块可以扩展其功能。在设计新的生物系统时，一次性解决所有问题并不容易。通常是先综观一些主要问题，同时做好后续修正补充的准备。前者针对特定的问题，需要"封闭性"；后者则需要"开放性"。与之类似的是IT行业中，无论是计算机硬件的设计，还是网络通信协议等软件的设计，都会给未来的发展留有余量，即为现有模块的扩展留有余量。对于生物积块的研究，目前主要集中在"封闭性"上，即模块不受不相关的输入信号影响从而保证自身功能不被干扰。

封闭性-开放性看似矛盾却实际存在。一次性解决完成一个新问题很难。所以应该先总体考察问题的重要方面入手，但同时也应做好入手之后不断补充的准备。因此，虽然模块的封闭性是必需的，但保留其开放性也是合理的。在合成生物学研究中，前面所描述的生物积块就兼具了封闭性和开放性。其中，在设计生物积块时所留的前缀和后缀就是为使其具有开放性而做的努力。

标准化的生物积块具有以下优点：

① 标准化的生物积块种类多，相互之间容易连接，可提供诸多选择；

② 经过遗传工程手段的改选和实验生物积块的检验，在模式菌株中具备了很好的生物功能，克服了从自然生物中直接克隆基因所带来的异源表达问题；

③ 标准化的酶切位点简化了寻找和优化限制性核酸内切酶、连接酶等 DNA 重组工具的工作，有效节省了时间，提高了效率；

④ 标准化的文件描述、分类方法，十分方便使用者迅速找到理想的模块；

⑤ 标准化的动力学参数模拟、载体和宿主背景，为生物模块的功能预测提供了参考、比较和优化的平台。

显然，以生物积块为基础进行模块化设计、构建生物系统是"标准化、解耦和抽提"三个概念的综合运用，最大限度地体现了合成生物学的思想精髓，是合成生物学的标志性内容。

一、生物积块的通用符号和功能描述

在工程中任何一个零件库都会有完备的零件规格、功能和使用说明，即向使用者提供必要的零件信息，亦是一种零件描述的规范。作为一个新兴的工程化学科，合成生物学对于自己的零件——生物积块同样也有相关的定义和描述。为了方便研究者查阅生物积块的功能，目前生物积块已经形成相应的模块数据库——iGEM Registry。iGEM Registry 提供的交流平台和文献资料中有许多使用者对生物积块的宝贵经验进行共享，可以互相取长补短。iGEM Registry 对其中的每一个生物积块都有详细的注释，包括该片段的示意图、碱基顺序（不包括前缀和后缀）、片段的设计者对于该片段功能的阐述，以及其他使用者提供的使用经验等。

二、生物积块的连接方法

生物积块的一大特点是标准化，核心元件具有普适性和通用性。iGEM Registry 中生物积块的标准化体现在每一个 DNA 模块的结构上：除了本身的功能序列以外，它们都具有相同的前缀和后缀，每一个生物积块的前缀中都包括 $EcoR$ Ⅰ和 Xba Ⅰ两个酶切位点，后缀则包括 Spe Ⅰ和 Pst Ⅰ两个酶切位点，并且经过特殊的遗传工程手段处理，确保真正的编码序列中不含有这四个酶切位点。生物积块被克隆在 iGEM 组委会提供的质粒上，按照自己的需要，可以设计并进行剪切和拼接。图 2-1 为生物积块的物理结构。

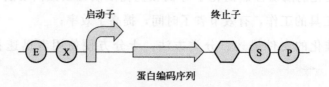

图 2-1 生物积块的物理结构
E—*EcoR* Ⅰ；X—*Xba* Ⅰ；S—*Spe* Ⅰ；P—*Pst* Ⅰ

如图 2-1 所示，有了上述四个标准化的酶切位点之后，需要组装的部件可以分为插入片段和载体两部分。插入片段由限制性核酸内切酶处理以后可以从载体上切割出来，通过琼脂糖凝胶电泳分离回收后可得到纯度足够高的插入片段。以下具体介绍连接方法。

当需要将目的片段 R 插入到目的片段 B 的左侧时，首先将两个质粒分别用 *EcoR* Ⅰ/*Spe* Ⅰ、*EcoR* Ⅰ/*Xba* Ⅰ 酶切开，由于片段 B0034 上的 *Spe* Ⅰ和片段 C0010 上的 *Xba* Ⅰ是同尾酶，因此酶切后留下相同的黏性末端，当酶切后的 R 片段插入酶切后含 B 片段的载体时，*EcoR* Ⅰ酶切后的黏性末端仍然融合成新的 *EcoR* Ⅰ位点，*Spe* Ⅰ和 *Xba* Ⅰ酶切后的黏性末端融合后的序列不能被 *Spe* Ⅰ或 *Xba* Ⅰ识别；得到片段 R 以及仍旧连在质粒上的 B 部件，通过凝胶电泳将两部分提纯，再借助相关的 DNA 连接酶将两个部分连接起来，同时又保证了连接后组装片段的前缀和后缀都保持不变，新片段仍然具有生物积块的标准化酶切位点，可以通过相同策略进行下一轮片段的组装。

三、生物积块的定量机制

标准化的功能模块可以作为基因功能的承载硬件，而标准化的系统量化平台和抽象的概念信号则可以作为承载功能的软件。iGEM Registry 也提供了衡量和代表输入输出信号的标准——PoPS 和 RIPS。

1. PoPS

PoPS（RNA polymerase per second，RNA 聚合酶每秒）用于衡量基因的被转录水平，对于每个 DNA 拷贝来讲 RNA 聚合酶分子每秒通过 DNA 分子上某一点的数量即为 PoPS。从某种意义上讲，PoPS 类似于流经电线特定位置的电流流量。这个度量单位有时也被称为 PAR，即每秒到达某一特定 DNA 位点的 RNA 聚合酶的数量。在上述的各种生物元件中，启动子可以看作是 PoPS 源（类似于电路中的电流源——电池），产生 PoPS 的稳定输出，但是没有输入。终止子相当于 PoPS 接收器或者接地的装置，即以 PoPS 作为输入，但没有输出。

基于 PoPS 的转换器（inverter）通常包含一个 RBS、阻遏蛋白（repressor protein）编码区域、终止子和同源启动子。此时高水平的 PoPS 输入会导致阻遏蛋白表达并与启动子结合，产生低水平输出信号；相反，低水平的 PoPS 输入时无阻遏蛋白表达，启动子被启动产生 PoPS。RBS 的作用相当于导线，允许 PoPS 信号通过。类似地，编码区域也是导线，但却具有一定的阻抗，即其输出的 PoPS 小于它的输入，可以看作是电路中的电阻元件。

PoPS 只是一个转录水平上通用的信号载体，其提出的初衷是为了提供一个标准的衡量单位和信号描述方式，方便对基因线路规范化的表述。但 PoPS 并不是一个可以广泛使用的信号。翻译水平和代谢水平的组件不涉及 RNA 聚合酶和转录过程，因此也就无法采用此种量化方法。例如，激酶处理装置就不能采用 PoPS。需要指出的是，PoPS 并不是我们常说的转录速率。转录速率通常是与特定转录相关的参数，衡量的是单位时间内的转录量；而 PoPS 则是指 DNA 特定位点的关键转录速率。这两者在某些情况下具有相同的物理含义，例如，编码区域下游的 PoPS 值等于编码区域的转录速率；但在某些情况下含义却是不同的，如在某些特殊位点根本不存在转录速率的说法，但 PoPS 却仍然具有一定的含义。例如，生物工程比较关心的 RNA 聚合酶通过终止子的速率（或者说是终止子下游的 PoPS）可以用 PoPS 来衡量，却无法用转录速率来衡量。

2. RIPS

RIPS（ribosomal initiations per second，每秒核糖体启动数）则用于衡量 mRNA 的翻译水平，对于每个 mRNA 来讲是指核糖体分子每秒通过 mRNA 分子上某一点的数量。

第三节 合成生物系统的逻辑结构与分析

合成生物学一个重要目的是通过合理设计基因线路来揭示天然生物系统的设计原则。生物系统的工程化过程的重点之一就是合成启动子控制细胞与细胞间相互作用。模块化设计是合成生物学的重要方法，小到 DNA 片段，大到调控网络均有其内在的逻辑结构。逻辑结构一词本来源于计算机网络，原意指网络中各站点间相互连接的形式，即文件服务器、工作站和电缆等的连接形式。与计算机网络类似，基因线路的调控网络基元和基础基因线路作为简单的调节单元，可以借鉴计算机逻辑结构中的前馈、反馈等，经过合理组合，连接成功能性基因线路，进而形成基因网络乃至生物系统。基元是转录因子和靶基因之间相互调控关系的特定小规模组合，通常由一组基因及其调节元件按照一定的拓扑结构构成。基础基因线路中基因的表达受单一的转录因子调节并在特定条件下对一种信号分子做出反应。

下面主要以原核生物转录水平的调节为主介绍合成生物系统的逻辑结构。

一、合成生物系统的基本逻辑结构

1. 串联结构与并联结构

串联与并联的概念最早来自电路串联，即把元件逐个顺次连接起来组成线路，其上游模块的输出信号可以作为下游模块的输入信号。对于生物模块来讲，信号可以是蛋白质、RNA 及其他小分子。并联可以简单理解为多个串联结构的并行，并联的基因元件间有一条以上的相互独立通路。

2. 单输入结构

基因调控网络虽然得到了人们的广泛研究，但在很多生物中还是一个黑盒子。控制论中的输入-输出控制有助于对基因调控网络的理解。通过输入输出信号可以反演出网络结构，即基因调控网络的重构。细胞可以看作是一个典型的输入/输出通信系统，基因调控网络是该通信系统的重要组成部分。基因调控网络系统的输入包括物理输入和化学输入。

单输入结构如图 2-2 所示。

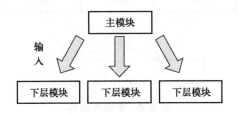

图 2-2 单输入结构

单输入结构在原核生物的基元中很常见，其功能主要是实现组基因的共表达或模块的时序表达。模块的时序表达是主模块作为激活因子激活下一层启动子模块，由于不同启动子激活阈值不同，导致阈值最低的启动子先启动，阈值最高的最后启动。以大肠杆菌中精氨酸的合成为例，系统中的阻遏蛋白 Arg R 调控系统中多个酶的操纵子（图 2-3）。当细胞内缺乏精氨酸时，Arg R 对 *arg A*、*arg CBH*、*arg D* 和 *arg E* 的阻遏均解除，开启精氨酸的合成。启动子 *arg A*、*arg CBH*、*arg D* 和 *arg E* 依次上调，这与其对应的基因将谷氨酸转化成鸟氨酸的顺序一致。

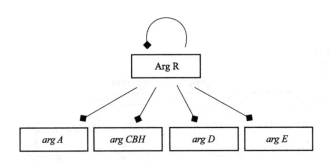

图 2-3 *E. coli* 精氨酸合成系统中单输入结构

3. 多输入结构

多输入结构也称为密集交盖调节网，这种结构与单输入结构最大的不同在于一组调控因子共同控制组基因，见图 2-4。DOR 结构在原核生物和真核生物中常见，多与碳代谢、厌氧环境生长及胁迫响应等相关。

从图 2-4 可以看出，多输入结构可以看作逻辑门阵列，多个输入进行组合运算后控制下游模块。由于转录网络、代谢网络等不同水平的调控相互影

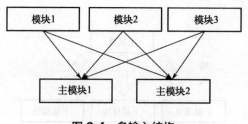

图 2-4 多输入结构

响,导致目前大部分转录水平的多输入结构具体功能细节还不是很清楚,转录网络、代谢网络等不同水平的调控会相互影响,因而很难确定每个多输入模块的规模。单输入与多输入结构在合成生物学中多应用于生物传感器的设计。新型生物传感器例如 RNA 传感器和蛋白质传感器,这些生物传感器既可以优化整个代谢通路和基因簇,还可以与基因线路整合以扩大输入的复杂性,同时连接所需的输出。通过两种方式,可以提高复杂基因线路筛选和选择能力:

① 一个单输入可以连接到多个输出(图 2-5),在这种情况下目标性状可能触发级联调控网络,重新连接到有目标表型的细胞,最终进行筛选或选择;

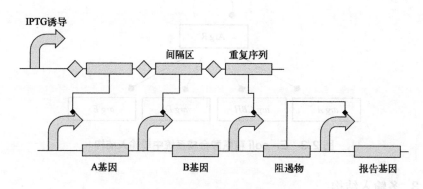

图 2-5 单输入连接到多个输出

② 多输入可以通过逻辑门连接到一个单输出上(图 2-6),增加特异性表型的筛选。

4. 前馈结构

前馈控制也叫作预先控制或提前控制。其基本原理是测取进入过程的扰

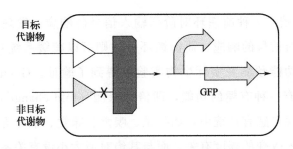

图 2-6　多输入连接到单输出

动量,包括设定值的变化和外界扰动,并按照其信号响应,产生合适的控制作用去改变控制量,维持被控制的变量在设定值上。前馈控制是在偏差出现之前就采取控制措施。

前馈控制在生物学中比较常见,条件反射活动就是一种前馈控制系统活动。基因线路利用前馈来表示上游基因通过两条不同的途径影响下游基因的表达。根据这两条途径对最终基因的影响效果是否一致,可以将前馈分为一致前馈和不一致前馈;一致前馈模块直接和间接调节途径对输入模块的作用相同,不一致前馈则相反。

前馈是最显著的基元。以最简单的前馈为例(由 3 个基因构成),基因 C 同时受到基因 A 和 B 的调控。根据基因 A、B、C 之间彼此促进的抑制关系的不同,3 个基因组成的前馈共分为 8 种构型(表 2-1)。

表 2-1　前馈的 8 种构型

类别		A-B	A-C	B-C
一致前馈	C1	+	+	+
	C2	−	−	+
	C3	+	−	−
	C4	−	+	−
不一致前馈	I1	+	+	−
	I2	−	−	−
	I3	+	−	+
	I4	−	+	+

注:"+"代表促进;"−"代表抑制。

Alon 等比较了 8 种前馈环对阶跃输入信号的响应,发现前馈环不一致可以加速系统对信号的响应,而前馈环一致则可以减缓系统对信号的响应。这些理论上的功能预测在实际生物实验上得到了验证。Goentoro 等发现了 I1 前馈环路具有一种有趣的功能,即倍变探测(fold change detection),倍变探测经常出现在感官系统中,如听觉、嗅觉、味觉、触觉等,其信号输出的改变只与输入改变的幅度有关,而与其绝对值大小没有关系。

5. 反馈结构

反馈又称回馈,是控制理论中最重要的概念之一。反馈是指系统的信号输出会反过来影响系统的输入,并进一步影响自身的一种控制机制。输出对输入的影响可能会导致最终输出的降低,这称为负反馈。而当输出对输入的影响导致最终输出增加时,即为正反馈。反馈的正负特点由具体的网络动力学特性决定。以基因的调节为例,正反馈调节的作用是增强目标基因的表达,而负反馈的作用是减弱目标基因的表达。前馈控制与反馈控制有几点不同。前馈控制的特点是在干扰信号进入系统后分成干扰通路和补偿通路这两条不同途径影响最终变量。从定义来说,单纯前馈结构中信号的传递并未形成一个闭合的回路,因此,前馈控制属于开环控制。在偏差出现之前就采取控制措施称前馈控制,而在偏差出现之后则是反馈控制。前馈控制可以将干扰测量出来并直接引入调节装置,对于干扰的克服也比反馈控制及时。图 2-7 为经典开环和反馈的控制系统方框图。

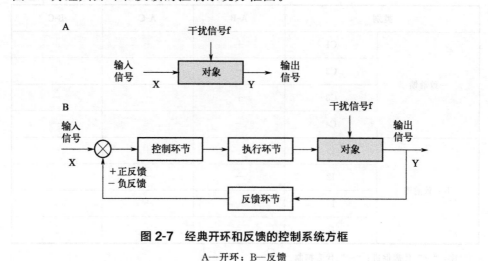

图 2-7 经典开环和反馈的控制系统方框

A—开环;B—反馈

负反馈网络结构单元在原核及真核细胞中广泛存在，具有重要的生物学功能。近年来，通过人造工程系统的设计学习，研究者在细胞内构建人工负反馈基因回路，并进一步研究其动力学过程，逐步揭示了负反馈这一网络结构单元的重要生物学功能。塞拉诺等通过在大肠杆菌中构建四环素抑制子 TetR 介导的转录负反馈基因线路，发现负反馈可以显著减少由细胞内生化反应随机性导致的基因表达噪声。正反馈调节系统可用于构建生物"放大器"。美国 UIUC 的 Goutam Nistala 等使用 PuxI 启动子和 LuxRO2-162 构建了"放大器"：系统中 LuxRO2-162 能激活 PuxI 启动子，是正反馈信号。通过单组分的四环素和双组分的天冬氨酸两种感知系统，研究人员检测了"放大器"的效果，证明其对四环素信号、天冬氨酸信号的放大效果都很明显。"放大器"可以有效提高对诱导信号的敏感度，也有利于提高输出基因的表达量，可以用于构建更复杂的合成基因线路。

Liu 等开发了基于丙二酰辅酶 A 传感器的负反馈调节基因线路。过表达乙酰辅酶 A 羧化酶可以提高脂肪酸的产量，但是会造成细胞生长减慢。此负反馈调节基因线路可根据细胞内丙二酰辅酶 A 的量上调或下调乙酰 CoA 羧化酶的表达水平，有效地缓解了乙酰辅酶 A 羧化酶过表达造成的细胞毒性。

二、合成生物系统的组合逻辑结构

将上述基本逻辑结构进行合理组合，设计基因线路，可以实现细胞内复杂代谢调控，其中比较典型的有如下几种。

1. 前馈-反馈结构

前馈-反馈结构可以在一个基因线路中同时使用，用于中间产物的调节或基因线路噪声的降低。

Ma 等利用 TALE 转录抑制子机制，构建由 miRNA 控制的双稳态开关，表达不同类型 dCas9，最终实现在癌细胞中激活靶向基因，但在正常细胞中则关闭靶向基因，实现了目标的特异性治疗。在 miRNA 控制范围下，双稳态开关可操控的基因种类更多，但是随着多一级的转录调控增加，其基因线路的噪声也相应被放大，Ma 等也提出了解决策略，如利用 miRNA 进行前馈调节。

2. 反馈-单输入结构

反馈-单输入结构是基因线路中的常用结构。例如，Gupta 等利用改造后的 E. coli 靶向消灭绿脓杆菌。研究者利用绿脓杆菌分泌的 AHL 作为单输入信号，当 AHL 达到一定浓度，触发 E. coli 表达对绿脓杆菌具有特异性杀伤作用的 CoPy 蛋白质，从而达到抑制绿脓杆菌生长的目的。在此基础上，Hwang 等在大肠杆菌内部添加了动力马达，使得改造后的大肠杆菌一旦感知到 AHL 时便会开启 CheZ 蛋白表达，使大肠杆菌一边游向绿脓杆菌，一边分泌抗生物膜蛋白质与抗菌多肽杀灭绿脓杆菌。

除了上述组合逻辑结构外，还有很多其他的组合结构，在这里就不一一介绍了。理论上，任何人工的生物调控机制均可以通过上述逻辑结构的合理组合来实现。

三、合成生物系统逻辑结构分析

合成生物系统的逻辑结构把系统分成若干个逻辑单元，分别实现自己的功能。合成生物系统逻辑结构的分析对其进一步的开发具有重要作用。在自然生物系统中，某些普遍存在的系统性基因网络结构因可能具有进化优势，故在漫长的自然进化过程中被保留和扩散。此类系统网络结构及其原理可以被视为一种生命的"设计原则"。了解这些"设计原则"不仅有助于人们建造人工生物系统，也有助于生物学家更加深刻地理解生命的本质。

近年来，控制论的基本思想与方法逐步渗透到合成生物系统逻辑结构分析中。通过对基因线路进行结构设计，研究者可以筛选出对参数不敏感的基因网络拓扑，使合成基因线路在外源噪声干扰下依然能稳定工作。对基因网络的拓扑结构进行重构，可以有效地降低表达过程中个体间的差异。此外，有研究指出，通过对简单的生化反应进行组合，可在一定程度上实现滤波器的功能；基于这一现象提出的滤波器的优化设计理论，可以对系统内部的噪声性质进行大概估计，应用于指导合成基因线路的设计，提高基因线路的鲁棒性。利用控制理论对现有的知识充分理解，抽象出一定的设计原则，同时拓展新的建模方法，可以在一定程度上缩小备选解的范围，提高设计效率。

在面临发展机遇的同时，来源于生命科学的控制问题也为我们提出了新的挑战。合成生物系统逻辑结构分析对解决生命科学中困扰人类的基本问题，如延长寿命和治愈癌症、糖尿病等顽疾有着非常重要的现实意义。

四、分析方法和策略

典型生物工程往往是数据驱动的重复过程。传统上，生物工程师依赖分子生物学、微生物学和遗传学的标准分析技术提供必需的数据。然而，组学(-omics)的发展改变了这种情形，并为现代合成生物学家提供了强有力的策略和方法。这里将介绍在基因组学、蛋白质组学和代谢组学水平上分析生物系统的一些新方法。

1. 基因组学

微阵列是一种便于建立的方法。通过同时分析收集的基因，科学家能够研究遗传或环境改变的系统效应。微阵列技术已广泛用于同时检验大量基因表达的改变对实验操作或环境变化的效应。通过开发基因组学技术（包括高通量序列分析和DNA微阵列技术）可以促进基因型-表型相互关系的了解。

转录物的相对丰度是一种有效的信息，但关于控制相对丰度的机制还不清楚。一种称为染色质免疫沉淀的方法探讨了这个问题。ChIP是一种染色质制剂，选择性地免疫沉淀目标蛋白质，其可以测定与蛋白质有关的DNA序列。ChIP已广泛用于后翻译修饰的组蛋白、组蛋白突变体、转录因子及基因组上修饰酶的图谱定位。最近，开发出一种称为染色质免疫沉淀-分析(ChIP-seq)方法，广泛用于DNA结合蛋白、组蛋白修饰或核小体和基因组序列对比。ChIP-seq的优点是分辨率高、噪声低、分析范围大。值得注意的是，由于ChIP-seq实验产生大量的资料，需要强有力的计算工具，以揭开控制相对丰度的机制。

2. 蛋白质组学

蛋白质组学相对于基因组学是比较容易表征的。DNA和mRNA不是实际上行使功能的分子。由于翻译控制、后翻译修饰和定位，蛋白质水平的表达可以与mRNA水平的表达解耦。蛋白质组学可以对细胞类型、组织或机体的所有表达的基因产物进行鉴定和定量。蛋白质组学研究的核心分析技术是质谱，蛋白质组学一个最重要的但也具有最大挑战的技术是生物系统两个或多个的生理状态之间差别的定量。基于质谱的定量方法总是应用差示稳定同位素标记以产生特殊的质量标签，其可以被质谱仪识别，并同时提供定量的基底。相反，无标记的定量方法针对直接相关的肽或一些肽序列的质谱测定信号。

一种适于蛋白质功能全面分析的理想方法是基于活性的蛋白质组学。它通过应用靶向酶功能基因的化学探针，表明酶的生理功能。这个方法的关键成分是化学探针，其含有 2 个单元：

① 在酶的活性部位定向机械标记相关的反应基团；
② 富集和鉴定标记酶的探针的报告分子标签。

3. 代谢组学

代谢组学可以看成蛋白质组学的补充。当蛋白质组学给出存在的蛋白质是什么蛋白质时，代谢组学可以研究这些蛋白质是做什么的。代谢组学是指对代谢组的分析，即研究生物系统的代谢分布图。代谢组学方法用于检测合成代谢，测定工程途径和内源代谢网络的生物化学相互作用。

4. 数学建模辅助分析

生物系统的组合性质，可能给合成生物学带来很多问题。正如在分子酶学工程和蛋白质工程中讨论的，由 300 个氨基酸残基构成的蛋白质，只要 3 个随机突变就可能产生 10^{10} 种可能的组合。在数学建模之后，可以在 in silico 探讨这些组合。由于许多合成生物系统相对较小，并且在进化前后序列中基本独立，它们可以用数学模型来表示。数学模型可以用来描述合成构建物，并说明生物表型复杂度是生物分子相互作用的一种结果。数学建模提高了设计过程的速度，并降低了开发的成本。Cooling 及其同事描述了标准有效的生物元件（数学模型成分，其可能是任一构件）在线库的开发。这些生物元件可以下载、扩展和重组，以帮助合成生物系统 in silico 设计。

建模的生物系统的规模可以从基因或蛋白质扩展到途径。从代谢物到代谢物是一种构建各种可能的酶促途径（从输入代谢物到输出代谢物）的网络工具，其在代谢工程中是很有效的。

第三章

合成生物系统的设计与调控

第一节 合成生物系统的元件

生命世界的复杂度源自生物成分的有序组织，以及它们之间的相互作用层次。对生物成分及其相互作用的了解是合成生物学的基础。合成生物学也可以理解为"工程生物学"，即如何工程化地进行生物各种成分设计合成，包括元件、装置和系统。各种特定功能的元件按确定的逻辑和物理连接构成装置；各种特定功能的装置协同运作构成系统；各种特定功能的系统互相通讯，协调运作构成多细胞或细胞群体系统。

合成生物学的基石是合成新的 DNA 序列，通过重组 DNA 技术，DNA 片段可以组装各种成分，可以很容易地在各种层次上合成人工成分。实践上，合成生物学主要取决于工程 DNA 的设计、构建和应用。各种功能的生物元件是直接由 DNA 编码（如启动子）组成或源自 DNA 的 RNA 分子（如核酶）和蛋白质（如激酶）。其他类生物分子（如寡糖、代谢物、小分子等）虽然也很重要，但由于它们至今未能像 DNA、RNA 或蛋白质那样容易、广泛地进行工程化改造，所以未考虑作为生物元件。合成生物学中可能的信息流模型如图 3-1 所示，这是 DNA、RNA、蛋白质平行的信息流模型。

一、合成生物元件、装置、系统和模块的定义

合成生物学的重要目标是再设计。一些工程术语也被赋予了新意，特别是合成生物学中的元件、装置和系统。元件、装置和系统是一种抽象的概

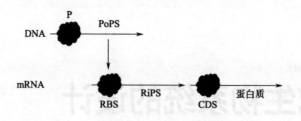

图 3-1 合成生物学可能的信息流模型

念,不同的领域有不同含义,它们在合成生物学中的准确定义仍在发展中,本节将介绍广义化的定义。

1. 元件

元件是工程系统中的物理单元,是具有某种特定功能的核酸或蛋白质成分。例如,蛋白质元件可能是单一结构域、可再利用的链节序列或信号肽,这些基本成分可以融合为蛋白质。蛋白质也是元件,因为它们是单分子。常用的元件有启动子、核糖体结合位点、终止子等。

2. 装置

装置是一个或多个元件的组合,它们一起运作并有标准化的功能接口。装置中各元件按"功能组成规则",以确定的逻辑和物理连接,保证元件之间的协调运作。由此看来,装置可定义为一种工程系统中的功能装配单元。生物装置包含分子生物学中心法则一系列生物化学反应单元,不同的装置具有各自的生物化学属性,具有特定的生物学功能,如常见的转录装置、翻译装置等。

3. 系统

系统是实现最终应用的各装置的组合。例如,为了获得更高级的生物功能,可将各装置按串联、反馈或前馈等形式连接,组成更高级的遗传线路或网络,即由各装置组装成系统。

4. 生物模块

借鉴电子工程和计算机程序设计的概念,合成生物学家创造性地提出了生物模块(biobrick)的概念,所谓生物模块是指经过标准化加工,具有标准的限制酶切割位点的元件、装置和系统等。它也可以形象地称为"生物砖"，使合成生物学家可以像建筑工程师建筑房屋那样搭建生物装置、系统和生命体。所谓标准化加工，是指所设计和构建的元件、装置和系统能够协调匹配，规范连接，实现即插即用。元件需要应用前缀和后缀序列，其含有限制酶 $EcoR$ Ⅰ、Xba Ⅰ、Spe Ⅰ和 Not Ⅰ切割位点。元件的核苷酸序列中不应含上述限制酶的切割位点。

5. 生物骨架

biobrick 标准生物元件使工程（组装、控制和修饰）生物系统变得更容易。现在标准生物元件注册处存有 5000 件以上的元件。这样，应用标准组装技术可以很容易地组装遗传线路。元件在组装过程中可再利用，之间可交换。然而，标准生物元件在组装中也存在某些局限性：

① 不允许对已经组装的生物线路进行修饰；
② 不能将蛋白质标签加到 biobrick 元件上；
③ 不允许将非 biobrick 元件加到装配器上。

最近，Norville 等设计了一种新的 biobrick 元件，称之为生物骨架 bioscaffold，它是应用引入定制的插入片段迅速产生合成生物线路的一种简单的技术。Bioscaffold 可以很容易地将目标序列完整切除并用其他 DNA 序列（如 RBS）取代。用 bioscaffold 能够对现有 biobrick 线路进行靶向修饰：

① 通过现有线路的直接再利用可以简化和加速重复设计—构建—验证的过程；
② 允许把同 biobrick 组装不相容的序列掺入 biobrick 线路中；
③ 去除标准生物元件之间的"疤"序列；
④ 产生新元件，为生物模块组装提供一条新途径。

二、合成蛋白质元件

（一）蛋白质合成生物学基础

长期以来，研究人员对蛋白质化学结构和功能、复合体及相互作用、蛋白质设计和工程进行了大量的研究，这样使我们容易由个体蛋白质的操作跨越到蛋白质系统的设计，即综合各种功能组装较大的蛋白质或蛋白质网络。

合成生物学的目标是工程复杂的生物系统，在这方面蛋白质合成生物学的基础较其他领域更雄厚。有些重组蛋白质已工业化生产；某些蛋白质的结构、功能和动力学已有详细的描述；蛋白质实验方法日臻完善，并建立了一整套建模工具；量子力学计算在亚原子水平描述了快速反应机制；分子力学策略把原子动力学模拟推向微秒时间范围；更高级的近似法支持合理设计、最佳突变体的有效筛选或结构预测及组装的几何学。蛋白质工程和进化分子工程已经成熟。蛋白质计算设计也取得了明显进展。蛋白质工程注意力已从个体蛋白质中残基操作转向蛋白质结构域和基序的重组、重排及融合，甚至从头设计。这样，从宏观定量到亚原子水平建立了几乎完整的信息链，奠定了从蛋白质到系统的基础。在某种程度上可以说，蛋白质合成生物学是基于系统的蛋白质工程和设计。

（二）合成非天然蛋白质元件

1. 自然界非天然氨基酸掺入蛋白质的途径

非天然氨基酸掺入蛋白质可赋予蛋白质元件以新功能和新性质，如光诱导开关、氧化还原敏感性、高稳定性和蛋白酶抗性等。这样的特性对于合成生物学网络中的正交蛋白质元件可能是很有效的。

在自然界中，除了为 20 种氨基酸编码外，还有为硒代半胱氨酸和吡咯赖氨酸编码的事件。在原核和真核生物中，UGA 终止密码子为硒代半胱氨酸编码。一种硒代半胱氨酰-tRNAsrlsec 是通过丝氨酰-tRNA 合成酶使丝氨酸氨酰基化，并且丝氨酸在 selD 提供的硒单磷酸供体存在下，通过硒代半胱氨酸合酶转化为硒代半胱氨酸。硒代半胱氨酸的掺入取决于硒代半胱氨酸插入序列，其在原核生物中与 UGA 密码子相邻；在真核生物中位于硒代蛋白质 mRNA 的 3′未翻译区。SECIS 单元的存在可以校正 UGA，并且共翻译掺入的硒代半胱氨酸。此外，硒代半胱氨酸的掺入需要存在几个特殊的因子。例如，在原核生物中存在硒代半胱氨酰 tRNAserlse 特异的延伸因子；在真核生物中 EFsec、硒代半胱氨酰 tRNA-特异的延伸因子可以和 SECIS 结合蛋白（SBP2）一起形成一种功能等价的 SelB；而另一种附加因子——L30 核糖体蛋白（rpL30）可以提高 sec 掺入蛋白质的效率。

吡咯赖氨酸是用 UAG 终止密码子编码。与硒代半胱氨酸相似，吡咯赖氨酸的掺入取决于特殊的结构单元，在 mRNA 中称为吡咯赖氨酸插入顺序（PYLIS）。反之，硒代半胱氨酸是在 tRNA 上合成的。吡咯赖氨酸是通过设计的吡咯赖氨酰-tRNA 合成酶（Pyls）直接负载在 tRNAPy（PylT）上。延伸因子 EF-Tu 结合 tRNA，并且把 UAG 翻译成吡咯赖氨酸。

由于硒代半胱氨酸和吡咯赖氨酸利用终止密码子掺入蛋白质，因此鉴定这些氨基酸和开发 UAA 掺入蛋白质的方法已成为挑战性的研究工作。

2. 人工非天然氨基酸掺入蛋白质的方法

关于非天然氨基酸掺入蛋白质的方法，Voloshchuk 和 Montclare 等已有全面的评述。设计的方法大致可以分为：

① 定位掺入（包括 *E. coli* 体内 UAA 掺入、*Saccharomyces cerevisiae* 体内 UAA 掺入、哺乳动物细胞中 UAA 掺入、UAA 掺入的微注射方法、可读框位移密码子、正交核糖体等）；

② 特异残基掺入（包括工程氨酰基合成酶）；

③ 多定位掺入；

④ 机体 UAA 掺入；

⑤ 工程 UAA 生物合成途径；

⑥ UAA 蛋白质的定向进化等。

这里只介绍工程氨酰基合成酶和 UAA 蛋白质定向进化两种方法。

(1) 工程氨酰基合成酶　为了拓展 UAA 掺入的结构多样性，已经开展了细胞生物合成机器的修饰。其中涉及蛋白质翻译的成分，AARS 是接受或拒绝与 tRNA 偶联的特殊氨基酸的"关卡"，即 UAA 掺入取决于：引入天然 AARS 的额外拷贝；扩大 AARS 结合口袋；缩小 AARS 的编辑结构域。

在组成型启动子的情况下，工程 AARS 的额外拷贝可以使 UAA 掺入蛋白质中。例如，在大肠杆菌蛋白质合成中，MetRS 的超表达可以活化 2-氨基-正缬氨酸等 UAA。工程 AARS 的底物识别专一性和编辑功能也可以掺入 UAA。例如，大肠杆菌苯丙氨酰-tRNA 合成酶（PheRS）突变体，扩大了结合口袋，允许 tRNA^{phe} 负载对卤代苯丙氨酸类似物。编辑的缬氨酸-tRNA 合成酶（valRS）口袋的单一氨基酸取代（苏氨酸-脯氨酸）的结果是产生错误酰化的 tRNA^{val}，在相应于缬氨酸的密码子处掺入氨基丁酸。负载氨基酸类似物的 AARS 突变体方法的开发拓展了特殊的 UAA 掺入。

(2) 定向进化　在蛋白质的再设计中，或者选择现有的蛋白质骨架并和局部或整个基因随机化，或者应用DNA重组技术以获得新的蛋白质，以上途径被定义为定向随机化。这里只介绍通过定向进化将UAA掺入蛋白质，从而获得新的蛋白质元件。

定向进化不仅提高了UAA掺入蛋白质的速度和能力，而且能够制造人工蛋白质元件。通过易错PCR或DNA改组可以产生各种蛋白质突变库，然后根据特殊功能进行筛选。

通过定向进化可以将UAA掺入蛋白质，可以恢复或提高蛋白质的功能。通过易错PCR（聚合酶链反应）产生CAT随机突变库，转化到 *E.coli* 亮氨酸营养缺陷型菌株，并且在TFL存在下表达。高通量比色法用于氟化突变体的筛选，并得到含有K46M、S87N和M1425热稳定性提高的氟化的CAT突变体。应用这种方法也获得了1株对TFL有活性和热稳定性的异亮氨酸突变体。UAA蛋白质的定向进化是应用FACS作为筛选方法在GFP上进行的。TFL掺入到GFP中造成荧光的丧失。为了鉴定提高折叠特性的GFP突变体，采取与CAT工作相似但具有较高突变速率的方案，用易错PCR产生随机突变库。细胞经历附加几轮定向进化产生氟化的GFP突变体（其带有15个氟化类似物的20个突变体）。这些实验证实通过特殊残基掺入和定向进化可以获得功能蛋白质。

3. 基于基序合成蛋白质元件

许多蛋白质是高度模块化的，是由球状结构域和片段组装的。无论是在蛋白质结构的球状部分还是片段上都可能存在基序。例如，蛋白质的磷酸化部位；钙、锌、铜和铁等金属的结合部位；酶活性部位；辅基、碳水化合物和脂质的核苷酸结合及共价连接部位等。其中特别重要的是蛋白质-蛋白质相互作用之中的基序。由上述例子可以看出，基序是与运动或活性有关的单元。生物系统中基序可能是各种生物活性形成的动力。基序的定义在不同的情况下所指是不同的。就蛋白质序列而言，它是指在蛋白质序列中，重复出现的氨基酸残基阵列亦称序列基序。就空间结构而言，它是指蛋白质三级结构中功能独立的短序列模块，或者可以看作特征性匹配的二级和超二级结构，亦称结构基序。典型的结构基序往往位于蛋白质的结构核心或功能中心。就网络而言，它是指生物分子网络中内在联系的简单模式，亦称网络基序。

一般确定蛋白质基序有下列途径：

① 由蛋白质序列提取基序。随着蛋白质的进化,它的氨基酸序列存在多样化,其中某些氨基酸残基序列是相当保守的,并与功能有关。通过不同物种的蛋白质比较可以确定保守残基序列。在某种情况下,保守序列的改变会使蛋白质功能丧失。我们可以把保守序列称为基序。

许多蛋白质通过基因复制构成家族,可以说它们有平行进化同源关系。平行进化同源蛋白质序列比较也能够鉴定基序。一个早期的例子是甲硫氨酰-tRNA 合成酶、异亮氨酰-tRNA 合成酶、酪氨酰-tRNA 合成酶和谷氨酰胺酰-tRNA 合成酶的 HIGH 基序的鉴定,它们是由古核、真核和细菌分化之前通过基因复制产生的。

在进化过程中,蛋白质也改变它们的结构,或者是突变,或者是序列取代,或者是新序列插入,或者是基因组片段的随机改组,从这些改变或加入的序列中鉴定基序。例如,基序-N,其分布于真核生物某些氨酰基-tRNA 合成酶中。基序-N 是氨酰基-tRNA 合成酶通过完全独立的进化途径获得的。

外显子改组在蛋白质进化过程中是有效的途径。一些信号蛋白质是通过外显子改组进化的,并且它们的一些基序已被鉴定。在信号途径中,这些基序在进化中似乎起核心作用。

② 由信息分析获得基序。获得蛋白质基序不一定局限于序列比较,信息分析也是获得基序的重要途径。在某种情况下,通过信息分析可以揭示序列重复出现的性质,即基序可以跨越各种蛋白质或者在同一蛋白质内重复出现。这样应用生物信息学或生物化学分析可以为获得基序提供线索。

广泛的基因组序列分析已揭示基因组结构的动态性质,特别有价值的是基因组序列倾向于出现周期性结构。在基因组序列内的重复结构似乎可以作为新蛋白质发生的驱动力。现有的蛋白质全部或部分结构继续表现出这种重复性。在这些重复结构中已鉴定出各种基序。

③ 通过基因最小化确定基序。某些基序的鉴定不一定依赖进化分析。生物化学家及遗传学家把蛋白质和基因分成小的片段,然后试图找出贡献给母体功能的更小单元。当分割的片段行使一种明确的功能时,就认为它是一种基序。

④ 人工合成基序。应用体外进化系统可以产生对特殊的靶分子专一结合的肽,即所谓的肽适体。肽适体是根据分子的功能由随机序列库中选择/筛选的基序,即通过分子进化工程获得人工基序。

4. 基序作为蛋白质构件

由生物信息分析鉴定的一些基序，它们的功能不总是由生物化学或遗传实验证实的。就某些基序而言，功能与序列之间的关系需要在不同水平上进行确定，基本是通过突变分析鉴定。如果在假定的基序中氨基酸取代使蛋白质的功能丧失，这说明基序在蛋白质功能上起关键作用。若假定功能的基序转移到外源分子（这种类型的基序包括各种"标签"基序）行使其有关功能，说明基序是可移植的。基序的潜在可移植性和功能独立性表明它们可以作为构件合理地编程人工分子，并表现出所希望的功能组合。

5. 基序编程构建合成蛋白质元件

基序是行使生物功能的最小肽单元，它可以从天然蛋白质中提取，或应用体外进化系统人工产生。基于基序与它的功能之间的联系，可以合理地编程具有所需功能的人工蛋白质。然而，基序序列及其功能之间的联系往往是弱的。就基序编程而言，在许多情况下，简单的算术加成不起作用。功能的表现实质上是受基序前后邻近效应的影响。在实践上，基序编程这种不确定性可以由组合途径克服。基序编程实验不仅深化了我们对蛋白质进化中基序作用的了解，而且开辟了设计和构建新蛋白质的一种途径。

BH 基序（BH1～BH4）（表 3-1）是 Bcl-2 族蛋白质公用基序，其涉及线粒体依赖的程序性细胞死亡。根据它们含有的基序分为 3 类：

① 抗凋亡多结构域成员（Bcl-xL、Bcl-2、MCL-1、A1、Bcl-W）；
② 促凋亡多结构域成员（BAX、BAK）；
③ 唯一的促凋亡 BH3 成员（Bim、Bid、Puma、NoXa）。

表 3-1 基序及其相关功能

序	序列	相关功能
BH1	ELFRDGVN	细胞死亡（凋亡）的信号转导
BH2	ENGGWDTF	细胞死亡（凋亡）的信号转导
BH3	LRRFGDKLN	细胞死亡（祸亡）的信号转导
BH4	RELVVDFL	细胞死亡（凋亡）的信号转导
PTD	YGRKK RRQRRR	蛋白质穿过细胞膜

这些蛋白质形成复合的信号网络，其中 BH 肽提供蛋白质-蛋白质相互作用部位。早已证明 BH3 功能的独立性，并且能诱导细胞凋亡。

PTD 是一个定位在 HIV（导致 AIDS 的病毒）tat 蛋白质中的 11 个氨基酸残基的肽基序。该基序不是通过序列分析鉴定的，而是由研究 tat 蛋白功能获得的。它能穿越细胞质膜，并且是与外源分子融合或结合的基序。它可以把蛋白质、核酸或其他分子引入细胞，这样建立了 PTD 基序的可移植性和侵袭细胞的功能。

BH3 和 PTD 基序重组可能产生双功能蛋白质。在 BH3 和 PTD 基序编程中，首先设计在各种可读框中编码 BH3 和 PTD 基序的"微基因"。虽然"微基因"单元只是在 MolCraft 系统中串联聚合，由于在"微基因"的接合处随机插入和缺失突变，这样能够通过聚合物内各可读框之间的随机改组制备 BH3 和 PTD 基序的组合库。将形成的长可读框克隆到表达载体上，然后在 *E. coli* 中进行翻译、纯化和功能研究。在（BH3+PTD）编程实验中所检验的 21 种蛋白质中，其中 1 个克隆表现为显著地穿过细胞膜，并诱导几种癌细胞凋亡。此外，人工基因导致人工蛋白质在细胞内有效地表达，其本身引起细胞凋亡，与用天然发生的原细胞凋亡 Noxa 或 Bax 转染的细胞相似。这样，2 个蛋白质转导和 DNA 转染表明程序化的蛋白质是能够诱导人细胞凋亡的。上述结果证实基序编程的概念，并指出基序编程的蛋白质具有作为治疗各种疾病的新药的潜力。

显然，基序编程的概念是简单的。如果需要产生具有 A、B 和 C 功能的分子，就可以分别把具有 3 个功能的 3 个基序连接起来。例如，含有 BH3 基序的肽可以与蛋白质转导基序（聚 Arg）融合产生双功能肽，其可以穿过细胞并诱导凋亡。在这个实验中，9 个氨基酸残基的 BH3 基序两侧有非基序序列（总长为 20 个氨基酸残基）。当核心 BH3 基序简单地与 PTD 基序融合，它虽能进入细胞，但不能诱导凋亡，这说明基序编程有其合理和非合理的方面。基于肽序列及其功能之间的联系，可以合理设计多功能蛋白质。同时也必须依赖于非合理设计——体外进化策略。由此可见，基序序列可以具有在生物系统中进化新功能的能力。

三、合成蛋白质装置

(一)基于分子相互作用合成蛋白质装置

蛋白质在合成生物学中有着特别重要的作用,这是因为细胞途径是由蛋白质-核酸、蛋白质-蛋白质和蛋白质-小分子相互作用调节的。合成遗传线路的最早的例子就依赖于各种蛋白质-DNA 相互作用。Elowizt 和 Leibler 基于负反馈调控原理设计了基因振荡网络,其在单一构建物中含有已知的阻遏蛋白 Prlacol、Prtet01 和 λP_R,形成与生物钟相似的摆动。Collins 研究组探讨了把阻遏蛋白和启动子组装成一种遗传双稳态开关,其中每一个启动子受另一启动子产生的阻遏蛋白抑制,应用诱导物控制开关。在遗传网络设计中,蛋白质作为调节单元,对于振荡系统和遗传双稳态开关工程仍然是重要的。蛋白质、蛋白质-DNA 及蛋白质-蛋白质相互作用半衰期的变化表明合成遗传系统协调振荡的有效性。

除了蛋白质-核酸相互作用外,蛋白质-蛋白质相互作用也体现在信号转导级联中。工程蛋白质网络的第一个例子是 Lim 等在酵母 MAP 激酶途径中插入异源蛋白质相互作用,证实这种简单的约束就可以产生适当的功能输出。最优秀的设计是一种支架蛋白合成途径:

① 用突变破坏天然相互作用;

② 限定各种激酶。以此构建了一套非天然相互作用,即非天然输入-输出系统。

在合成蛋白质装置上有 5 个参数是值得考虑的: a. 结构域类型; b. 结构域-配体相互作用; c. 链节长度; d. 结构域结构; e. 鉴定系统共同的蛋白质基序和蛋白质-蛋白质相互作用的方法。对于合成生物系统来讲,在细胞内的相互作用的构建和再编程是至关重要的。Lim 及其同事考虑上述参数,应用肌动蛋白调节蛋白 N-WASP 作为模型系统设计的一种开关,其中 N-WASP 的输出基本上是 PDZ 结构域-配体配对。这样形成的开关处于"off"状态;加上 PDZ 配体,开关转到"on"。为了拓展上述开关加工多种输入的能力,合成组合库。对非生理输入来讲,该库形成的开关具有各种新"门"行为。

信号转导级联及代谢途径往往依赖于蛋白质-小分子相互作用。就有效的受体-配体相互作用而言，为了构建高度特异的细胞途径，分子识别的关键单元可以抽提。用计算方法设计人工配体。在 E.coli 中，将 5-羟色胺整合到具有报告基因的合成信号转导途径时，可以观察预期的反应信号。

在合成代谢途径中，小分子如何同途径中的各种蛋白质相互作用是关键。Liao 等设计了一个振荡器线路，使代谢物输入和输出同转录调节偶联。代谢物乙酰辅酶通过磷酸乙酰转移酶转为乙酰基磷酸，并通过乙酸激酶转为乙酸。然后，乙酰辅酶合成酶加工乙酸回到乙酰辅酶。这种双代谢物系统在 glnAp2 启动子的情况下通过工程 acs 基因与转录联系，其可以通过 ACP 活化。工程化的 glnAp2 启动子控制 Lac 阻遏蛋白以抑制 pta 基因。这个振荡线路证实除了网络中蛋白质-蛋白质和蛋白质-DNA 相互作用外，小分子在网络连接中具有重要作用。

如上所述，由于在合成生物学中蛋白质起整合作用，分子酶学工程和蛋白质工程对于转录网络、新的输入-输出信号转导级联和代谢途径的设计日显重要。合成生物学应用的焦点是产生"人工产物"，由此可见，设计正交途径至关重要。蛋白质修饰（如 UAA 掺入）能够超越自我约束。

（二）基于结构域合成蛋白质装置

细胞通过大的动态蛋白质网络加工信息，这种系统的复杂度通过天然模块化来体现。催化活性及其抑制、制约性定位及其同其他蛋白质相互作用，这些往往都是在独立的结构上进行的。因此，对结构域的修饰将导致细胞重新编程。合成生物学家利用天然蛋白质结构域或结构域与肽基序之间的模块相互作用，将可再利用的蛋白质相互作用组装为线路。合成生物学家首先构建了人工反馈回路、振荡器和稳态开关。

1. 构建模块蛋白质开关

（1）自动抑制开关

许多酶，特别是激酶和磷酸酶只有在信号加工中才能转换。对于这类调节的一个共同的天然"设计模型"是模块自动抑制。自动抑制结构域建立分子内相互作用，其阻断同一分子内另一结构域的活性。例如，这种抑制相互作用可以在立体上封闭激酶结构域的活性部位，或者由于构象张力失活它的催化活性。自动抑制可以通过下列方式解除，如相互作用区域的共价修饰（去磷酸化/磷酸化）、蛋白质水解及更高亲和力结合反式作用的对偶物。这样，自动抑制作用的蛋白质为构建信号的加工的开关，这可能是经得起检验的模块工程。

(2) 转换自动抑制相互作用模块

Dueber 及其同事用无关的信号蛋白质的几个结构域-肽相互作用转换了酵母激酶 N-WASP 的自动抑制相互作用模块。在两种无关的激酶控制下，一对依赖磷酸化的输入相互作用连接 N-WASP 输出。输入相互作用的各种组合和排列产生各种门（包括 AND、OR）和转换动力学。就各种细胞加工不同的信号而言，天然系统有时保留同样的模块结构域结构和相似的结构机制。信号重构可能是相对简单的转换同源结构域。例如，非光敏 LOV（光、氧、电压）结构域被光敏感的同系物取代，结果将组氨酸激酶由电压引发转换为光引发。

在系统中，调节和活性分别是由天然分开的结构域行使的，这显然成为结构域工程的首选。然而，大量的模块蛋白质转换工程并没有达到预期的目的。一般成功的策略是两个结构域紧密融合或彼此插入，这样将使一个结构域的折叠限制另一结构域的功能。小的配体、肽和蛋白质结合的配偶体稳定一个结构域并降低（或增加）另一结构域的活性。因此，蛋白质结构域或结构域-肽相互作用成为许多构建物的重要构件。配体传感结构域插入到二氢叶酸还原酶（DHFR）和 β-内酰胺酶的突环中产生人工变构调节的酶。反过来也是如此，将内酰胺酶突变体插入到配体结合的蛋白质中也可以起到相似的作用。

在概念上，通过结构域取代、插入或重叠构建开关似乎是简单的，然而在实践上却存在折叠、稳定性和动力学问题。

2. 基于结构域相互作用合成蛋白质装置

许多蛋白质是由模块构成的，几乎所有的蛋白质都处于同其他蛋白质相互作用的网络之中。特别是信号加工网络，它是由多重特异的蛋白质相互作用整合而成的。这些相互作用的动态变化是传播和整合信号的一种普通的途径。相互作用往往表现出高度的模块化。模块有时可以与完全无关的结构配对转换。这样的相互作用转换成为蛋白质途径和蛋白质转换工程的一种行之有效的策略。

建立完全表征的、标准化的、之间可交换的蛋白质相互作用装置，这可能是复杂蛋白质系统设计最好的基础。蛋白质相互作用装置经由瞬间相互作用产生或破坏进行互通。一个典型的装置由两个不连接的元件构成。元件彼此之间或者产生或者对物理相互作用应答。与另一装置的功能连接是通过蛋白质融合配对来实现的，根据它们的输入和输出，可以把蛋白质相互作用装置分为3类。

（1）相互作用输入装置（或传感器）

相互作用输入装置（或传感器）转化某种信号为一种相互作用变化。例如，FKBP和FPB之间药物诱导的相互作用是一种广泛应用的装置，其是在化学调控下把任意两种蛋白质共募集在一起。

（2）相互作用输出装置（或调节器）

相互作用输出装置（或调节器）把一种连接输入装置的相互作用的变化转化为一种有效的生物作用（酶促活性、细胞信号化、报告基因读出和基因表达等），如酵母双杂交系统。

（3）相互作用传递装置

相互作用传递装置输入和输出相互作用变化。它的输入结构域的共募集在其输出接口上引发、分裂或修饰。许多天然蛋白质信号网络在逻辑上可能分解为相互作用的传递装置链，但合成突变体至今未能实现。

3. 支架蛋白或接合体重构途径

从工程蛋白质到工程蛋白质系统是合成生物学的一个重要研究领域。设计和构建更复杂的多成分蛋白质系统已有明显的进展，其中的代表性成就是工程支架蛋白或接合体。

支架蛋白是信号转导系统中一种没有酶活性的蛋白质，通常含有多个结构域，能同时与多个蛋白质结合。在细胞中，构成信号通路的蛋白质分子通常由支架蛋白通过物理作用组装成接合体。它的作用是：a. 定向信息流；b. 匹配蛋白质分子以提高信号传递；c. 辅助蛋白激酶和磷酸酶与它们各自的底物结合；d. 隔离匹配和不匹配蛋白质，防止与其他通路交流。这样，保证了信号传递的专一性和高效性。支架接合体作为反馈回路的集散中心，调节蛋白质的活性并执行蛋白质重新组装。因此，支架蛋白或支架接合体在信号网络中起关键作用。

支架或接合体蛋白共募集信号成分（如激酶及其底物）形成信号网络。

一系列结构域转换实验确定了酵母有丝分裂原活化蛋白激酶信号网络中支架的关键功能。该研究似乎确定支架蛋白质把每个激酶物理系于其后的底物上而起作用。然而，这种直观的顺式模型受到理论和实验资料的挑战。胞液支架蛋白似乎只占少部分，并且不能以顺式促进磷酸化，该支架更像以反式操作行使功能。

至今发表的大部分模块信号网络重构似乎采用同样的策略：a. 鉴定接合体蛋白质；b. 鉴定无关的信号蛋白质；c. 引入特异的蛋白质相互作用。其连接信号中间体与异种接合体。

重构途径的另一操作是转换相互作用配对，即工程的实际单元是特异相互作用结构域配对或结构域与其同源的结合肽配对。这样的相互作用装置或者在途径内重构，或者完全来自各种邻近序列。特异的合成相互作用增加激酶底物、代谢中间体或受体配基的局部浓度。这样的共募集效应往往足以重新规定信号线路，而且也足以模块化控制代谢流量。

四、合成 RNA 元件

最近几年的研究表明，RNA 似乎是全部生命化学的起源。核酶、核开关和微小 RNA 的发现是遗传调节与细胞功能的一场变革。

RNA 的生物功能可以分为编码蛋白质和非编码蛋白质功能。非编码 RNA 表现多种功能性质，包括基因调节、酶促活性和结合配体的性质。此外，RNA 分子表现出结构柔性，在动力学上可以采取各种构象，因此表现出变构性质。RNA 是由 4 种核苷酸残基组成的，其通过氢键相互作用、碱基堆积和静电相互作用形成二级结构。折叠程序的开发，可以预测 RNA 分子的二级结构和结合自由能。RNA 折叠能较少贡献给三级结构，这样 RNA 序列的结构和功能之间的关系是相对可及和可预测的。上述性质使 RNA 成为合成生物学中一种强有力的设计元件的基质。

在工程设计中，元件是一种可以行使基本功能的成分。RNA 元件是由 RNA 分子组成的遗传成分，其能够行使基本的生物功能，如基因调节、指导构象改变和配体结合。一般来说，根据功能可以将 RNA 元件分为传感器、调节器和传递器，其中最重要的是传感器和调节器，现将二者分述如下。

（一）RNA 传感器

传感器是检验信号的元件。RNA 传感器能够检验各种信号，如温度和分子配体及各种结合（包括杂交和三级相互作用）。一般来说，RNA 传感器所编码的结合事件是可传导的。因此，典型的 RNA 传感器是与其他 RNA 元件偶联的。

1. 温度传感器

RNA 传感温度是通过依赖温度的杂交相互作用实现的。天然 RNA 序列可以采取对小的温度改变敏感的构象。一般来讲，温度敏感的 RNA 元件较少表现出构型改变。RNA 温度传感器是通过选择/筛选和合理设计途径产生的。RNA 温度传感器元件同各种 RNA 调节器元件组合，可以把温度同基因调节联系起来。

2. 适体传感器

一般情况下，RNA 是通过同分子靶定向结合相互作用传感分子信号。RNA 适体是最普通的 RNA 传感器元件，其能够以高亲和性和专一性结合配体。典型的 RNA 适体应用体外选择策略或 SELEX（systematic evolution of lands by exponential enrichment）从头产生。RNA 适体的配体包括碳水化合物、蛋白质和小分子。另外，通过 Watson-Crick 碱基配对，RNA 可以结合核酸，这样可以工程核酸为配体产生 RNA 传感器。

（二）RNA 调节器

调节器是控制生物过程的元件。RNA 调节器控制其他生物分子的活性，因此影响生命系统的反应。RNA 调节器具有各种功能，如基因表达调节、后转录调节和定向定位。

1. 基因表达调节器

最主要的 RNA 调节器是调节基因表达的元件，其调节作用可以通过不同的机制实现，包括转录、翻译、剪接和稳定性，这些调节器可以顺式调节（元件埋在靶转录物之内）或以反式调节（元件作用在分离的靶 RNA）。

2. 转录终止调节器

在原核生物中，转录衰减是受转录终止子的顺式作用的 RNA 元件调节的。内在的终止子是最常用的终止元件,其是由富含鸟嘌呤(Guanine,G)和胞嘧啶(Cytosine,C)的 GC 茎突环-富 GC 茎突环聚 U 残基组成的。转录终止元件基本上是天然的,这些元件位于编码区域下游,其功能对终止密码子的距离不敏感。研究人员为了改变转录终止元件的单一来源和活性,进行了不断的探索,并取得了一定的成绩。

3. 翻译起始调节器

在原核生物中,翻译是在核糖体结合位点(RBS)上以顺式起始的。RBS 是由几个一致序列的核苷酸组成的,其同 16S rRNA 的 3′端杂化。相反,在真核生物中,核糖体是通过形成翻译起始装置的 7-甲基鸟苷帽在转录物的 5′端起始的。典型的翻译起始是通过这个依赖帽的机制发生的。翻译也可在顺式作用的 RNA 元件(内部核糖体进入位点,IRES)内部起始。IRES 范围从短的非结构序列(其通过 18S rRNA 杂化促进翻译起始)到大的结构单元(其同起始装置相互作用)。RNA 工程已经产生了各种活性的合成 RBS 和 IRES 序列。RBS 活性是由同 16S rRNA 及起始密码子上游的一些相互作用决定的;IRES 的活性很少,依赖于这个距离。

4. 催化调节器

核酶是催化 RNA 元件,一般催化 RNA 分子的分裂或连接,是以金属离子作为辅因子的反式酯化反应。锤头核酶广泛用作基因调节元件,这是由于其具有分子小、设计容易和快速动力学的特征。锤头核酶基序含有保守的 11 个核苷酸催化核心,由 3 个茎突(Ⅰ、Ⅱ、Ⅲ)包围,其中茎突Ⅰ和茎突Ⅱ中核苷酸之间的相互作用是细胞内活性的关键。

RNA 工程主要集中在精制基因调节的核酶。例如,构建了反式锤头核酶序列。其通过靶臂结合靶转录物形成催化活性结构,以顺式或反式定向分裂调节基因表达。例如,锤头核酶插入在靶转录物的 3′未翻译区(3′UTR)可有效地下调真核生物的基因表达。同样,插入在 5′UTR 区可能产生基因表达的非专一性抑制。

5. 组成/选择剪接调节器

在真核生物中,大量的基因是由外显子(编码蛋白质)和内含子(非编码蛋白质)组成的。顺式作用 RNA 序列通过结合剪接体成分或其他辅助蛋白因子(介导剪接体组装)指导剪接事件。调节剪接事件的 RNA 元件包括

5′和 3′剪接位点、分支点、增强子及沉默子序列。由于对"剪接编码"的不完全了解，对于调节剪接事件的 RNA 元件工程、设计和应用的工作尚少。然而，研究人员应用典型的剪接序列介导剪接并产生增强子和沉默子序列，可以潜在地作为调节剪接元件。

6. 基于 RNA 干扰的调节器

RNA 干扰（RNAi），如小干扰 RNA（siRNA）和微小 RNA（miRNA）是通过 RNAi 途径沉默基因表达的基因调节元件。RNAi 介导基因沉默是通过双股 RNA（dsRNA）引起的，其是由外源引入细胞或由初级 miRNA（pri-miRNA）转录物内源产生的。pri-miRNA 是前体 miRNA（pre-miRNA）在核仁经 RNaseⅡ酶 Dresha 加工产生，其被输出蛋白-5（exportin-5）运输到细胞质。外源引入的 dsRNA 和 pre-miRNA 在细胞质中由 RNaseⅡ酶 Dicer 加工。分裂的 RNA 是伸展的，并荷载在多蛋白质复合物上，这些 RNA 元件同靶转录物杂交并指导分裂或翻译表达。

由于 RNAi 介导基因沉默的效率和灵活性，研究人员已经开发出各种类型的合成 RNAi 元件。RNAi 元件可以由 RNA 聚合酶Ⅱ或 RNA 聚合酶Ⅱ启动子表达，如 siRNA、短发夹 RNA（shRNA）、pre-miRNA 和 pri-miRNA。虽然设计规则可以指导 RNAi 元件设计，但是典型的序列必须筛选以产生有效的 RNAi 底物。一般来说，设计的合成 RNAi 底物完全与其靶互补以诱导分裂，这是基因沉默更有效的机制。单一转录物的多 RNAi 底物的组合靶已用于增加基因沉默、检验细胞状态和行使更复杂的调节功能。

7. 基于反义的调节器

反义 RNA 是单股 RNA 元件，它是通过杂交控制靶 RNA 功能。天然反义 RNA 是通过各种机制进行调节，包括通过 dsRNA 分裂酶分裂反义靶杂合体，通过结合反义股立体抑制基因表达装置。由于设计简单和基因调节的潜能，反义 RNA 元件的工程和设计成为焦点。反式作用反义 RNA 元件的长度为 20~700 核苷酸。顺式作用反义元件可以抑制其他 RNA 元件的功能。例如，反义元件可以顺式同终止子元件杂交形成反终止子，抑制转录终止。典型的顺式作用反义元件定位是紧靠其靶，长度为 10~20 核苷酸就足以破坏靶功能。

8. RNase 活性调节器

RNase 是加工 RNA 的酶，它是通过内水解核苷酸或外水解核苷酸活性作用于细胞 RNA。细胞 RNase 识别和加工特异的 RNA 元件。例如，Rntlp（*Saccharomyces cerevisiae* 中的一种 RNaseⅡ 酶）分裂具有 4 个突环的发夹 RNA。RNaseE（一种大肠杆菌内切核酸酶）分裂单股富 AU 序列 RNA。在细胞转录物中发现上述两种 RNase 的底物。目前研究的热点是指向顺式作用 RNA 元件的工程、设计和应用，这样 RNA 元件的长度和定位将取决于相关的 RNase 及其基因调节功能。例如，稳定发夹的元件放在转录物的 5′端和 3′端以分别抑制 RNaseE 和外切核酸酶活性。RNase 活性调节元件是通过序列和结构修饰产生的。

五、合成 RNA 装置

1. 传感器和调节器元件直接偶联的 RNA 装置

第一种类型的设计策略是直接偶联装置，它直接把传感器和调节器元件连接在一起。在该策略中，信息（与传感器结合的输入形式）在两个元件之间传递，这是通过与适体结合的配体（适体配体对）相关的构象变化实现的。一种直接偶联的方法是将调节器的一部分用传感器取代。例如，基于核酶的 RNA 装置，它是用茶碱适体取代噬菌体 T4 胸苷酸合酶基因的Ⅰ类自我剪接内含子中的一个茎构建的。这个装置整合到天然基因中，在大肠杆菌胸腺嘧啶营养缺陷型菌株中证实其依赖于茶碱的剪接和调节。另一种方法是将传感器和调节器序列直接连接在一起。例如，茶碱适体直接与 shRNA 调节器偶联。由于茶碱抑制 Dicer 分裂 shRNA 序列，结果产生小分子调节。该装置的功能对 Dicer 分裂位点和配体结合位点之间的距离非常敏感，甚至改变一个碱基就会丧失功能。RNA 装置也能有效地调节剪接和选择剪接。

2. 不同信息传递功能整合的 RNA 装置

第二种类型的设计策略是通过传递器元件把传感器和调节器连接起来。典型的传递器元件是通过二级结构改变传感器和调节器之间的信息。将信息传递功能引入传感器和调节器元件偶联之中，使 RNA 装置有更大的灵活性。报道的几个 RNA 装置是通过链节序列把适体与翻译起始元件连接起来行使信息传递功能的。例如，基于 RBS 的装置是由随机链接区偶联茶碱适体与 RBS 构成的。链节长度是变动的。该装置是经由股取代机制调整核糖体对 RBS 的可及性而起作用。RBS 的一部分同基因 OFF 状态的适体碱基配对，或在输入结合构象中由基因 ON 状态释放碱基对。

带有传递器元件构建的其他 RNA 装置是把多个调节器偶联到单一装置之中，如基于 RBS 的装置设计是通过核酶的分裂调节核糖体与 RBS 的可及性。偶联 RBS 和锤头核酶调节器，使 RBS 在核酶结构内被间隔，并且核酶分裂形成两个分离的元件，因此提高了核糖体的可及性，从而提高了基因的表达水平。核糖体分裂本身是受茶碱与其适体结合调节的，其是通过通信模块与核酶连接实现的。

3. 功能组成骨架结构——模块组装装置

功能组成骨架结构是一种典型的装置设计策略，它通过各种元件模块组装成装置。在工程设计中，这样的骨架结构使装置更有效、更可靠，更能体现合成生物学的工程特质。功能组成骨架结构的一个重要性质是延展性，它能够由基本的传感、调节和信息传递元件全面编程信息加工及控制功能，是支持许多信息加工、转导和控制装置的组合组装。

Smoke 等提出一种构建单一输入-单一输出 RNA 装置的骨架结构，其由三个功能元件组装而成，即一个传感器元件（由 RNA 适体构成）、一个调节器元件（由锤头核酶构成）和一个传递器元件（由偶联传感器和调节器元件的序列构成）。所形成的装置处于两种基本构象之间：输入不能结合传感器和输入可以结合传感器。该 RNA 装置与靶基因的 3′UTR 偶联。核酶自身分裂失活转录物，因此降低基因表达的效率。这种 RNA 装置起单一输入缓冲器和交换器门的功能。它分别把分子输入转化为提高或降低基因表达输出。这种功能组成骨架结构的可取之处是它的可扩充性，为工程多输入装置提供了通用的途径。它用少量元件组合组装信息加工、转导和控制装置。这样，我们应用整合的观点以模块 RNA 元件组装更复杂的信息加工装置和指定的三个信号整合（SI）方案。SI1 用作单一输入门组装的逻辑门（AND 或 NOR）和信号及带通（bandpass）滤波器；SI2 由连接核酶的两个茎的传感器-传递器元件组装而成，用于其他逻辑操作（NAND 或 OR）；SI3 是由单一核酶的茎连接传感器-传递器元件组装的，用于构建逻辑门（AND 或 OR）。各种操作都是改变 SI1 的单一输入门或 SI2 和 SI3 的传感器-传递器元件的功能或输入反应性。用功能组成骨架结构策略构建的多个 RNA 装置证实整合方案具有普遍性。

第二节 合成生物系统的基因网络

自然界中，基因表达的过程是有序的、可控的，从 DNA 转录到转录后 RNA 的修饰、转运与降解，再到蛋白质翻译、翻译后修饰及蛋白质的转运等都受调控系统的控制，因而使生命体得以有序地生长、发育、老化，最终到死亡。尽管理论上合成基因网络能够在基因表达的任何层面上构建，但是目前流行的合成基因网络主要是基于转录水平上的调控，即在转录水平进行基因调控。

一、合成转录基因网络

基因表达是由相互作用的调控因子所构成的网络来完成调控的，这些因子通过多种生化机制发挥作用，而这样的网络运行对于生物体的适应性起着至关重要的作用。目前，我们所面临的重要挑战是：在自然界中所观察到的机制和网络结构是否根据选择压力的响应来进化呢？如果这样，这些压力是什么呢？是否这些结构是非选择性力量导致的结果呢？种种疑问是科学家在今后工作中需要探索和解决的问题。因此，合成生物学家尝试构建转录基因网络，甚至是生物系统，以便加深我们对于生命的理解和认识，促进生物技术的推广和应用。

长久以来，一直存在一种假说，即表型的进化通常是依赖于基因表达的变化，而不是编码蛋白质序列的变化。经过数十亿年的进化，许多动物蛋白显示了极大的序列保守性，同时相似或不同的基因及基因产物在体内能够彼此进行功能替换。这些序列保守性的最初例子包括鼠的 hox 基因与果蝇的该基因具有序列同一性，鼠的 pax-6 基因能够引发果蝇眼睛的发育等。由于蛋白质序列与功能的高度保守性，大量的研究致力于生物体形态和功能差异性与基因表达位置、时间及表达时间差异间的关系。例如，对 HoxD 复合物的分析表明，其在鱼的偶鳍向四足动物肢的进化中起着关键的调节作用。保守基因的调节与表达上的进化，同时也参与了复杂植物的叶、鸟的羽毛、蝴蝶斑点等的进化。

对于基因表达及遗传调控网络进化的研究，目前受到了只能在单一模式生物研究网络调控系统这一事实的制约。例如，很难确定对转录调控的分层次组织（少数的调控单元控制大量的基因）是由于功能优势还是非适应性过程的结果，如基因组复制等。然而，合成生物学包括基因网络的设计、活体系统的设计与工程化等，为完成上述研究工作提供了一条更为精确、有效的途径。

为了推进设计日益增加的更大且更加复杂的基因线路及基因网络，使用可重复且可相互交换的基因网络模块是非常关键的，我们称上述模块为"装置"。模块化基因装置包括以下特征：

① 该装置能够插入到设备中，使复杂性增加，但对于设备可达到最小化修饰；

② 当整合到一个系统时其行为是能够被预测的；

③ 或多或少地独立于宿主微生物自身的变化而发挥功能；

④ 尽可能地降低对宿主细胞资源的利用，同时对宿主系统的扰动最小化；

⑤ 操作轻便，能在很多宿主系统中发挥预测性的功能。

模块化的目的是降低合成生物系统设计的复杂度，使实验设计、验证和优化等操作简单化。模块化的概念对于合成生物学的设计原则是至关重要的，这是因为预先设计的模块库为设计提供了起始点，同时能够辅助替代模块进行系统功能的优化。目前，真正意义上的模块仅仅包括诱导启动子、报告系统、筛选标签与载体系统等，复杂的模块系统（如反馈线路）目前也逐渐标准化并被广泛使用。

二、合成转录后基因网络

基因表达的调控不仅发生在转录水平，同时能够发生在蛋白质生物合成的任何阶段。对于转录控制的下游，仍然在 mRNA 水平上，表达调控可以通过 mRNA 模板的淬灭或削弱翻译来实现。

转录后沉默的经典方法，在于诱导反义 RNA 的表达，导致形成无法翻译的双链 mRNA 及 mRNA 的降解。然而，该策略具有很大的局限性。目前，能够诱导 mRNA 降解最常见的策略是 siRNA 技术。siRNA 技术沉默基因表达，不仅可以作用于编码的转区，也可作用于 mRNA 转录的 5′ 或 3′ 非翻译区，这也为利用相关的非翻译区编码形成的 siRNA 来调控和沉默基因提供了机会。基于以上特征，利用转录激活和基因沉默能够工程化转录翻译网络。在该系统中，红霉素诱导的控制系统，用来表达能够沉默含有报告基因的靶标 siRNA 分子，该报告基因的表达又在经典的四环素响应启动子（P_{hCMV^*-1}）的控制之下。尽管该启动子被广泛使用，但是在完全缺失与其分离的激活子的条件下，仍然能够显示残余的激活活力。通过共表达针对报告区的 siRNA 分子，能够将残余表达降低到基底水平。更重要的是，由于 siRNA 表达的可控性，因而可以通过抑制 siRNA 的表达来获得最大限度的报告基因的表达水平。总的来讲，该工程化基因网络，不仅构建了具有提高调控性能的系统，同时能够很好地调节表达水平。

与转录水平对基因表达的操作相比，在翻译水平上构建基因网络的报道相对较少。图 3-2 为一个合成翻译网络的典型例子，在该网络中，对核糖体组装的翻译起始因子 4G（eIF4G）工程化，将以西罗莫司依赖的形式行使其功能，进而创造直接控制翻译起始的机制。这个网络依赖于潜在的小核糖核酸病毒的感染，在该过程中，宿主细胞蛋白的翻译完全关闭，使蛋白质翻译的方向转移到了病毒蛋白的翻译。这种关闭的发生，主要是由于 eIF4G 蛋白水解切割成不完整组分，而无法执行其翻译起始功能。通过将 eIF4G 的切割部分与西罗莫司诱导的同源二聚体结构域融合表达，将可能重新构建功能化 eIF4G，进而通过西罗莫司的加入恢复转录起始功能。更进一步来讲，在四环素响应转录的控制下，通过替代 eIF4G 融合体的表达，最终将构建一个多输入的、偶联转录与翻译的合成基因网络。

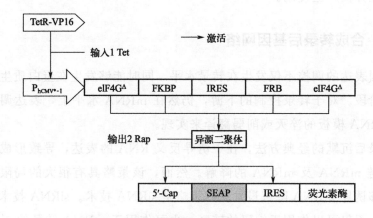

图 3-2 翻译控制网络的基因与分子设计

三、合成信号转导网络

天然生物系统对于胞外信号能够产生一系列的动态胞内反应，这对于表型的获得至关重要。原则上，一个特定的、模式化的响应可以由整合来自细胞表面、细胞质和细胞核中的信号元件实现。细胞表面的受体能够进行特异性的配体识别与信号转导，细胞质信使提供了信号加工模块，细胞核中的转录元件调控基因表达层面上的复杂变化。工程化这些信号通路，对于生物技术和生物医学都极具挑战性，特别是将合成元件与天然通路整合以获得要求的响应。

通常二元判定在"全或无"的细胞过程中是非常普遍的，如分化、生存、增殖、凋亡等，因此以上述"输出"来工程化细胞将是非常有用的。2011 年，Palani 等采用了将精细的、容易构建的网络，通过两个正反馈回路替代的策略，构建了一个可逆的遗传开关，并将其应用于创建高敏感性、对合成的配体受体复合物具有双稳态细胞响应的体系。在该网络中，细胞外配体结合到细胞表面受体分子上，激活下游转录因子，通过两个正反馈回路，激活的转录因子自身表达水平上调，同时细胞表面受体的表达水平上调，二者分别是通过加强反馈的转录因子反馈强度和受体反馈强度来实现的。

第三节　合成生物系统的结构

合成生物系统的构建是基于一种"自下而上"的正向工程学方法进行的，其系统构建可分为生物元件、生物装置和生物系统三个基本层次。生物元件是具有一定功能的 DNA 序列，是最简单最基本的生物积块，不同功能的生物元件，按照一定的物理和逻辑关系相互连接，就会组成复杂一些的生物装置，不同功能的生物装置协同运作即可构成更为复杂的生物系统。在具有不同功能的生物系统之间，互相通信、互相协调可以进一步构成更为复杂的多细胞、细胞群体生物系统。生物元件、生物装置、生物系统便构成了合成生物系统的层级化结构（图 3-3），合成生物系统的这一特点也充分体现了合成生物学工程化的本质。

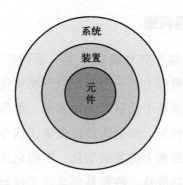

图 3-3 合成生物系统层级化结构

一、生物元件

在合成生物系统中,生物元件是最简单、最基本的生物积块,通过标准化的组装方法组装,生物元件可以构成更加复杂的生物模块。

按照功能的不同,可将生物元件划分为启动子、蛋白质编码基因、终止子、报告基因、引物组件、标签组件、蛋白质发生组件、转换器等类别。每一个生物元件都可以被赋予一个标准的编码名称,使得生物元件在具体的生物过程中所发挥的功能能够方便地通过其名称编码被识别。

1. 启动子

启动子是操纵子的一个重要组成部分,其可与 RNA 聚合酶专一性结合,决定着转录起始位置、控制着基因表达起始时间和强度。就像"开关"一样,启动子与转录因子(是指能够结合在某基因上游特异核苷酸序列上的对基因转录起调控作用的蛋白质)共同作用,对基因活动进行调节。生物细胞内含有大量的启动子,例如大肠杆菌约有 2000 个启动子。根据启动子效率的不同可将其分为强启动子和弱启动子,前者每 2s 便可启动一次转录,而后者每 10min 才启动一次转录。原核生物的启动子通常具有一些可被 RNA 聚合酶识别并结合的特定结构保守区,保守区序列变化会影响对应的 RNA 聚合酶的识别能力、亲和力以及控制转录水平的能力。原核生物中常用的诱导启动子有 Pae(乳糖启动子)、Pup(色氨酸启动子)、Pae(乳糖色氨酸复合启动子)、$Pr7$(T7 噬菌体启动子)等。真核生物启动子的转录活性除需要启动子外,还需要一些其他的功能序列。

2. 核糖体结合位点

核糖体结合位点（RBS）是指 mRNA 分子中紧靠启动子下游、起始密码子 AUG 上游的一段非翻译序列，用于特异性结合核糖体以便开始转录。原核生物的 RBS 是一段长度为 4~9 个核苷酸且富含 G、A 的 SD 序列。SD 序列是指能与核糖体 16S rRNA 的 3′端识别，促使核糖体与 mRNA 结合，辅助启动翻译的一段序列。由于核苷酸的变化能够改变 mRNA 5′端的二级结构，从而影响核糖体 30S 亚基与 mRNA 的结合自由能，造成蛋白质合成效率的差异，因此 SD 序列的微小变化往往会导致表达效率成百上千倍的差异。

3. 终止子

终止子是指位于一个基因或一个操纵子的 3′端，具有终止基因转录功能的特定核苷酸序列。按照发挥作用时是否需要蛋白质因子的辅助，终止子可以分为两类。

一类是不依赖 ρ 因子的终止子，这类终止子一般都有一段富含 GC 的反向重复序列，其后跟随一段富含 AT 的序列，使得转录生成的 mRNA 序列中能生成发夹式结构，以及一段寡聚 U 序列。这种二级结构阻止了 RNA 聚合酶继续沿 DNA 移动，并使聚合酶从 DNA 链上脱落下来，终止转录。

另一类是依赖 ρ 因子的终止子，这类终止子通常需要 ρ 因子的协同作用或是受 ρ 因子的影响来终止转录，终止子前无寡聚 U 序列，回文对称区不富含 GC。不同终止子对基因转录有不同的终止作用，有的终止子可以几乎完全停止转录，有的则是部分终止转录，还有一部分 RNA 聚合酶越过这类终止序列继续沿 DNA 移动并转录。在合成生物系统中，构建表达载体时，为了稳定载体系统，防止克隆基因外源表达干扰载体的稳定性，一般都在多克隆位点下游插入一段很强的转录终止子。

4. 操纵子

操纵子是基因表达调节装置，由启动子、其他顺式作用元件以及多个基因串联组成，同时有反式作用因子进行调节。操纵子一般由 2 个以上的编码序列、启动序列、操纵序列以及其他调节序列在基因组中成簇串联组成。

在基本部件中，被调控基因的激活或者抑制通常是通过转录调控因子与启动子操纵位点的直接作用实现的。目前合成生物学的早期研究主要依赖于这些转录单元作为复杂人工路线的"积块"。

二、生物装置

在合成生物系统的设计中，可以通过组合具有生物学功能的基本设计单元生物元件设计更复杂的生物装置。生物装置是指一组或多种生化反应，包括转录、翻译、蛋白质磷酸化、变构调节、配体/受体结合以及酶反应等。一些生物装置可以包括许多不同的反应物和产物（例如，转录装置包括调节基因、转录因子、启动子位点和 RNA 聚合酶）或非常少的反应物和产物（例如蛋白质磷酸化装置包括激酶和底物）。不同生物装置的特性决定了自身的优点和局限性。特定的生物装置类型可能更适合于特定时间和空间尺度的生命活动。尽管生物化学反应的多样性使得生物装置的设计存在一定的困难，但是生物装置是构建具有丰富功能的复杂系统的基础。

利用 iGEM Registry 提供的标准化系统量化方法，我们可以将一些生物装置（具有一定生物学功能，并且能够被外源物质所控制的一串 DNA 序列）进行标准化抽提，描述成如下形式：

① 报告基因是指使得产物易于被检出的基因，在分子生物学试验中用于替换天然基因，以检验其启动子及调节因子的结构组成和效率。常用的报告基因是各种荧光蛋白编码基因，如绿色荧光蛋白基因（gfp）等。

② 转化器是指一种遗传装置，在接收某种信号时，转化器会停止下游基因的转录，而未接收到信号时开启下游基因的转录。

③ 信号转导装置是指环境与细胞之间或者邻近的细胞与细胞之间接收信号的传递信号的装置。

④ 蛋白质生成装置是指能产生一定蛋白质的装置。

目前已经工程化的生物装置还有很多，如控制基因表达的各种开关、模拟工作逻辑门功能的生物装置等。

这些具有不同功能的生物装置可用来构建具有特定功能的更复杂的基因线路，例如利用核糖核酸开关。核糖核酸开关作为一种调控元件，天然存在于基因 mRNA 非编码区域，能够响应单磷酸腺苷环二聚体、单磷酸鸟苷环二聚体等小分子代谢物。与小分子代谢物结合后，核糖核酸开关会引起 mRNA 二级结构的改变，从而开启或关闭基因的表达，实现对基因转录后水平的调控。例如，利用生物装置构建的核糖核酸开关可以响应甘氨酸信号,从而实现 gcvT 基因表达的开启或关闭,如图 3-4 所示。当没有信号分子存在时,mRNA 编码区形成一种特定的二级结构,开关处于关闭状态,阻碍了翻译的进行;而当小分子信号出现并与核糖核酸开关结合时,核糖核酸开关开启,mRNA 编码区二级结构打开,启动基因翻译。除上述基因线路外,还有一些更加复杂的基因线路如双稳态开关、压缩振荡子等。

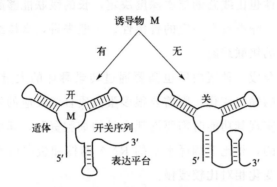

图 3-4 响应甘氨酸的核糖核酸开关示意

三、生物系统

生物系统是具有互连功能的、可执行复杂任务的一组生物装置。将生物装置以串联、反馈或者前馈等形式连接,组成更加复杂的级联线路或者调控网络,构成了生物系统。自然生物系统中的调控级联路线是非常普遍的,如转录调节网络、蛋白质信号通路和代谢网络。在活体细胞中,许多信号转导和蛋白激酶通路通过级联过程来调控其活性。例如,在果蝇和海胆等多细胞生物体中许多时间顺序事件通常都由级联过程来调控。同时,级联线路具有许多非常重要的特点,最常见的由蛋白质控制的级联可以响应非常小的输入信号而输出由高到低或由低到高的信号,超敏感性基因线路对诱导物浓度在一个很窄的范围内的变化具有快速响应能力,即使是微弱的输入信号,一旦达到阈值即可快速激活遗传线路,其响应曲线非常类似于典型的阶跃响应曲线,具有广泛的应用价值。

在各种级联线路和调控网络中,转录调控网络是迄今为止最易于实施并且表征最彻底的系统,这种级联线路存在于原核生物和真核生物中。核苷酸序列直接决定了相互作用的特异性,因此,相对来说控制转录和翻译以生产目的输出的装置,其搭建都比较容易且具有一定的柔性。转录控制系统具有很多其他有用的特性,包括信号放大,噪声的传播、放大和衰减,多个转录因子的组合控制,对多个下游靶点的控制以及内外因素对于表型变化的控制等。对于不同长度级联线路的研究表明,在某种条件下,增加级联线路的层次深度能够增加响应的敏感性,使其输入/输出关系更加接近离散特性;同时,响应的延迟性也由线路的层次深度决定,长的级联能够起到低通滤波器的作用,对于输入噪声具有一定的鲁棒性。一般来讲,真核细胞级联线路通常长于原核细胞的级联线路。

然而,仅仅合成一种蛋白质也需要通过转录翻译的大量生化反应实现;而获得能够检测的输出变化,则需要很多蛋白质合成反应的发生。因此,这些装置和系统在实现其功能时需要消耗大量的细胞资源,其衡量时间是以分钟或小时为尺度的,相比于翻译水平的 RNA 调控和蛋白质水平调控,基因路线转录输出的变化相对比较缓慢。

近年来,DNA 重组技术的发展大大推动了合成基因组的研究,为构建完全人造生物系统提供了可靠的方法。相比于对多种生物装置在现有底盘细胞上进行组装,在基因组层面构建合成生物系统具有一定的优势。基因组合成技术的发展甚至可以使我们对想要的功能和途径进行选择和删减,从而获得更理想化的底盘,使新生物系统的合成更加简单,减少进化负担。该系统将允许合成生物学家插入任何想要的生物装置,并实现装置功能的可扩展性。病毒基因组是最简单的已知基因组,已经被成功构建且验证有效。除病毒之外,合成生物学家已经得到的生殖器支原体最小基因组可产生用作合成基因网络的理想生物体。截至 2017 年,天津大学等机构的科研人员成功合成了 7 条酿酒酵母染色体及其衍生物,使得基因组合成技术在真核生物中的研究取得突破性的进展。基因组合成将使合成生物学家可以制造更加紧凑的底盘细胞,为插入新装置创建最简单易行的环境。但是使用简化的基因组可能不会产生以精确和可靠的方式运行的通用生物体,尽管构建最小基因组的诱惑力很强,但是较不紧凑的基因组可能更有利。这就好比一个操作系统,运行快的紧凑型操作系统可能只有几个应用程序和软件库,而运行较慢的庞大的操作系统可能有许多软件库和应用程序,但是冗余的机制提供了更多的可靠性。无论使用哪个操作系统,软件无法在没有电脑的情况下运行。因此合成生物学的设计对象不仅仅是装置和系统,而是将系统嵌入到主机单元中，其中设计用于执行任务的复杂生物系统应该是细胞，实际上不仅仅是一个细胞，而是细胞群体。

四、多细胞交互与群体感应

对于合成生物系统而言，合成具有特定功能的单个单元，甚至大量完全独立的单元都难以获得具有完整功能的生物系统。由于基因表达和其他细胞功能中存在内源和外源环境噪声的影响，即使基因型完全相同，细胞的群体也可能表现异常，出现表型异质性。也就是说，在细胞群体中，即使完全相同的非通信单元的行为也不会相同，更不用说协调一致性。而在多个细胞之间构建人造细胞通信系统，实现多细胞的交互，可以提高生物系统的功能性，并且可以克服单一个体的可靠性的缺陷。

利用通过细胞间通信协调彼此的群体感应行为是目前工程化细胞群体的主要手段。

所谓群体感应，即响应细胞群密度波动而调控基因表达的现象。在群体感应系统中，细菌产生并向环境中释放一种化学信号分子，即自诱导剂，其浓度随细胞密度的增加而增加。细菌能够响应不同浓度自诱导剂的刺激，从而改变基因表达模式。革兰氏阳性菌和革兰氏阴性菌就利用群体感应通路，对各种各样的生理活动进行调节，例如共生、毒力的产生、抗生素的生产、运动孢子形成以及生物膜形成等。通常情况下，革兰氏阴性菌以酰化高丝氨酸内酯作为自身诱导剂，而革兰氏阳性菌则以经过加工的寡肽作为诱导信号。细菌在种内和种间都能进行自诱导剂介导的群体感应，此外细菌自诱导剂也能够引起宿主的生物特异性反应。一般来讲，在群体感应中，信号分子的性质、信号终止机制以及由细菌群体感应系统控制的靶基因不同，但在各种条件下这种彼此通信的能力使细菌能够协调基因表达，进而协调细菌群体的基因表达。这个过程赋予了细菌一些类似高等生物的品质，因此细菌群体感应系统的发展可能是多细胞发育的早期步骤之一。

群体感应现象最早在海洋细菌费氏弧菌中发现。海洋细菌费氏弧菌寄生在夏威夷鱿鱼的发光器官中。在这种器官中，丰富的营养使细菌可以高密度生长，并诱导生物发光所需的基因表达，鱿鱼则使用细菌提供的光进行反照，以掩盖其阴影并避免捕食。在海洋细菌费氏弧菌中存在两种蛋白质LuxI和LuxR，这两种蛋白质控制着产生光所需的萤光素酶操纵子（LuxIC-

DABE）的表达。LuxI 是自动诱导剂合成酶，合成酰基高丝氨酸内酯（AHL）自动诱导剂——3OC6-高丝氨酸内酯。LuxR 是细胞质自动诱导剂受体/DNA 结合转录激活因子。AHL 生成后便自由扩散进出细胞，随着细胞密度的增加而浓度增加，信号达到临界阈值浓度时，AHL 与 LuxR 结合，激活萤光素酶的操纵子的转录。另外，LuxR-AHL 复合物也诱导 LuxI 的表达，因为它存在于萤光素酶操纵子中。这种监管配置使环境中充满信号分子，产生了一个正反馈回路，使整个细菌群体进入"群体感应模式"并产生光。

第四节 合成生物系统的设计

一、合成生物学的设计方法

合成生物学是生物科学与工程科学相结合的一个分支学科，分享了生物学和工程学的思想、原理、概念、工具、特点和目标。它涉及分析、调查、估计自然发生系统中的基因与蛋白质之间的动态相互作用。合成生物学注重"设计"和"重设计"，广泛运用计算机科学、数学、信息科学和物理学原理和方法，基于既有生物学知识，建立数学模型，对合成生物系统进行模拟和性能分析，从而指导和优化实验设计，而分子模拟和计算方法是数学概念在自然生物系统中的应用，利用算法、统计学结合生物学来研究合成生物学的产物。合成生物学一般流程和计算分析类型如图 3-5 所示。

对于合成生物学设计中用到的组件，其计算方法和电路工程类比，采用"自上而下"法对生物复合材料进行设计。合成生物产品可由细菌、酵母和哺乳动物细胞产生，因此它适用于简单和复杂的生物体。对于构建好的模型来构建组件，需要振荡器、开关、逻辑门和比较器。除了组件之间逻辑关系的算法之外，最终的基因产物或分子需要启动子序列、操作序列、核糖体结合位点、终止位点、报告蛋白、激活蛋白和阻遏蛋白。其中一个最常见的合成生物学结构的例子为：通过四环素控制转录和翻译过程，四环素存在的情况下蛋白质的合成处于关闭状态，在没有四环素的情况下处于打开状态。

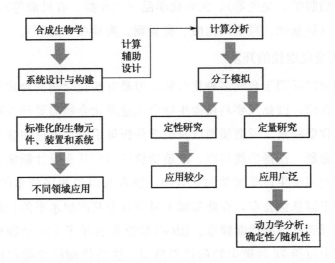

图 3-5　合成生物学一般流程和计算分析类型

二、新合成反应与网络的设计

合成生物学通过人工设计和编辑自然界中不存在的代谢途径与调控网络构建新的生物系统来解决能源、材料、健康和环境等问题。

1. 合成基因网络的工程化设计原理

对于合成代谢网络而言，在异源宿主中引入新的代谢途径，不仅需要最小化有毒中间产物的积累，还需要最大化目标产物的产量，并尽可能不影响宿主的表型。因此，需要对代谢网络中的多个基因进行编辑，使多基因的表达能够协调与平衡。目前，合成生物学通过引入"设计-构建-评估-优化"的工程化设计原理，通过多轮筛选得到最优的生产菌株。

"设计-构建-评估-优化"的工程化设计原理主要包括 4 个部分：a. 利用生物信息学方法设计合成目标化合物的代谢途径；b. 在宿主中构建设计好的代谢途径；c. 通过分析检测手段评估所构建的代谢通路中的瓶颈环节；d. 针对瓶颈部分进行优化，有效提高目标化合物的产量。

在"设计-构建-评估-优化"的思想指导下经过多轮循环能够得到高产的工程菌株。例如，Van Dien 课题组通过对大肠杆菌的多个代谢途径进行重设计，使 1,4-丁二醇的产量得到大幅提高。此外，利用"设计-构建-评估-优化"的思想还能开发多种底盘宿主用于高效生产各种化合物，包括生物质能源(乙醇、脂肪酸、烷烃等)、大宗化学品(二元醇、有机酸等)、药品以及保健营养品(氨基酸、羟基肉桂酸、类黄酮、类异戊二烯等)。

2. 做新反应途径的开发

微生物被广泛用于合成多种化合物,但是有些化合物的合成途径在微生物中是不存在的,因此想要利用微生物合成这类化合物需要开发新的反应途径。基于大数据检索、模型预测以及组学分析等手段,通过在底盘宿主中引入新的代谢途径、挖掘功能基因、改造功能基因和从头设计新酶等方式开发新的底盘宿主用于生产非天然的化合物。随着基因组测序技术的高速发展,大量的基因组信息被公布,在此基础上可以开发基因组水平的代谢网络重构用于更好地理解复杂的代谢模型。BIGG数据库收录了134个物种的代谢模型信息,其中包括78种微生物的代谢模型。这些代谢模型能够用于指导设计新的代谢途径,分析复杂的代谢调控网络,并有利于开发新的底盘宿主。在此基础上,开发出一系列用于预测或检索特定化合物合成途径的工具,例如BNICE、DESHARKY、FMM、RetroPath等。针对特定的化合物,可能检索到多条代谢途径,通过将这些代谢途径整合到底盘宿主中,能够显著提高特定化合物的产量。以异戊二烯为例,自然界中存在MVA途径和MEP途径两种合成异戊二烯的途径,其中,MVA途径存在于真核生物中,MEP途径存在于原核生物及植物的质体中。S. Yang课题组通过在大肠杆菌中引入本不存在的MVA途径,使工程菌同时具有MVA途径和MEP途径,异戊二烯的产量达到24.0g/L,是目前已知的最高产量。

除了组合多条代谢途径,在底盘宿主中引入本不存在的小分子作为前体,利用宿主自身的酶对底物识别的非特异性催化非天然小分子也能够得到特定产物。例如,酿酒酵母的 $TSC13$ 基因编码烯醇还原酶,用于催化长链脂肪酸延长过程中的最后一步反应。Michael Naesby课题组通过在酿酒酵母中引入p-香豆酰辅酶A,利用酿酒酵母自身的烯醇还原酶催化香豆酰辅酶A合成p-二氢查耳酮辅酶A,用于生产植物黄酮类化合物。此外,还可以巧妙利用酶对底物的非特异性识别,合成多种非天然的结构类似物。例如,委内瑞拉链霉菌 $JadS$ 编码的糖基转移酶,能够识别杰多霉素A和UDP-葡萄糖合成杰多霉素B,但其对底物糖头的识别特异性较差。杨克迁课题组利用JadS糖头特异性差的特点,通过添加不同的糖基供体,得到多种糖型的杰多霉素类似物,用于开发新药。上述案例主要通过扩大酶的底物特异性实现对非天然化合物的合成，此外在得到目标产物的基础上还可以进一步对酶的特异性进行改造，提高产量。例如，于洪巍课题组通过对异戊二烯合酶活性口袋的饱和突变和理性设计，大大提高了异戊二烯的产量。

3. 定向进化基因网络设计原理

除了针对局部的代谢瓶颈进行改造，还可以通过定向进化的方式从整体水平上对复杂的代谢网络进行改造。首先通过随机诱变、gTME、MAGE、TRMR、核糖体工程、基因组重排等方式构建一个非针对性的突变库；随后以特定性状作为筛选指标建立高通量筛选方法，筛选高产菌株；通过基因组、转录组、代谢组学等方法比较分析高产菌株与野生型之间的区别，找出突变体高产的原因（功能基因变化，调控序列变化，代谢流重排）；最后将诱导高产的原理应用于其他菌株，理性指导目标化合物的生产。例如，S. Y. Lee课题组通过将β-香树脂醇（β-amyrin）合成途径在不同的酿酒酵母菌株中进行过表达，分析高产菌株和低产菌株的基因组发现，高产菌株的β-amyrin合成途径中几个关键基因 $ERG9$、$ERG8$ 和 $HFA1$ 存在单核苷酸多态性（SNP），推断这几个SNP是β-amyrin合成产量有差异的原因，在此基础上理性改造β-amyrin合成途径，使β-amyrin产量显著提高。

除了功能基因改变会对目标化合物的合成有影响外，调控序列的改变也会对目标化合物的合成造成影响。例如，氨基酸等初级代谢产物的合成往往受到反馈抑制，分析发现合成氨基酸的关键基因的调控序列往往存在一段能够感知氨基酸浓度的序列，通过与氨基酸结合后发生变构，从而调控下游关键基因的转录或者翻译。这段序列同时具有生物感受器和效应器的功能，也就是前面所说的核糖核酸开关。Jung课题组构建了含有赖氨酸核糖核酸开关与$tetA$基因的筛选系统，利用$NiCl_2$作为筛选物，因菌体内高浓度的赖氨酸可以抑制$tetA$基因的表达从而使菌体对$NiCl_2$不敏感，菌体在$NiCl_2$存在条件下能够存活；而当菌体内赖氨酸浓度较低时，$tetA$基因的表达使菌体对$NiCl_2$敏感，则菌体死亡，利用这种方法最终筛选得到高产赖氨酸的菌株。响应不同温度的核糖核酸开关也是研究的热点，使热激蛋白、超氧化物歧化酶等能够提高微生物耐热性的耐热元件在不同温度下依次表达，不仅能提高微生物的耐热性还能减少能耗，保护环境。

整个合成系统中往往涉及多条代谢途径，每条代谢途径都由多个酶组成，多酶系统在将非天然底物转化成天然或者非天然的目标化合物的过程中，酶的底物专一性往往与目标产物的产率成反比。因此扩宽酶的底物专一性，使其能够识别更多的底物类似物从而合成多种天然或非天然化合物也是定向进化基因网络设计的一个方向。L-高丙氨酸（L-homoalanine）是一种非天然氨基酸，被用于合成几种重要的手性药物，例如 S-2-氨基丁酰胺（S-2-aminobutyramide）和 S-2-氨基丁醇（S-2-aminobutanol）。通过对共生梭菌（Clostridium symbiosum）谷氨酸脱氢酶（GDH）活性口袋进行饱和定点突变和迭代定点突变，得到的突变体 GDHK92 VIT195S 能够改变其底物特异性，从专一性识别谷氨酸变成能够识别苏氨酸，从而合成 L-高丙氨酸。

4. 组合同源代谢网络

对宿主自身代谢网络的调控序列进行改造来提高特定化合物的产量或者构建新的底盘宿主是合成生物学的一个重要研究方向。目前合成代谢网络主要利用转录和翻译控制单元调控关键基因的转录与翻译。设计方向涵盖以下几个方面：

① 在 DNA 水平进行改造，例如启动子工程；

② 在 RNA 水平进行改造，包括转录因子工程、合成 RNA 开关等；

③ 在蛋白质水平进行改造，包括核糖体结合位点工程、蛋白质工程以及辅因子改造等；

④ 在代谢水平进行改造，包括结构生物技术、细胞内代谢重定位、模块化代谢途径等；

⑤ 在基因组水平进行改造，包括多基因编辑；

⑥ 在细胞水平进行改造，包括转运蛋白质工程、形态学工程等。

精确调控基因的表达水平是工程化合成生物学的重要思想，借助启动子工程构建具有不同强度的启动子库，将目标基因与不同的启动子匹配，以实现转录强度的可控性。十五烷是柴油的重要组成成分，其生物合成起始于丙二酰辅酶 A，由 I 型聚酮合酶（SgcE）催化成十五碳七烯（pentadecaheptaene）和硫酯酸，最后通过氢化十五碳七烯得到十五烷。SgcE 的表达强度与十五烷的产量成正相关，替换 SgcE 的启动子使十五烷的产量达到 140mg/L。

在翻译水平最常用的调控元件是核糖体结合位点（RBS），通过构建具有不同强度的 RBS，将目标基因与不同的 RBS 匹配，能实现翻译强度的可控性。虾青素是一种重要的食品添加剂，因为是一种天然色素，被广泛用于家禽和水产品加工工业。β-类胡萝卜素是虾青素的合成前体，通过八氢番茄红素合酶（CrtYB）、八氢番茄红素脱氢酶（CrtI）、番茄红素环化酶、β-类胡萝卜素羟化酶（CrtZ）以及 β-类胡萝卜素转酮酶（CrtW）得到 β-类胡萝卜素。以 β-类胡萝卜素为前体，在虾青素合酶（CrtS）和细胞色素还原酶（CrtR）的催化下合成虾青素。将虾青素合成途径中的上述 6 个关键酶（CrtYB、CrtI、CrtZ、CrtW、CrtS、CrtR）基因与不同强度的 RBS 进行组合，使虾青素的产量大幅提高，达到 5.8mg/g 细胞干重（DCW）。

理论上组合高强度的启动子和高强度的 RBS 能够分别对基因的转录水平和翻译水平进行强化，大大提高目标化合物的产量。然而，实验发现，高强度的启动子和高强度的 RBS 的直接组合往往达不到理论上的高产效果。C. Lou 课题组通过在启动子和 RBS 中间添加一段"绝缘子"RiboJ 序列，使强启动子和强 RBS 能够协同表达。B. Zhang 课题组通过构建 RBS 库，并组合不同强度的启动子＋RiboJ＋不同强度的 RBS 实现了莽草酸产量的大幅提高。

除了对基因间的调控序列进行改造之外，对能与基因间调控元件相结合的调控因子进行改造也是组合同源代谢网络的研究方向，例如转录因子工程。由于转录因子往往能作用于细胞的整个代谢网络，成为合成生物学的一个研究热点。RNA 开关是一类有效的 RNA 水平的调控元件，主要包括天然的核糖核酸开关、核酶以及核酸温度计等。由于 RNA 开关普遍具有灵敏、快速等优点，也是合成生物学的热点研究方向。

除了在 DNA 和 RNA 水平对代谢网络进行整体或局部的调控，蛋白质水平上也可以通过蛋白质工程等手段对同源代谢网络进行改造。蛋白质工程主要是将特定蛋白质作为调控网络中的一个组件"生物元件"进行定制化的改造，使其性质更适用于新构建的系统。例如，对蛋白质的底物特异性进行改造，降低底物的专一性使其能识别非天然的小分子，从而合成非天然的目标化合物，或者提高底物的专一性，减少副产物的产生，对蛋白质的膜定位区进行截短或者删除，使膜蛋白能够游离在胞质中正确表达；通过蛋白质支架系统组合代谢途径中的几个关键酶，使其在细胞内的物理距离更接近，从而形成底物隧道效应，提高产量；同时，也可以通过对酶的辅因子或者辅酶进行改造，进而提高产量。

目前生物的基因组中广泛存在大量的冗余基因，在基因组测序注释的基础上可以通过 CRISPR 等技术删除大片段冗余基因，简化并模块化基因组，构建新的平台宿主；也可以人工合成基因组，构建合成生命。酿酒酵母 2.0 计划通过全球科学家的共同努力，将酿酒酵母天然染色体替换为全人工合成染色体，并开发出 SCRIMBLE 技术用于基因组水平的快速定向进化。

三、合成生物系统性能分析

合成生物系统设计的目的是得到目标产物或新的生物功能，因此无论是异源或同源生物体，生物积块的移植、重组是不可避免的。这一过程必然会受到生物体中诸多信号的影响；合成生物学强调模块化设计，要保证设计好的生物积块可以方便地整合入系统中，那模块本身就必须具有良好的稳定性和鲁棒性以抵抗外界干扰。此外，由于各种蛋白质、信号分子和激酶的降解问题，生物积块必须具有很好的响应性，能够及时接收输入信号并作出反应，才能维持宿主细胞内环境中各种生理反应、代谢产物的平衡。因此，分析生物积块的稳定性、鲁棒性和响应特性等属性，总结和抽提设计的普遍原则，对于合成生物学的模块化设计十分必要。

1. 稳定性

稳定性（stability）反映系统在暂态扰动消失后的时间响应性质上，稳定性分析有助于了解系统能够承受的干扰的幅值和频率，进而可以对实验设计进行指导。所谓稳定性好，是指系统在任何足够小的初始偏差的作用下，对于暂态扰动的时间性响应会随着时间的推移而逐渐衰减并最终趋向零。反之，该系统是不稳定的。需要指出的是稳定性是相对的，若外界干扰超出一定限度，再稳定的系统也会变得不稳定；若外界干扰幅值过大，系统则会因无法承受而崩溃，或者发生结构改变。

目前对于系统的稳定性分析仍是以系统模型的计算为主，故而模型的精度对于稳定性判定很重要。解析法和数值法是当前两种主要的稳定性分析方法。但是前者通常需要烦琐的运算，对于没有解析解的模型来说甚至根本行不通，因此通常采用数值解法来分析系统的稳定性。数值分析的常用方法是相位面分析，相位面分析通过绘制模型解的近似曲线，判断系统的稳定性。在相位面分析中通常用模型的雅可比矩阵（jacobi matrix）来分析稳定性。

在向量微积分中，雅可比矩阵是一阶偏导数以一定方式排列成的矩阵，其行列式称为雅可比行列式。雅可比矩阵的重要性在于它体现了一个可微方程与给定点的最优线性逼近。因此，雅可比矩阵类似于多元函数的导数。通过雅可比矩阵的特征值可以判断系统的稳定性。通常正实数特征值说明系统不稳定，负实数特征值说明系统稳定，虚特征值说明系统处于临界状态。此外，分析系统的稳定性可以通过引入参数摄动和改变测量行为的方式进行。可以随机选择起始参数并考察状态的预定变化。在控制理论中，对于线性和非线性系统均有多种分析方法。由于线性系统模型简单实用，相应的控制理论比较完备，因此对于任意一个系统，人们还是喜欢先将其进行线性化后，再利用线性控制理论来分析。只有当线性控制理论实在无能为力时才会考虑各种非线性控制方法。

2. 鲁棒性

鲁棒性（robustness）指的是系统的健壮性，是在异常或危险情况下系统生存的关键，是指系统在一定的参数摄动下，维持特定性能的特性。以计算机工程为例，软件的鲁棒性是指其在输入错误、磁盘故障、网络过载或有意攻击情况下，能够维持基本正常运行。鲁棒性和稳定性相比，是衡量合成系统抵御宿主细胞内外环境扰动能力的两个不同角度。前者侧重扰动导致模块自身结构参数变化时维持原来状态的能力，而后者则侧重模块受到外界扰动后维持稳定的能力，模块也许会从原来的稳定状态过渡到新的稳定状态，但仍然维持稳定的能力。

鲁棒性分析关心的是系统参数发生摄动时，系统能否保持原有的性能和状态，因此需要分析参数变动对于状态的影响，即参数敏感性分析。敏感性分析并不能得出真实的速率常数，只是辅助确定哪个参数更重要。在知识不完备情况下进行系统设计时，确定对系统输出具有最显著影响的参数是至关重要的。如果需要维持系统性能，则应尽量维持最敏感的参数不变，如果需要改变系统性能，则改变最敏感参数可能是最便捷的途径，因为系统输出通常只对少数几个参数敏感，相应突变的候选反应数量则完全可能缩小到实验可以处理的范围内。敏感性变化独立于响应类型（振荡、稳态或混沌）。参数与真实系统具有直接联系，它们的敏感性能够暗示它们所代表的物理对应物的重要性。一般可将参数分为转录和翻译控制参数、mRNA 和蛋白质的降解参数、转运反应参数、蛋白磷酸化和去磷酸化参数四大类。同一类参数的敏感性具有一定的相似性。

为了全面衡量系统的鲁棒性，必须同时考虑单参数和多参数的摄动。通常复杂系统中，单个参数的摄动会被其他分支减弱，因此复杂系统对于单参数的摄动具有更高的鲁棒性。而多参数系统复杂性的变化会比单回路模型更易导致周期偏离。在设计合成网络时，可以利用这些原则提高系统的鲁棒性，即为了获得一定的鲁棒性，可以适当提高系统的复杂性和加深层次结构。由上面的介绍可知，稳定性和敏感性分析需要建立系统模型，而生物系统的复杂性使得研究者很多时候无法获得满意的模型。此时，装置的定向进化就成为另外一种优化装置功能的策略。定向进化的主要任务是确定系统进化的特点和行为，应用合适的筛选方法或选择性压力实现复杂行为的进化。如果对装置的内在特性不是十分了解，或者蛋白质特殊残基突变对装置行为的影响不清楚时，定向进化也许能够改善模块功能。例如，通过对阻遏蛋白和相应核糖体结合位点的突变，定向进化能够将元功能的二阶转录级联装置转变成可工作的模块。综上所述，综合运用推理设计、参数估计、敏感性分析以及定向进化等方法是优化装置功能的有效途径。

3. 响应性

所谓响应性就是处于稳定状态的系统对于外部环境改变的快速反应能力，亦指系统在受到扰动后迅速进入稳态的能力。对于生物积块来讲，任何输入信号，无论是信号分子、蛋白质，还是代谢物都会降解、排出或者转化成其他物质。生物积块必须要在这些输入信号消失之前做出响应才能确保自身功能的发挥。响应快速性可以通过改变具体的基因序列或者生物大分子构象等多种方法来改进。而且，响应的快速性是建立在系统的鲁棒性和稳定性基础上的，只有保证模块或者系统不被分解、不发散，快速性才有意义。因此，对于生物模块的性能分析还是以稳定性和鲁棒性为主。

4. 提高系统稳定性和鲁棒性的机制

显然，生物系统任何内源或外源扰动都能影响生物积块在系统内发挥生理功能。其中基因表达中内源因素引起的扰动主要是指单个生化反应在基因水平上的随机性；而外源扰动则包括核糖体、聚合酶、信号分子等代谢物细胞组分的波动。部分研究表明，基因表达内源扰动引起的干扰一般要快于细胞周期，而外源扰动引起的干扰则具有较长的时间尺度且对合成模块的功能具有更显著的影响。噪声对于具体合成模块的影响不仅取决于噪声本身的属性，也取决于模块的属性。进行装置及模块功能模拟和仿真时考虑噪声的影响对于生物系统设计按照预期功能工作非常重要。我们可以利用某些机制来提高系统的稳定性和鲁棒性。

确保生物系统预期行为的最简单方法是保证系统冗余性。这方面的例子有很多，例如胰岛素信号转导通路和酵母菌大部分代谢途径都具有一定的冗余性。当用在连通性能完好的节点上时，冗余性能提高无标度网络的稳定性。细胞的代谢系统大多数属于无标度网络，因此这一机制非常有用。

许多网络都具有一些防止系统输出达到无法控制情况的机制。正如单回路控制系统比开环控制系统具有更强的鲁棒性，转录级联线路比单基因转录系统更能抵抗外游、扰动的影响。某些情况下，反馈能够增加系统的超敏感性，而生物模块因超敏感性而具有的近似离散的响应，使得构建的复杂系统具有一定的离散性和鲁棒性。

负反馈回路能够抑制扰动干扰并提高系统的稳定性。相比之下，正反馈通常具有较差的稳定性，但由于能够提高系统的敏感性，因此对于系统的鲁棒性也有至关重要的影响。一个非常微弱的信号能够通过正反馈环放大并启动期望行为，导致快速或者局部化的切换/开关。正反馈系统不能改善稳定特性，但能够造成系统"爆炸"。因此，当不再需要正反馈的行为时必须有机制能够及时断开正反馈回路。当将转录速率限制在特定水平时，正反馈能够有效消除抑制转录速率的扰动，使其稳定在有限水平。

合成网络设计中，模块性和特异性非常重要。通过模块性和特异性设计可以降低不希望的部件间相互作用并提供易于扩展和调整的"友好"接口。将细胞分解为各个功能模块，采用孤立错误行为的方法能够阻止故障在整个系统中传播扩散，提高系统的鲁棒性。尤其是在无标度环境中，模块化更能提高系统的鲁棒性，防止网络焦点被系统其他部分的错误所干扰。为此，必须精密设计模块对信号的特异性。"局域化"是这方面的主要手段。自然系统的局域化划分主要通过将细胞中不同空间区域的不同通路确定下来，排除信号分子通过组分边界的相互作用来完成。支架蛋白的运用可以看作是利用支架作为组分特定反应区间的"微局域化"的一种形式。如果将支架结合到某个通路中，则信号转导和特异性也就实现了"微局域化"。

第五节 构建合成生物系统

一、从头合成基因组

目前的生物学研究中，获得基因 DNA 及对 DNA 序列进行修改占用了大量的时间和精力。随着基因合成技术的进步，研究人员已经无需通过 PCR 等手段从自然界样品中获得基因 DNA，而是直接合成基因。不用一轮一轮地筛选，大量的定点突变就可以直接合成；甚至在某些情形下，基因 DNA 的合成还是唯一选择。例如，在蛋白质的从头设计中，设计的蛋白质的基因就没有天然的模板 DNA 可用；又如密码子优化，如果不采用合成手段而采用定点突变技术，则耗时较多。

合成基因手段在这种情况下应运而生。从尿素的合成开始，科学家看到了一种新的、更加有效的方法来获得所需的实验材料。经过前期探索，合成基因手段有了初步发展，例如合成了 tRNA 等。基因化学合成是用人工方法合成基因的技术，是基因获取的重要手段之一，基因化学合成可以无需 DNA 模板，依据已知的 DNA 序列直接合成。基因合成是当前合成生物学的主要内容之一，通过基因合成获得自然界中不存在的基因，可以为人类改造生物开辟一个全新的发展方向，在未来的生命科学领域基因合成将发挥巨大作用。

合成基因组学就是首先对目的基因组进行人工设计，然后根据设计对基因组进行合成、组装及移植，最终合成基因组的学科，其目标是制造一个由化学合成基因组控制的"合成细胞"。

人造生命细胞有大规模敲除微生物基因组序列的"自上而下"和从头全合成及拼接成完整的基因组的"自下而上"两个策略。"自上而下"策略进展缓慢；在"自下而上"策略合成 DNA 技术形成的早期，由于技术很复杂，进展也较缓慢。自 1995 年，Stemmer 等混合含有重叠序列的寡核苷酸引物进行 PCR 扩增，一次性获得了 2.7 kb 的产物，从此奠定了"自下而上"策略的基础。之后所有的合成大片段 DNA 的方法，均离不开混合重叠的引物和 PCR 扩增。由于大片段 DNA 的拼接、克隆和移植等多项关键技术的建立及发展,"自下而上"策略在近些年迅速获得了成功。

由 Venter 领导的 JCVI 小组是在世界范围内进行合成基因组学研究最成功的一个团队。可以说在合成基因组学领域,Venter 和他的团队做出了巨大的贡献。1995 年,在 Venter 的领导下,其团队成功地完成了对流感嗜血杆菌和生殖道支原体的全基因组测序工作。其中,生殖道支原体的全基因组只有约 580kb,编码约 480 个基因,它的基因组是目前已测定的物种基因组中最小的一个,也是迄今为止能够在实验室条件下生长的最小基因组,也是自由生长细胞中最小的基因组。为了解决"至少多少基因能支持一个细胞自由生活"的问题,Venter 领导的 JCVI 团队开始了一个制造最小的细胞合成基因组学研究之旅。

(一)从头合成基因组的相关概念

从头合成,即生物体内用最原始的原料、最简单的前体物质,消耗较多能量,逐步合成生物分子的途径。从头合成基因,顾名思义,就是以腺嘌呤(A)、胞嘧啶(C)、胸腺嘧啶(T)和鸟嘌呤(G)4 种碱基为原料,按照一定的目的要求,以一定的顺序最终连接成具有一定长度基因的过程。从头合成基因组,即从头合成个体或细胞所含的全套基因的过程。

(二)合成基因组的基本路线

20 世纪 50 年代的 DNA 双螺旋的发现为分子生物学、生物工程的发展奠定了坚实的基础;70 年代,DNA 合成技术、重组 DNA 技术的建立为合成基因组研究开辟了新思路。目前,合成基因组的基本路线如下所述。

① 按照预先设计的 DNA 序列,以腺嘌呤(A)、胞嘧啶(C)、胸腺嘧啶(T)和鸟嘌呤(G)4 种碱基为原料,按照需要依次合成寡核苷酸;

② 将寡核苷酸按一定的顺序组装成较短的 DNA 序列(一般为 400~600 bp,也可以超过 1kb),对于基因长度较短的序列,在这一步即可完成基因合成;

③ 按一定的顺序将不同的寡核苷酸连接成长的 DNA 片段及长基因序列(1~10kb);

④ 通过酶连接法或体内重组合成更长的基因并组成基因组的长片段

（≥10kb）；

⑤ 在大肠杆菌及酵母中依次组装，最后达到超过 1Mb 的基因组；

⑥ 将合成的基因组移植到细胞中去，并使合成的基因组的基因按要求表达。

（三）合成基因和基因组的方法

1. 双不对称 PCR

Sandhu 等于 1992 年首次采用双不对称 PCR（dual asymmetric PCR，DA-PCR）方法一步合成基因。不对称 PCR 的基本原理是采用不等量的一堆引物产生大量的单链 DNA（ssDNA）。双不对称 PCR 就是在一个 PCR 反应体系中，同时应用 4 个引物，以化学方法合成长度为 17～100 个碱基的 4 个相邻的寡核苷酸，这 4 个寡核苷酸之间有 15～17 个碱基的重叠序列，在 PCR 过程中，这些寡核苷酸作为引物。其中，内侧的两个引物为限制性的引物（绝对定量）。扩增过程中由于体系内部的模板量有限，而两端引物相对过量，从而导致 1/2 的序列不对称单链扩增，因此此方法被称为双不对称 PCR。在随后的 PCR 扩增中，这些双不对称扩增的片段通过重叠序列，最终产生一个双链全长产物。

2. 递归 PCR

递归 PCR（recursive PCR）是由 Prodromou 和 Pearl 于 1992 年发明的一种合成完整基因的新方法，其优点是既不需要寡核苷酸的磷酸化，又无需进行连接反应，因此相对于传统方法，节约成本，并简化了基因的合成过程，而且有合成更大基因片段的潜力。

这种方法要求化学合成的寡核苷酸仅代表每条链中的部分序列，这与 Rink 的方法相似。将寡核苷酸混合并进行 PCR，结果 3′端重叠序列扩展延长产生了更长的双链基因产物。重复以上过程直到获得全长基因产物，因为靠近两端的寡核苷酸比基因中间的寡核苷酸浓度更高，因此可以将其作为扩增引物，随后全长基因产物通过每条链上最外侧 5′端的寡核苷酸进行扩增。合成基因是由两部分序列延伸而形成的，而这两部分基因序列又都是由另两部分序列延伸而来，依此类推，此过程与电脑程序中的递归技术相似，因此称为递归 PCR。

应用递归 PCR 技术合成了人类溶菌酶基因（522bp），这是当时为止用单反应所合成的最大的双链 DNA 分子。人类溶菌酶基因合成过程中，首先应用化学方法合成 10 个代表溶菌酶共同序列的寡核苷酸，长度为 54～86bp，这样可以降低化学合成中的错误并可获得高产。寡核苷酸间重叠序列长 17～20bp，这样可以限制退火温度的范围，保证引物特异性并达到与起始 PCR 循环时所有重叠序列相似的退火程度。

由于最外侧寡核苷酸 5′端和 3′端有限制性酶切位点，因此就简化了合成基因转入载体的过程。并且在 5′端和 3′端最外侧分别加入一个 SD 序列和一个转录终止子，使基因在宿主细胞内有效表达，并有其他一些位点可以协助随后的亚克隆及诱变。

递归 PCR 反应依赖于基因内部与基因两端寡核苷酸的相对浓度差异（8 个内部，2 个两端）和重叠末端的设计。在反复 PCR 中，选用 Vent DNA 聚合酶而不是 Taq DNA 聚合酶，因为前者有 3′→5′校正活性和末端转移活性，所有这些性质都有益于改善递归 PCR 的有效性和保真度。

3. 装配 PCR

装配 PCR（assembly PCR）是由 Stemmer 等于 1995 年首次用于由大量寡核苷酸一步合成一个基因及一个完整的质粒的一种方法。此法源自 DNA 改组（DNA shuffling），是一种体外重组方法，其优点在于在装配过程中不依赖于 DNA 连接酶，而是用 DNA 聚合酶合成长度渐增的 DNA 片段（Stemmer，1994a；Stemmer，1994b）。当时应用这种方法，利用大量合成的 40nt 寡核苷酸一步合成了长达 3kb 的 DNA 序列。

装配 PCR 过程包括合成寡核苷酸、基因装配、基因扩增和克隆四个步骤。这样就使得互补 DNA 片段的单链末端在基因装配过程中被填补，由 DNA 聚合酶参与的循环反应形成长度逐渐增加的 DNA 片段，直到最终获得全长基因。

Stemmer 等采用装配 PCR 法合成 bla 的启动子区和结构基因，用 56 个长度为 40nt 的寡核苷酸，在进一步反应中装配成 1.1kb 的基因片段，经 PCR 扩增产物在有选择标记的载体中克隆。接下来应用 DNA 聚合酶将 132 个寡核苷酸装配成了 2.7kb 的质粒，这种方法既迅速又经济。

合成的 56 个寡核苷酸编码启动子区和 *bla* 结构基因的双链，正负链均由 28 个寡核苷酸构成。在装配过程中，互补的寡核苷酸存在 20nt 重叠序列，所有寡核苷酸可以覆盖双链的全部序列。为了区别合成基因和天然基因，研究人员引入了 5 个点突变，创造了 5 个新限制性位点；也在 *bla* 基因两侧加入了 Sfi1 识别位点以利于在质粒中克隆。全长序列可以通过重叠延伸 PCR（overlap extension PCR，OE-PCR）方法由单一反应逐步获得，接下来在不同试管中通过 PCR 在有两个外侧引物的条件下进行扩增。优点是成本相对较低，因为寡核苷酸无须通过磷酸化，引物也无需进行纯化。但是此方法不能连续合成所有基因，而是需优化每个基因，并且 DNA 序列错误率较高，时间较长。

二、简化的生物系统

1. 最小基因组和必需基因

在合成生物学研究中，合成所需的系统需要基于基因组特定基因的表达。但是由于天然生物系统中自然存在的一些非必要的基因或者对需求无用的基因的存在，导致了噪声干扰的产生，大大限制了人工合成生物系统的精确度。新的生物模块需要在一个合适的载体细胞中进行表达。作为理想的载体细胞，其基因组结构应该是精简的，即"最小"基因组，从而最大限度地降低噪声干扰，使得其他阻碍通路不能够对设计的系统产生影响，减少了不希望出现的相互作用，提高了对所设计系统的可控性和可操作性。所谓最小基因组，是指在最适宜条件下，维持细胞生长繁殖所必需的最小数目的基因。因此，最小基因组研究的关键就是确定基因对于维持系统正常生命活动的必需性。用于研究必需基因的方法主要有比较基因组学、大规模基因失活实验及基于代谢网络的预测方法。在基因组精简研究方面，目前的研究方法主要有基于自杀质粒的同源重组方法、基于线性 DNA 的同源重组方法、基于位点特异性重组酶的方法和基于转座子的方法。

根据基因必需性的信息，一方面对现有的基因组可以进行有目的的精简，在"自上而下"的策略中，科学家以活细胞为基础来检验多少个基因被删除之后仍能保持细胞的生存；另一方面也通过"自下而上"策略可以对必需基因进行重新设计、合成与组装。这两种方法是目前公认的实现最小基因组构建的策略。但是，对有功能的活细胞有很多种定义，解决这一复杂问题时出现各种情况是不可避免的。随着 DNA 测序技术的进步，越来越多的微生物基因组被测序，并针对特定问题来选择合适"底盘"细胞，为其基因组开展最小化研究提供了重要的基础。

1995 年，最小基因组研究始于生殖道支原体全基因组测序的完成。这种支原体拥有自然界自由生长的微生物中最小的基因组，长度只有 580kb，编码约 480 个基因。这激发了众多研究者去进一步探索可以维持细胞正常生存的最小基因组，即最少需要多少个蛋白质编码基因才能支持一个完整的细菌，这些基因被称为必需基因。可以把基因组中的基因逐一剔除来鉴别该基因是否必需。现已对 14 种细菌和 6 种真核生物基因组进行了实验，鉴别出近 1 万个必需基因，存放在必需基因数据库中。沃森博士曾经发明了化学合成细菌基因组，以及将基因组从一个细菌移植到另一细菌体内的方法，现在，这二者融合起来就创造出了"合成细胞"。研究人员合成了蕈状支原体的基因组，并加入了一段"水印"DNA 序列以区别于天然的支原体基因组。由于目前的技术一次只能合成序列长度有限的 DNA，研究人员将这些短序列转入酵母体内，通过酵母体内 DNA 修复酶将短序列连接成中等长度的序列。继而将中等长度的序列转化入大肠杆菌中进行扩增，并再度转入酵母体内进行连接。经过如上三个循环的扩增，即可产生长约百万碱基的基因组。于是，研究人员将合成的 $M.\,mycoides$（丝状支原体）基因组移植到新细菌——山羊支原体体内，发现这些受体细胞被新基因组操控了。虽然缺少 14 个基因，但其仍然保持了 $M.\,mycoides$（丝状支原体）的特点并表达其相应蛋白。

从最小基因组和最小细胞的研究中，科学家们期望探索生命进化和起源的奥秘。最小基因组研究的核心是找到必需基因，必需基因可定义为维持生命体正常生命活动所必需的基因。用于研究必需基因的方法主要有比较基因组学、大规模基因失活实验及基于代谢网络的预测方法。

目前已经对多个物种的必需基因进行了实验或理论研究，如大肠杆菌、枯草芽孢杆菌、谷氨酸棒状杆菌等。经过实验鉴定，其中大肠杆菌 MG1655 的 4640kb 的全基因组，最多删除了 29.7% 的基因后仍然能够生存。谷氨酸棒状杆菌 $C.\,glutamicum$ R 则也有 188 个非必需基因删除突变体存活，这使它的基因组从 3.31Mb 降至 3.12Mb。即使在生殖道支原体的基因组中也存在着约 100 个非必需基因，这些基因失活后不会对细胞的正常生命活动产生影响；模式微生物大肠杆菌及枯草芽孢杆菌基因组中的必需基因比例不足10%。

值得注意的是，必需基因的定义与物种、环境等密切相关，很难见到能定义一个广谱的必需基因集。必需基因的研究结果将为最小基因组"自上而下"研究策略的基因组精简或"自下而上"策略的从头合成提供指导。

2. 人工合成脊髓灰质炎病毒

脊髓灰质炎病毒是小核糖核酸病毒科的肠道病毒，体积非常小，无包被，二十面体，包括5种不同的生物大分子，每种衣壳多肽有60个拷贝，标准RNA基因组7.5kb。脊髓灰质炎病毒全基因图谱和病毒的三维晶体结构在20年前已经被发现，它是已知最简单的、可增殖的基因系统。在病毒进入细胞脱去衣壳之后，RNA基因组在内部核糖体进入位点IRES的控制下翻译成多肽，之后多聚蛋白经过两种病毒蛋白的加工，变成功能蛋白，进而病毒RNA的负链作为模板用于以后病毒的基因组合成，新合成的正链RNA可以作为信使RNA来合成更多蛋白质和以后生命活动需要的RNA，或者在衣壳蛋白增加的情况下进行衣壳化。在稳定转染的细胞中每个细胞在6~8h的时间里可以产生10^4~10^5个病毒颗粒。

2002年8月，纽约州立大学Wimmer小组的Cello等历时3年制造了历史上第一个人工合成的病毒——脊髓灰质炎病毒（poliovirus）。这是一种单股正链RNA病毒，病毒侵入细胞后，其RNA在病毒蛋白、RNA依赖的聚合酶等蛋白作用下转录为负链，并以此作为模板合成新的病毒基因组。该研究小组则按照相反的方向，用化学方法合成了与病毒基因组RNA互补的cDNA，使其在RNA聚合酶的作用下体外转录成病毒的RNA，并且在无细胞培养液中翻译并复制，最终重新装配成具有侵染能力的脊髓灰质炎病毒。若将这种合成的病毒注射到小鼠体内，可使其脊椎麻痹、瘫痪，甚至死亡。一系列分析说明，实验获得的人工合成的病毒与天然病毒有相同的生物化学活性和病原体特征。但该种合成病毒的毒力很小，仅相当于天然病毒的1/10000~1/1000。这一工作开辟了不需要天然模板条件下，利用已知基因组序列从化学单体合成感染性病毒的先河。

3. 合成基因组控制的 ϕX174 噬菌体

2003年12月，Venter研究组全人工合成了噬菌体X174的基因组。他们并不是第一个从头合成病毒基因组的研究小组。前面我们介绍的Wimmer

小组用了3年的时间合成出了脊髓灰质炎病毒的全基因组序列，共7500个碱基。经过实验证明，这些人工合成的病毒基因组不仅可以指导合成出与天然病毒蛋白质同样的蛋白质，而且具有同样侵染宿主细胞的活力。存在于自然界中的 ϕX174 的基因序列共有5386个碱基对、11个基因，其基因组序列早在1978年就已经被科学家破解。Venter研究组为了缩短合成时间，改进了方法，首先设计并化学合成寡核苷酸，再利用连接酶链反应（LCR）与聚合酶循环装配（PCA）相结合的方法，使核苷酸精确合成5～6kb的DNA片段所需要的时间大大缩短，仅用14天就成功合成 ϕX174 基因组。将合成的基因组DNA注入宿主细胞时，宿主细胞的反应同感染了真正的X174噬菌体的细胞一样。研究人员认为，虽然试验仅涉及简单生物系统的合成，但该项成果提供了快速且精准合成较长DNA的能力，这也为操作较复杂生命体奠定了基础。改良之后的合成多基因片段技术向着合成细胞基因组迈进了一步。

最终，通过测序和噬菌体侵染性实验证明了他们获得的由化学合成寡核苷酸合成的基因组的准确性，也说明了文中建立的合成系统，即以DNA测序和定点突变的技术来修复错误序列，并能得到更大的合成基因组。他们认为合成DNA技术落后于DNA测序技术30年，如果弥补了这一鸿沟，那么合成基因对研究和实际应用都将有重大的作用。目前公开报道的基因基本都包含了错误，所以很多时候利用化学合成DNA要比利用自然的序列更有优势，如考古原料的供应短缺、序列的严重降解、来自灭绝物种的有限材料或者环境样本的耗尽时。很多时候需要对已知的序列进行重新设计改变密码子，来实现一个特殊的目的。合成途径将成为获得一个序列的最佳途径，一个目的序列可能需要不同来源的片段进行组装。合成的方法使获得序列不再需要对每一个序列设计一套单独的策略，它提供了一个完整的、灵活的设计方法。他们建立的寡核苷酸合成系统，可以快速、准确地得到能够指导微生物自我复制的基因组。合成基因组将在众多领域得到广泛的应用，化学合成也将改变我们现有的生产能量、药物或其他产品的途径。

第六节 调控和优化合成生物系统

对生物元件和系统进行完全理性设计，实现生物系统的标准化一直是合成生物学家多年追求的目标。然而，越来越多的研究也表明，由于生物系统的高度复杂性和非线性的特点，基因线路的完全理性设计通常无法实现功能最优化。因此，需要进行合成生物系统的调控与优化。

一、单个元件的调控

生物元件是合成基因线路的基本组成单元，其功能和特性必然影响合成基因线路的功能。一个新设计的合成基因线路往往需要对其中的元件进行调控，以实现线路的最理想效果。合成基因线路的元件主要包括复制起始位点、启动子、RBS 序列、基因间序列、终止子和功能蛋白等。对上述单个元件进行调控可以改进整个基因线路的功能。

1. 质粒拷贝数的优化

目前大多功能线路和代谢通路是在质粒上进行构建的。而基因线路的功能通常会受到质粒拷贝数的影响。质粒的高拷贝使功能蛋白基因表达水平升高，但是会给细胞带来较大的生理负担。代谢通路中的某些酶的表达水平升高会使得细胞产生有毒物质，从而导致细胞的某些功能受损。Jones 等研究发现，将表达 1-脱氧-D-木酮糖-5 磷酸合酶的基因从拷贝数较高的质粒复制到拷贝数较低的质粒上，番茄红素的产量出现了 2~3 倍的提高。可是目前合成生物学中可选的质粒还十分有限，仅通过优化拷贝数很难对功能元件的表达强度进行连续微调。

2. 合成启动子文库

启动子的强度决定了结构基因的转录强度，因此对启动子进行操作已经成为调控基因线路功能的重要途径。Alper 等最先采用构建启动子文库优化了代谢通路。他们使用易错 PCR 技术在启动子中随机引入了点突变，使启动子展现出不同强度，从而构建了酿酒酵母 TEF 和大肠杆菌 PLteto-1 的启动子文库。随后，他们利用构建的文库调控了 1-脱氧木酮糖-5-磷酸合酶基因的表达强度。最终他们发现，番茄红素产量最高的菌株并非启动子最强的菌株。这一结果表明，基因表达水平过高并不一定会使菌株达到相对优化的产物产量。Ellis 等设计了简并引物，构建的启动子文库具有不同的表达和抑制强度。他们将该方法用于微调计时器和前馈环，达到了酵母细胞沉降时间的调控。目前，研究人员已经在很多宿主细胞中成功构建了启动子文库，并用于优化许多生物基因线路的功能。

3. 基于核糖体结合位点（RBS）的调控工具

RBS 是翻译强度调节的重要元件。Salis 等开发了一种 RBS 计算器，可以根据所需强度理性设计 RBS 序列。可是，作者发现 RBS 序列的强度还会受其所表达基因序列的影响，同一 RBS 表达不同的基因序列时，表达强度可能会相差 10 倍以上。这一结果为理性设计带来了很大的困难，因此有必要通过组合的方法对生物元件进行微调。RBS 计算器的另一个重要用途是进行 RBS 简并序列的设计，构建一个表达强度只会在一定范围内发生变化的文库。RBS 序列十分短，所以所设计的文库能够很简便地基于引物设计与 PCR 扩增实现跟特定基因片段的连接，以微调基因表达强度。

Egbert 等创建了一种微调基因表达强度的方法，该方法利用 RBS 序列中的"简单重复序列"（SSR）来操控基因表达的强度。这种方法具有三个优点：第一个优点是重复序列的长度与 RBS 序列的强度之间存在相关性，这使得该方法具有预测表达强度的能力；第二个优点是 SSR 对基因表达强度的调节范围非常广泛，可以将基因表达强度改变 1000 多倍；第三个优点是这种重复序列是不稳定的，可以通过 PCR 法或组合组装法快速实现其突变。为了证明此方法的实用性，作者通过 SSR 微调了双稳态开关系统中的两个抑制蛋白的表达强度。值得注意的是，作者发现双稳态开关系统的功能具有菌株特异性，这意味着相同的开关在某些实验菌株中可能表现良好，但在其他工业菌株中可能无法发挥其功能。

4. 可调控基因间序列（TIGRs）的优化

基因间序列的变异可以对基因表达的强度产生显著影响。Pfleger 等通过操控可调基因间序列，成功地在单个操纵子内同时调节了多个基因的表达强度。TIGRs 由多个控制元素构成，其中包括 mRNA 的二级结构、核糖核酸酶（RNase）的断裂位点以及 RBS 的隔离序列。通过这些元素的改动，可以在转录后的阶段中对基因表达强度进行精确的调节。作者运用 TIGR 方法，对涉及甲羟戊酸生物合成途径的 3 个基因进行巧妙调控，从而使甲羟戊酸的产量显著提高了 7 倍。在提高甲羟戊酸产量的过程中，作者发现当产量提高 7 倍时，两种基因——$hmgs$ 和 $tHMGR$ 的活性实际上有所降低。这进一步证实了这些组合优化策略在产生意想不到的有利突变体方面的有效性。

二、代谢通路的系统优化

在优化合成生物系统的过程中，仅对单个元件进行调整是难以实现系统功能的最优化的。生物系统的各个组成部分之间相互关联并协调运作。过度干预单一元件往往会干扰其他元件的功能调节，进而导致代谢过程失去平衡。大量关于代谢控制的分析研究显示：许多代谢通路的主要通量控制步骤涉及多个反应，为了优化代谢通路，需要对这些反应进行微调以维持代谢平衡。否则，代谢失衡会导致细胞内某些中间代谢物的浓度发生过大波动，从而对细胞的生长或性能造成损害。同时，过度表达的基因也会给细胞带来沉重的代谢负担。另外，不同元件对系统功能的调节作用有时会产生协同效应，对单一元件的干预往往只能对系统功能产生微小的影响，而对多个元件的同时修饰能更好地优化系统的功能。因此，实现合成系统中各个部分的组合优化对于实现最优化的功能至关重要。

1. 多元模块工程

多元模块工程是一种创新方法，能够显著提升代谢通路组合的性能。其核心思想是将整个代谢系统拆分为多个独立的模块，并采用一套全面的方法，如改变每个模块的复制起始点、启动子或 RBS 序列，来精确调控各模块的表达水平（图 3-6）。利用多元模块工程策略，我们只需通过组合构建少量的模块组合，就能实现代谢通路的大范围优化。

多元模块工程的应用有效地提升了生物产品的产量优化，其中最知名的案例来自 Ajikumar 等的紫杉二烯代谢通路优化研究。该研究巧妙地将整个代谢通路分为两个部分：一是上游模块，负责内源的 MEP 通路合成异戊烯焦磷酸的部分；二是下游模块，涵盖外源的萜类化合物合成途径。研究者们通过精心设计，将不同强度的启动子和不同拷贝数的质粒组合起来构建了多

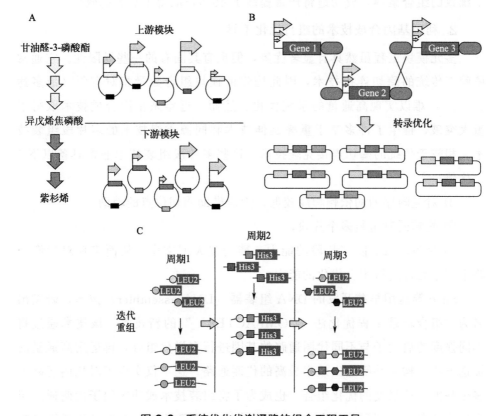

图 3-6 系统优化代谢通路的组合工程工具

A—多元模块工程；B—组合转录工程优化法；C—迭代重组法

个菌株，或结合不同强度的启动子与某一模块进行组合后，将其整合到基因组上再进行表达。最终，研究者们成功地从众多菌株中筛选出了 1 株高产紫杉二烯的菌株，其产量高达 1g/L，这一数字是对照菌株的 15000 倍。更令人惊奇的是，研究者们发现该高产菌株的上游模块被整合在基因组上且表达强度较低。这样的巧妙配置不仅平衡了两个模块的代谢通量，还显著降低了细胞内吲哚的积累，从而消除了吲哚对细胞生长的抑制。

Xu 等运用类似工程的方法，将脂肪酸代谢途径划分为上游乙酰辅酶 A 合成模块、中游乙酰辅酶 A 活化模块和下游脂肪酸合成模块 3 个模块。研究者们通过精心调整这 3 个模块的拷贝数，使得乙酰辅酶 A 的合成和丙二酰辅酶 A 的消耗达到平衡，实现了对多个模块表达强度的优化组合。为了进一步提高产量，研究者们还对上游模块和下游模块基因的 RBS 位点进行了细致的组合微调，成功地将产量提高了46%，取得了显著的效果。

2. 利用基因合成技术的组合优化工具

多元模块工程虽然具有显著优势，但也有其固有的一些局限性。它通常依赖于传统的酶切连接技术，因此构建的模块组合数量相对有限（最多达100个），难以实现高通量的系统优化。然而，近年来基因合成技术取得了重大突破，催生了许多基于重叠延伸技术和同源重组技术的多片段组装技术。相较于传统的酶切连接克隆技术，这些多片段组装技术通常具备以下3个优势：

① 对克隆序列的依赖程度较低，无需借助酶切位点的辅助；

② 能够同时组装多个片段；

③ 具备高效克隆多片段的能力，能构建大型文库，从而实现对代谢通路中多个元件进行组合优化的能力。

Shao 等运用早前开发的 DNA 组装器（DNA assembler）技术，研发出名为"组合转录工程优化法（COMPACTER）"的新技术。该技术通过将不同强度的启动子与不同代谢通路的基因进行多样化组合，再运用高通量的筛选方法，构建并筛选出效率最高的代谢通路。这不仅实现了对代谢通路中多个基因表达强度的优化组合，也成为了将组装技术成功应用于代谢通路组合优化的典范。利用此技术，Du 等成功优化了酵母细胞中木糖和纤维二糖的利用途径。令人瞩目的是，他们仅通过一轮 COMPACTER 就获得了当时文献报道中最有效的利用途径。这些优化的木糖和纤维二糖利用途径具有菌株特异性，即从实验室菌株和工业菌株出发，各自优化得到的最优代谢通路是不同的。更进一步地，同一个代谢通路在实验室菌株和工业菌株中会有截然不同的表现。但无论怎样，该技术都能做到量体裁衣，为不同背景的菌株"定制"其特有的最优代谢通路。

Gibson 组装技术同样可用于构建基因线路的组合。Ramón 等，来自 JCVI 实验室，通过运用 Gibson 组装技术，实现了三个启动子（*recA*、*ssb*、*lacI*）与四个物种中的乙酸代谢通路（ackA，pta）的随机组合。在一次反应中，他们成功创建了一个包含 10^4 个不同克隆的文库。为了验证文库中克隆的准确性，作者们采用了菌落 PCR 法对 37 个克隆进行了检测，结果显示 81% 的克隆含有正确长度的序列。然而，对于这个文库的质量和多样性，作者们没有进行更深入的探究，这无疑是一大遗憾。

Quan 等开发了一种名为环形聚合酶延伸克隆法（circular polymerase extension cloning，CPEC）的技术，该技术能将多个末端重叠的片段和载体一次性连接成完整的环状质粒，无需经过额外的克隆和筛选步骤。作者将 1.7kb 的 HIV 病毒包膜基因 *gp120* 分为两个等长的片段，每个片段都包含密码子变体。通过 CPEC 方法将两个片段和质粒骨架进行组装得到反应产物，转化 1pmol 反应产物可以获得 2.436×10^5 个的克隆，展示了该技术强大的组合组装能力。

另一个创新方法名为迭代重组法（reiterative recombination），由 Cornish 实验室研发，此法能够构建包含超过 10^4 个元素的代谢通路文库。该方法利用酵母的同源重组机制和几种可重复使用的筛选标志，能够在酵母基因组中反复构建多基因代谢通路。作者利用此技术成功构建了 *crtE*、*crtB*、*crtI* 的三基因番茄红素代谢通路。

3. 多元质粒工程

Gu 等利用先前所述的 RBS 计算器，设计出一系列 ssDNA，并基于 ssDNA 重组技术构建了多元质粒工程（MIPE）。MIPE 技术能高效地同时修改质粒上的多个位点。作者利用 MIPE 技术对核黄素代谢通路的五个基因表达强度进行了组合优化，仅用一周就成功获得了核黄素产量提高 2.6 倍的克隆。

三、对基因组范围内靶点进行识别和组合修饰

全局调控因子及一些看似无关联的基因变化均会对生物系统的功能产生影响，从而使系统具有复杂性。为了获得最佳生物学功能，通常需要在整个基因组范围内寻找基因靶点，并对其进行组合优化。

1. 基因组范围内靶点的识别

转座子随机突变是一种高效的全基因组目标靶点搜索策略，尽管早期的插入序列偏向于某些热点区域，但经过优化的系统现在能更均匀地插入到整个基因组中。一些其他的基因组基因随机强表达技术可以与转座子随机敲除技术相互补充。Jin 等采取了一种创新的方法，他们将大肠杆菌基因组进行切割并随机连接到质粒中进行表达，通过这种方法成功筛选出了番茄红素高产菌株。最终，他们发现了 16 个不同的位点，这些位点能以不同程度提高

番茄红素的产量。

2. 全转录工程（gTME）

全转录工程（gTME）是一种革命性的方法，用于全面重构转录组。通过突变菌株的全局转录因子，它能够全局调节基因的表达强度。Alper 等成功地在大肠杆菌的 σ 因子中引入突变，并筛选出了一系列最优表型菌株，这些菌株具有耐受乙醇、十二烷基钠以及高产番茄红素的能力。类似地，通过突变酿酒酵母的 TATA 盒结合蛋白，成功获得了 1 株具有高度葡萄糖/乙醇耐受性的菌株，其乙醇的体积生产力提高了 70%，展现了该方法的广泛应用前景。

3. 可追踪多元重组工程（TRMR）和多元自动化基因组工程（MAGE）

合成生物学领域的突飞猛进催生了一些强大的新技术，这些技术可以以高通量、高效率的方式搜索和修改基因组。Warner 等研发了可追踪多元重组工程（TRMR），该技术能同时对基因组中的上千个位点进行检测和修饰。应用 TRMR 技术，研究者们成功获得了在不同抑制剂存在的条件下大肠杆菌的生长表现。进一步分析显示，敲除某些基因或增强某些基因的表达都可以使大肠杆菌对不同的抑制剂产生耐受性。此外，该技术还成功实现了使细胞能够耐受纤维素水解液的基因修饰，这一研究成果对工业生物技术领域具有重要的意义。尽管 TRMR 技术的优势在于可以在短时间内以较低的成本获得包含上千个基因敲除和强表达细菌的文库，并利用微阵列技术进行简单快速的追踪，从而极大地提高了研究通量，但在一次操作中，TRMR 技术通常只能对单个细胞进行单个基因修饰。因此，目前 TRMR 技术尚难以应用于研究那些需要同时修饰两个或多个位点才能获得的特定细胞表型。

多元自动化基因组工程（MAGE）是一种强大的高通量基因组修改工具，能够同时针对单个细胞基因组上的多个靶点进行瞄准和改造，从而在细胞群体中形成基因组多样性的组合。这种多元化方法是一种基于进化的理性设计法，相比传统进化方法，能够更加快速地进行理性进化。作者利用 MAGE 技术的循环性和可升级性，构建了一台自动化机器，进一步实现了多元基因组工程的自动化，该机器能用来快速连续地产生不同基因突变的集合。为了检验 MAGE 技术的实用性，作者试图对番茄红素生产途径上的 24 个基因进行同时优化。通过 1 天内产生数十亿个不同基因型的突变株，经过

3 天的进化，就能从中挑选到番茄红素生产能力提高 5 倍的菌株。此外，作者还成功利用 MAGE 技术将大肠杆菌中的 314 个 TAG 终止密码子定点修改成 TAA，由此获得一株不含有 TAG 终止密码子的菌株。

TRMR 技术和 MAGE 技术一经问世，便在相关领域引起了广泛关注。研究者们很快注意到，这两种技术具有显著的互补性。若能将它们有效结合，将形成一个更为强大的研究策略。Sandoval 等率先进行了这种尝试。他们首先利用 TRMR 技术在全基因组范围内搜索与细胞耐受乙酸纤维素裂解液和弱碱环境相关的基因靶点，发现有 27 个基因的表达会对菌株的耐受性产生显著影响。随后，他们采用 MAGE 技术对这些基因的 RBS 位点进行微调，以实现对它们表达强度的精细化调控。最终，他们成功获得了比野生型菌株生长速度高出 10%～200% 的一系列菌株。这一研究成果展示了 TRMR 与 MAGE 技术结合的强大潜力，为基因组学研究开辟了新的途径。

4. 基于 RNA 的组合修饰工具

与先前的 DNA 修饰技术有所区别，Na 等开发了一种新技术，利用小型调控 RNA（sRNA）对大肠杆菌进行代谢工程操作。该技术通过表达的 sRNA 与靶向基因转录翻译区域的结合，实现翻译过程的阻遏作用，进而下调相关基因的表达。此技术的优势在于：在不改变基因组的情况下，也能调节基因的表达强度；同时，通过将 sRNA 与 DNA 结合区域结合，能实现对基因表达强度的微调。作者利用此技术优化了酪氨酸生物合成途径，针对 14 株不同菌株内的 4 个基因进行了表达强度的组合下调，并最终获得了可以生产 2g/L 酪氨酸的菌株。此外，作者还合成了与戊二胺生物合成相关的基因对应的 130 种 sRNA，发现其中 murE 的弱表达可以使戊二胺产量提高 55%，展示了此技术在代谢工程中的广泛应用前景。

第四章

无细胞的合成生物系统

第一节 无细胞合成生物学与无细胞合成生物系统

无细胞合成生物学是在体外实现生物学中心法则的工程科学。它的理念在于跳脱细胞的束缚，在体外重新整合细胞资源，专注于用户自定义化的目标产品的合成。无细胞合成的基本操作流程是：获取细胞中转录和翻译所需要的基本组分，然后在体外外源添加 DNA 模板以维持基因转录、蛋白质翻译过程或代谢过程运转，从而合成目标产品（蛋白质、小分子等）。无细胞合成的特殊操作模式使得其系统存在着 3 个典型的特点：

① 去除了细胞膜，可直接调控细胞内部的生物活动（转录、翻译、代谢等）；

② 去除了天然基因组 DNA，消除了不需要的基因调控，也消除了细胞生长相关的需求，因而所有的物质和能量资源利用专注于目标产品的合成或目标体系的应用；

③ 开放的操作体系，该体系具有无物质运输障碍，易添加底物、去除产品，可快速地对系统过程进行监测和快速取样分析。

总的来讲，无细胞合成生物学因减少了对细胞的依赖性，导致具有工程化最大的自由度，从而无论在基础科学还是工程应用中都发挥了重要的作用。因此，多年来无细胞系统一直作为理解转录和翻译、结构生物学、蛋白质进化等基础研究的工具，现在技术的进展使得其可以进行面向工业化应用的生物产品的合成。

一、基于细胞提取物体系

为了实现生产目标蛋白质,无细胞系统主要利用微生物细胞、动物细胞或植物细胞的粗裂解提取物中蛋白质以合成所必需的催化成分,该提取物中含有基因转录、蛋白质翻译和折叠、能量代谢相关的必需元件,包括核糖体、氨酰 tRNA 合成酶、翻译起始和延伸因子、释放因子和代谢酶等。基于细胞提取物内的组分,为保障执行基因转录和蛋白质翻译的持续进行,需要补充添加核苷酸、氨基酸、DNA 或 mRNA 模板、能量底物、辅因子和必要的盐等。在开始无细胞蛋白质合成之后,如果其中一个底物(例如能量物质 ATP)耗尽或副产物(例如无机磷酸盐)积累达到抑制浓度,反应便立刻停止。

无细胞合成系统设计的第一步是选择细胞进行提取物的制备。理论上,任何生物体或细胞都可以提供提取物,但仍需考虑细胞模式化、获取来源的方便性、蛋白质产率、蛋白质的复杂度、下游处理及成本等问题。目前,商业化的无细胞系统的提取物来源包括大肠杆菌、兔网织红细胞、小麦胚芽和昆虫草地蛾细胞,由于这些细胞体系具有本身天然性质的差异性,由此得到的细胞提取物也必然大有不同。

原核大肠杆菌无细胞系统是最常用的并且已经得到商业化。采用大肠杆菌提取物进行无细胞合成主要有以下 4 方面的原因或优势。

① 大肠杆菌的基因组、蛋白质组、代谢组等信息非常明确,因此可对细胞进行理性化设计操作,通过添加或去除不必要的元件,以达到用户自定义合成的目的。

② 大肠杆菌用简单的培养基即可获得高密度培养,细胞培养易工业放大化,且细胞破碎简单,因此成本较低、提取物制备较容易。

③ 大肠杆菌无细胞系统获得蛋白质表达量较高,根据蛋白质的不同,其表达量从数百微克/毫升到几毫克/毫升不等。

④ 基于大肠杆菌提取物的无细胞反应成本较低,能量获取和再生占据了无细胞系统的大量成本,在大肠杆菌提取物体系中,能够很容易激活提取物中的能量代谢以及其他代谢反应,从而促进高水平的蛋白质合成,这也避免了昂贵的能量底物的使用。

另一大类无细胞系统就是真核体系,包括小麦胚芽、哺乳动物、兔网织红细胞和昆虫草地蛾细胞等均已获得商业化。与原核无细胞系统最大的不同是，真核无细胞系统可以更容易实现蛋白质翻译后修饰。而真核细胞体系的制备，从细胞培养、提取物制备等整个流程比较烦琐。如果以蛋白质合成率为目标，基于小麦胚芽提取物的无细胞系统的蛋白质表达量是最高的，每毫升反应可产生微克级至毫克级的重组蛋白质；而基于兔网织红细胞和昆虫细胞提取物的无细胞系统中，每毫升反应只能产生数十微克的重组蛋白质，相比前者要低 1~2 个数量级。如果以蛋白质后修饰作为主要目标，兔网织红细胞和昆虫草地蛾细胞提取物明显优于小麦胚芽提取物，因其更容易实现糖基化、磷酸化、乙酰化和泛素化等。

除上述细胞提取物之外，其他研究工作者还开发了基于酵母、癌细胞等细胞提取物的无细胞系统。基于不同来源的细胞提取物的无细胞系统具有不同的优势和劣势，包括蛋白质合成率、蛋白质后修饰、成本等，需要根据不同的需求进行选择。

二、纯化组分体系

无细胞系统除了可以由粗提物组分产生外，也可以通过纯化的组分产生。粗提物制备通过裂解原核或真核细胞进行，比较低廉，且比纯化（PURE）系统更容易制备。而纯化系统的每个组分都是确定的，去除了粗提物中可能对系统合成有害的物质（如蛋白酶和核酸酶）。日本 Ueda 团队发展的 PURE 系统中，翻译所需的元件首先独立过表达，其次经纯化获得，最后在试管中混合。PURE 系统的一个优点是，研究人员能够实现蛋白质合成过程中每个元件的调控管理。PURE 系统只包含蛋白质翻译所需的酶和辅因子，大大降低了表达时的遗传背景，且反应效率高、下游纯化工艺更加简便。事实上，PURE 系统中对翻译所需成分进行匹配和控制已被证明对蛋白质折叠和引入非天然氨基酸非常有用。该系统的主要缺点是成本过高。表达、纯化和添加每个组分的必要性都大大增加了与"自上而下"系统相比所需的反应物的成本和时间，而且也很难实现规模化。

三、多酶体系

与基于提取物的系统相比，通过自下而上的方法将来自纯化组分的合成酶组织为合成路径，有时可以产生自然界中并不发生的过程或反应。其核心思想是在体外重构多酶催化体系，通过模拟细胞代谢路径多酶体系，在体外环境下混合加入目标代谢路径所需要的酶，使得底物按照代谢次序多步反应，最终得到目标产物。体外多酶体系一般具备代谢途径重构、酶工程和反应工程三要素。代谢途径重构需要以体内代谢途径为基础，匹配所必需的酶和辅酶。构建体外代谢途径必须设计辅酶再生系统和能量再生体系，而且需要进行详细的热力学分析和反应工程分析以获得最大化的产品得率。由于碳通量对细胞生长不是直接的，无细胞系统可以实现比在活生物体发现的自然生物过程更高的理论产量，例如用淀粉和水的13步合成酶途径中氢气产量远高于生物制氢发酵的理论产量。然而，纯化稳定且独立的酶的高成本以及辅因子再生成本，限制了合成酶途径的实验室研究。目前发展的一大方向是通过酶的粗提物在体外构建多酶体系，以减小成本实现产业化。

第二节　无细胞合成生物系统的特点

一、直接控制

功能性合成途径依赖于适当的基因线路设计。体内系统必须实现代谢负荷平衡，以避免细胞毒性、维持细胞生长，并优化产品产量。我们对这些基因线路的行为预测能力有限，动力学和相互作用阻碍了在体内适当调节遗传线路。更特别的是，基因表达的变异性与每个基因部分的引入都有关，像启动子、核糖体结合位点、基因序列和重复的载体来源，这些都以不明确的方式影响表达水平，特异性和烦琐的基因递送方法也使优化合成途径更加复杂，这些障碍都增加了创造和优化可行的合成途径的时间、费用和复杂性。随着合成途径变得越来越复杂，这就需要预测各个线路和元件的行为。虽然近年来，在改进预测分析方面已取得了长足的进步，但现有技术仍然不足以准确预测所有遗传因素的行为。无细胞合成能够简化和避免这些问题，并且可能是打开它们秘密的钥匙，使得它们能在未来合成生物学领域得到应用。

1. 基因调控

尽管基因表达仍受遗传因素的影响，但无细胞合成生物系统可以通过允许用户直接操纵基因模板浓度等来克服控制基因表达的挑战，且表达水平与模板浓度呈正相关。此外，可以直接在RNA聚合酶水平甚至核糖体含量上进行精确的控制。因此，在无细胞合成中基因设计可简化为单一盒型（例如T7启动子、终止子），允许高通量优化酶和辅因子平衡。通过模板浓度的简单控制的实例包括：优化合成的tRNA含量、平衡复合蛋白组装的蛋白质表达、调节分子伴侣蛋白质含量、共表达免疫吸附测定和体外真核翻译元件重组等。

合成生物学有效设计的另一个关注点是监管各个要素的表征。在无细胞合成系统中，直接控制基因含量的能力使得它们成为确定个体调节水平的理想体系。无细胞体系允许调控元件的快速成型，在某些情况下表征时间可减小到体内细胞的1/5。无细胞合成中共同表达多个元件，可直接了解元件之间的相互作用，同时减少了体内代谢负载不平衡或非特异相互作用的影响。这些准确监管元件作用的潜力，为更准确地建模和设计基因线路奠定了基础。所获得的这些知识提供了更准确进行计算机辅助设计所必需的细节，这是合成生物学发展非常需要的工具。

2. 底物调节

异源宿主细胞内的环境本质上与需要合成元件原先所处的天然环境有很大不同。这些不相似性或不匹配性可能导致不良后果，如包涵体生成、蛋白质错误折叠、代谢负荷不平衡和对宿主细胞有毒等。因此，不同的宿主细胞可能都需要独特的遗传和发酵工程来优化相关代谢合成途径和产品表达，这样会大大增加劳动力和成本。

正如无细胞合成系统的开放性质允许对DNA模板内容进行灵活操纵，同样可以自由地控制和优化无细胞体系的底物。可以直接添加、去除或抑制相关底物组分，包括核酸、蛋白质、辅因子和分子伴侣等。此外，针对不同需求可对反应环境（如氧化还原电位和pH值）进行调节优化。在无细胞蛋白质合成方面，可以直接控制如离子强度、pH值、氧化还原电位、疏水性、酶和反应物浓度这样的变量，以调整蛋白质的合成。针对目标产品的合成，通过无细胞合成实现不必要代谢路径的消除、重要合成路径的精确控制等。

二、原位监测和产品获取

1. 在线原位监测

合成途径的快速原位监测对研究的快速开展至关重要。目前用于体内实时监测的技术主要依赖于共表达的荧光报告基因蛋白、显著的代谢特征（如代谢物颜色）及与其他分子结合作用等。而其他监测技术，如气相色谱、液相色谱、质谱、RT-PCR等，虽然准确但难以实施。

无细胞系统大大扩展了原位监测的方便度。作为开放的合成体系，除了荧光蛋白表达直接监测外，也可通过生物发光、FRET、基于适配体的结合测定。特别是在高通量筛选研究中，无需细胞破碎可直接进行原位监测，体现出无细胞系统的巨大优势。目前许多监测技术都依赖于分光光度法。而开放的无细胞系统，无细胞生存问题，可以通过化学、电等非分光光度方式来监测系统动态并适时进行合成控制。

2. 直接产品获取

在无细胞系统中，细胞壁或细胞膜的缺乏促进了在线的产品监控，然后使得DNA、RNA或蛋白质可在恰当时段进行一步获取或纯化。无需细胞破碎，可使用亲和色谱分析的手段一步纯化目标蛋白质，例如组氨酸标记蛋白质的纯化，或利用亲和磁珠在原位进行产物纯化。另外，也可将无细胞代谢工程与质谱分析偶联在一起，直接分析限速步骤，来优化从葡萄糖生成磷酸二羟丙酮（DHAP）的多酶催化系统。

三、加速"设计-构建-测试"周期

现今的生物工程是时间和金钱密集的过程。因此，合成生物学的关键目标之一是加快生物工程所需的"设计-构建-测试"周期，以减小成本。目前，基于细胞的体内合成手段平均花费3～4个月完成这个"设计-构建-测试"循环，其中大部分时间被用来识别和修饰潜在的基因，并随后进行基因组装和合成目标产品。然而，这些都常常受制于细胞生长的限制等。而在无细胞系统中，设计周期却不受细胞繁殖速度的限制，相比细胞体系加速整个周期10倍以上，它可通过体系得到的信息对细胞体内平台提供反馈，辅助细胞平台更好地进行设计。

无细胞系统的开放和简易模块化功能，使其发展成为快速技术测试平台。自动化的液体处理器可平行筛选无细胞微升反应，产生足够多的用于生物物理测定的产品产量，从而降低了生产和分析的时间，从数天减少到数小时。目前微流控技术的最新进展提供了使用体外分隔的超高通量机制。微流体反应器，如乳化液或插塞流模式已被用于合成细胞传感器、在线适配子测定、探测体外表达噪声以及在稳态下探测复杂遗传线路。IVC反应只需使用150pL的试剂，便可分析一百万个基因。研究人员使用IVC，能够每秒分析多达2000次个体反应，允许一百万个基因在1h内进行良好的测定。使用IVC加速体外进化可最大限度地减少或完全避免体内系统的特异性步骤，如克隆、转化和基因恢复等。

四、毒性物质忍耐性

在细胞凋亡过程中，体内会产生细胞毒性物质，影响目标产品的合成；另一层面，如果合成的目标产品对细胞有毒性，会影响细胞的生长，因此很难获得高产的目标产品。而不受细胞活力或毒性限制的无细胞系统，解决了这一挑战性问题。在过去的十年中，研究人员已证实，可以利用无细胞系统来生产越来越多的对细胞有毒性的产品，包括含有毒性氨基的蛋白质、细胞致死的疾病毒素、细胞毒性蛋白质等。对于肝炎，研究人员想要研究一个来自肝螺杆菌的对细胞有致死作用的扩张毒素，由于其具有高细胞毒性，以前在活体中不能产生足够数量水平的蛋白质用以观察其行为机制。利用无细胞合成方法，研究人员能够生产足够数量水平的蛋白质来测试毒性对心脏的影响。另一个例子是，细胞毒性A2蛋白的无细胞翻译比先前报道的在细胞中的产量高1000倍。

五、扩展生命化学

生物系统的产物由生命活动中的一系列化学反应单元生成，由此可以得到天然的构建元件。无细胞系统为非标准化学中合成生物学应用提供了优势。最著名的例子是利用无细胞系统将非天然氨基酸在特定位点嵌入蛋白质。相比于活细胞系统，无细胞系统不受天然氨基酸进入细胞的运输限制，且因为不需要维持细胞生存，所以有重新设计遗传密码的灵活性。通过利用无细胞系统，一般受运输限制的非天然氨基酸，例如，对氧乙炔苯丙氨酸可被引入到蛋白质的特定位点上，显著高于活细胞系统中的产物产量。

第三节　无细胞合成生物系统的工程改造

以基因组学和生物信息学数据为基础，自然界中有成千上万种蛋白质仍是未知的，并且部分蛋白质已被证明可能在催化、医学等领域具有潜在价值。理论上，相比小分子的合成，蛋白质的合成可以得到更快速的发展，但实际上并非如此，主要是由于蛋白质的溶解性、理化稳定性、在组织中分布能力等问题使其难以达到预期功能。这表明了研究工作中优化蛋白质结构的重要性，并需对蛋白质进行修饰、快速合成和筛选。针对这些挑战，无细胞系统易工程化的优点可通过灵活优化或设计以满足这些日益增长的重大发展需求。

过去几十年里，无细胞系统已被广泛用作研究工具，并用于基础和应用研究。而目前的发展趋势是如何利用其优势来实现工业化。

一、无细胞系统的优化

尽管无细胞系统有着诸多优势，但是一些障碍因素，诸如反应体系活性可持续时间短、蛋白质生产率仍然不理想、蛋白质二硫键的折叠问题、昂贵的试剂成本（特别是核苷酸和二次能源形式的高能磷酸盐化学品）、工业放大化问题等限制了它们作为蛋白质生产技术的进一步拓展和使用。过去十几年的技术进步试图去突破这些局限性，并使得无细胞合成重新发挥了它的活力，以满足日益增长的蛋白质合成需求。

无细胞系统一直是非常好的研究工具，为实现无细胞系统的工业化应用，必须要解决产品得率、生产成本和工业放大化3个方面的问题。

首先是提高产品得率的问题。在不同的细胞提取物体系中，原核大肠杆菌提取物和真核小麦胚芽提取物的蛋白质表达量是最高的，相比小麦胚芽，大肠杆菌在工艺调控方面更具有灵活性。为提高基于大肠杆菌提取物的无细胞系统的蛋白质产量，除了人为增加反应物浓度外，可以从以下3个方面入手：

① 延长反应体系活性维持时间，可从高密度发酵中获取活性提取物，或在生长培养基中加入过量的葡萄糖，能够激活低成本能量再生途径和更有效的提取物；

② 提高蛋白质合成稳定性，可以敲除提取物来源宿主菌株的基因组上不利于蛋白质合成的基因，例如降解蛋白质的蛋白酶基因和不利于氨基酸稳定化的基因等；

③ 通过连续补料操作模式提高最终产量，连续补料双层交换操作模式，以被动扩散的方式，补充基质并除去副产物，连续进料大大延长了反应寿命和每反应体积的蛋白质产量，也提高了底物稳定性利用且避免了有害副产物的积累。

其次，需要解决的是成本问题。无细胞系统通常比体内系统生产蛋白质的成本更昂贵，其中约 50% 的无细胞系统的成本与所需能量源相关联。无细胞系统通常依赖于昂贵的高能代谢物（例如磷酸烯醇式丙酮酸、磷酸肌酸等）作为主能量源。相比之下，体内系统可以依赖于更便宜和能量更多的分子用于 ATP 再生（例如葡萄糖）。为了实现商业化应用，成本必须继续被缩减。提取物制备方法的优化减少了提取物制备时间和减少了超过 50% 的反应物成本，但减少仍然有限。因此，使用更多能量丰富的代谢物的无细胞合成系统将是有吸引力的。显而易见的策略是利用更便宜的化合物来生成能量。在保证蛋白质合成的前提下，许多便宜的能量前体物质已经得到了成功的尝试，包括使用低廉的葡萄糖、麦芽糖糊精或淀粉作为能量底物，用核苷单磷酸（NMP）代替核苷三磷酸（NTPs）等。Caschera 和 Noireaux 报道了一个改进的能量系统，代谢途径中包含了麦芽糖，在一个简单的批式反应中获得了高蛋白质表达量。为了实现其全部潜力，越来越强大和廉价的能源对于无细胞系统的研究来说是必不可少的。

最后，需要考虑的是工业放大化的问题。目前无细胞合成系统可放大到 100L 反应体系，在 10h 内可生成 700mg/L 的人粒细胞巨噬细胞集落刺激因子（rhGM-CSF）。因此，无细胞系统可以小到 20pL，大到 100L，而且是线性放大的模式。放大化技术的示范化工作，使得难以在胞内生产的蛋白质可通过无细胞系统的放大化实现工业化生产。如果未来的无细胞系统能够放大到 1000L 甚至 10000L 的规模，将进一步增强无细胞合成生物学在商业应用中的吸引力。此外，一个可扩展的真核无细胞系统的发展是必要的。

二、基因模板及其设计

合成生物学的主要任务之一就是编辑 DNA，设计基因线路，从而最终呈现新的生物功能。程序线路和逻辑开关的设计激发了新的方向，可以先在无细胞系统中建立测试进行预测，然后再转移到细胞体系中去。相关研究尚处于起步阶段。在合成生物学"工具箱"中，模块化基因线路是一种重要工具，因为其可以快速组装和控制新颖的复杂网络。相比细胞体内的方法，体外方法具有独特的优势，包括可控制和可预测的反应环境、真正的模块化体外设计生成的反应线路以及加速基因元件等，例如它在 8h 内就可以对含有 4 组分的基因开关进行原型设计和测试，这是细胞体系很难达到的。

利用无细胞系统进行原型设计十分快速，可以有效缩短设计周期。目前，许多无细胞遗传线路已经被设计出来，包括不同的逻辑门，不同输入开关的存储元件，以及许多振荡器。在无细胞系统设计遗传线路中，最有吸引力的应用是工程化人工细胞或类似细胞的微型装置，它是基于人工细胞设计，可通过诱导产生大数据集的变异性，用于表征非线性生化网络以及线路行为的参数估计。

面向目标蛋白质的合成，常用的是含有 T7 启动子的质粒模板和 T7 RNA 聚合酶。除了标准的噬菌体聚合酶外，为了进一步扩展可利用的 RNA 聚合酶，在基于大肠杆菌提取物的无细胞系统中，研究工作者发展了一系列内源性大肠杆菌 RNA 聚合酶以代替标准的噬菌体聚合酶。更多 RNA 聚合酶的可利用性为基因电流的设计和可控化提供了重要的研究基础。

在无细胞蛋白质合成的情况下，开放的环境能够简化用于蛋白质表达的 DNA 模板的制备或作用过程。表达模板可被直接添加到合成系统中，并可通过控制浓度来优化目标产品的合成。目前通过 PCR 制备的线性 DNA 表达模板可被有效地用于无细胞翻译系统。线性模板避免了耗时的基因克隆步骤，加速了过程和产品开发的通道。

提高局部有效的模板浓度是提高无细胞系统产率的另一种技术，例如把交联线性模板 DNA 与 X 形 DNA 形成的 DNA 水凝胶作为转录模板，与一般 DNA 模板相比，在小麦胚芽细胞提取物体系中，蛋白质产量提高了 300 倍。这种改善主要是由于 DNA 模板得到了保护，避免了 DNA 酶的降解。

在高通量筛选中，用于蛋白质合成的 DNA 基因模板设计非常重要。常用的是质粒，选择一个融合伴侣或标签到蛋白质上，这些融合伴侣可提供成像检测功能、增强蛋白质表达、提高被表达蛋白质的溶解度。例如，常用的 MBP 标记可克服蛋白质折叠过程中不溶性聚集体的形成；和荧光蛋白融合，用于成像检测；或者加入纯化标签 Hise 或 Strep。某些情况下，可以设计特异的氨基酸序列，其可被特异性蛋白酶剪切，如 TEV 蛋白酶、凝血酶或 Xa 因子。也可以通过用 SIMPLEX 法稀释一个库到一个单一 DNA 分子，DNA 的一个分子可以通过无细胞系统实现表达，用于高通量筛选。

三、小分子的无细胞合成

小分子的合成主要是基于多酶体系，通过体外对代谢路径进行重新构建得以实现。众所周知，细胞代谢网络纵横交错非常复杂，无论如何进行优化，小分子合成的得率总是离理论值相差甚远。而在无细胞系统，可以只专注于目标小分子的代谢路径的构建，使得无细胞系统中小分子的合成更接近理论得率。此外，因为无细胞系统对毒性的高忍耐性，可以合成高浓度的可能对细胞产生毒性的小分子。而且，开放的无细胞系统有助于更全面地了解小分子合成的代谢特征，从而可以进一步理性设计小分子最优合成路线。为降低成本，通常利用酶的粗提取物来构建无细胞合成系统。

目前，无细胞系统已经可以实现激活重要的代谢，例如中央代谢、三羧酸循环、氧化磷酸化等，并以此为基础整合其他代谢路径用于不同小分子的合成。利用无细胞系统合成小分子可充分体现出细胞体系无法比拟的优势。

1. 灵活的设计自由度

为实现多羟基丙酮磷酸酯（DHAP）的高效稳定合成，Bujara 等设计了从葡萄糖转化为 DHAP 的多酶催化路径。首先，为了合成高浓度的 DHAP、解决抑制路径的问题，在提取物来源菌株中敲除两个关键酶，使得 DHAP 合成浓度达到 12mmol/L，远远高于细胞体系所能合成的极限。其次，DHAP 本身是不稳定的分子，为解决该问题，直接向无细胞反应体系中添加丁醛和兔肌肉醛缩酶将 DHAP 转化为更稳定的形式。这表明，通过提取物来源宿主菌株的基因组修饰和直接添加新组分来高效稳定合成小分子，显示出无细胞系统具有更大的工程设计自由度。

2. 更清晰理解代谢过程

基于基因编辑技术的进步，可通过无细胞系统在基因组水平上实现代谢网络特性的微调，从而可以直接监控系统属性以进行实时分析，进而全面了解代谢网络动态和潜在瓶颈。Bujara 等使用粗提取物系统获得体外 DHAP 生产的详细代谢"蓝图"，他们借助于高分辨率质谱分析手段，可快速地对代谢物进行分析以鉴定整个 DHAP 代谢的限速步骤，从而指导代谢合成路径的优化，使得 DHAP 产量比之前增加了 2.5 倍。

3. 高的产品得率

在无细胞系统，可只专注于构建跟小分子合成直接相关的物质和能量代谢路径，以期获得接近理论值的合成得率。Zhang 等将无细胞系统用于生物制氢，由于细胞代谢路径的复杂性，生物制氢通常无法超越每单位葡萄糖生产 4 个单位氢气的得率，因此他们将来自兔、菠菜、激烈热球菌、酿酒酵母和大肠杆菌的 13 种酶进行组合，将淀粉作为碳源生产氢气，最终每单位葡萄糖获得 12 个单位氢气，已基本达到理论得率值，远远超出了细胞合成的得率极限。

4. 高的毒性忍耐性

因其不涉及细胞生长，无细胞系统具有更高的毒性忍耐性。通常情况下，生物质水解产物较多的是纤维二糖，如果直接被细胞利用一般是有毒性的。Wang 等构建了 12 个酶组成的无细胞系统，能够充分利用纤维二糖，并且能够达到几乎 100% 理论产量的能力。这表明，可利用无细胞系统开发合成由于毒性限制难以在细胞中实施的生物制造。

5. 小分子标记

对小分子进行标记（例如同位素标记），可用于探究生命合成体系的结构特征。通常情况下，小分子的同位素标记可通过纯化学合成形式进行，而生物标记方式也显示出其独特的潜力。例如，嘌呤和嘧啶进行同位素标记，经过基因转录后，通过核磁共振检测可探测 RNA 的结构和特征。Schultheisz 等通过组合 28 种物种的嘌呤和 18 种物种的嘧啶生物合成酶，以达到生物法进行同位素标记的目的，不同于蛋白质，通常小分子化合物的附加值较低，它的生产成本会是工业化进程中较大的限制因素，是工业化急需重点解决的问题。

第四节 无细胞合成生物系统的应用

一、在结构组学方面的应用

无细胞系统可用于结构组学的研究,主要由于该系统可以合成细胞内难以合成的膜蛋白、复合蛋白和对细胞有毒性的蛋白质等。得到正确构象的蛋白质就可以进行结构解析。例如,使用核磁共振分析稳定同位素标记的蛋白质结构。显然在无细胞系统中使用 X 射线晶体学,在结构生物学项目中起着至关重要的作用。无细胞系统的主要优点是被标记氨基酸的高效嵌入、蛋白质的高表达率和无需纯化表达产物直接进行核磁共振分析。目前,数千种蛋白质结构已经使用无细胞系统进行辅助分析。

除去添加非天然氨基酸外,便于对蛋白质进行各种标记也是无细胞系统的一大优点。例如,通过结合双重标记和荧光共振能量转移的方法可以辨别两个标记了不同荧光发光集团的分子是否结合到一起,从而促进蛋白质相互作用的研究。另外,无细胞合成系统还被广泛用于核糖体展示、mRNA 展示等。

限制性内切酶对细胞的重组表达提出了重大的挑战。PabⅠ限制性内切酶来自高度嗜热古细菌——火球菌,对细胞的重组表达具有细胞毒性。通过采用紧密阻遏的表达系统和同源甲基转移酶表达的方法是不成功的。PabⅠ可在小麦胚芽无细胞系统中被成功表达,以天然的硒代蛋氨酸的形式,用于通过 X 射线晶体学方法进行结构研究。另一种毒性蛋白,人类微管结合蛋白,由于特定突变可导致奥皮茨综合征,是重组表达的难点。MID1 突变体表达困难,原因在于它们干扰细胞内的代谢路径,阻碍细胞分离。像大肠杆菌、毕赤酵母菌、昆虫细胞和哺乳动物 COS 细胞表达系统不能产生 MID1 蛋白质。基于大肠杆菌提取物的无细胞快速翻译系统,可成功合成 MID1,从而进一步可以进行结构生物学的研究。

二、在高通量筛选方面的应用

在基因组数据大量已知的后基因组时代,快速高效的高通量蛋白质表达和筛选及其平台变得越来越重要。无细胞系统的诸多优点可以满足这一需求。首先，可以直接使用 PCR 产物作为表达模板，避免了时间烦琐的分子克隆步骤；其次，因其蛋白质高表达量和灵活的合成体积模式，使得在多孔板中进行蛋白质合成成为可能；第三，可使用具有巨大潜力的小型化和自动化的微芯片仪器设备等；第四，因无细胞膜屏障更容易操纵反应条件，包括掺入同位素标记的氨基酸；第五，因无需细胞破壁，蛋白质产物可以直接进行高通量分析。

无细胞合成平台也可作为大规模合成功能基因组学蛋白质文库的基础技术平台。例如，使用无细胞合成系统可以快速有效地产生蛋白质原位阵列，以全面研究微芯片上的蛋白质间相互作用网络。蛋白质微阵列（蛋白质芯片）技术的基本原理是，将编码目标蛋白质的 DNA 通过物理隔离印在载玻片上，然后通过无细胞系统合成目标蛋白质。为了提高蛋白质分离的稳定性，蛋白质通常被设计为含有抗原标记（如 C 端谷胱甘肽 S 转移酶标记），在芯片设计中，将能够结合带有抗原标记的蛋白质的抗体固定在玻片上。由于该方法无需分别合成、纯化和固定蛋白质，这也就允许了具有新特征的蛋白质能够被快速合成和分析。进一步使得芯片上的基因合成技术整合到蛋白质分析中，将有望拥有更大的技术拓展能力。在示范性实例中，基于小麦提取物的无细胞系统被用作"人类蛋白质工厂"，试图合成 13364 个人类蛋白质。在 97.2% 的合成蛋白质（12996 个）中，许多测试结果显示了其功能（例如 75 个测试的磷酸酶中的 58 个），并且成功地将 99.86% 合成蛋白质印刷到载玻片上以构建蛋白质微阵列。因为无细胞系统可以将蛋白质合成、纯化、固定进行一体化整合，因而可以结合不同的工具箱、结合更快的方法来探测蛋白质不同方面的功能。为进一步降低结合检测限，有研究工作者将无细胞系统和碳纳米管材料相结合，将检测限从 100nmol/L 降低到 10pmol/L。除了蛋白质阵列之外，还有其他功能基因组学方法，例如序列蛋白质表达，也有助于揭示每一种基因产物的功能。

三、在生物医药领域的应用

无细胞系统非常适合医药蛋白的表达，现在和将来都会被普遍应用。无细胞系统允许高通量形式的蛋白质工程，灵活的糖基化和化学连接策略，以及非天然氨基酸易于作为蛋白质构建元件被使用。因此，无细胞系统可以用来修饰蛋白质以改善溶解度、稳定性和医药蛋白的药物动力学特性。

由于成本、规模化、蛋白质折叠与复性不再是无细胞技术不可逾越的障碍，因此利用无细胞系统合成进行生物医药的商业化生产将成为具有极大潜力的发展方向之一。而且，由于无细胞系统体积小和能够灵活调控的特点，用其设计和制造个性化药物，其潜力也是非常独特和令人兴奋的。特别令人瞩目的是，治疗淋巴瘤的疫苗在传统哺乳动物细胞表达通常需要几个月，而无细胞系统可以在几天内完成合成。无细胞系统快速、灵活和高产量的表达能力与简单的下游处理相结合，为基于蛋白质特异性药物的设计和制造带来了新的可能。

除了设计特定药物之外，无细胞系统还可以帮助筛选新的候选药物，以应对癌症、肝炎和疟疾中现有和未来可能出现的新威胁。无细胞快速的蛋白质表达平台已经在筛选方面发挥越来越大的作用。Tsuboi 等利用基于小麦胚芽提取物的无细胞系统将疟疾基因组中的 124 个基因作为疫苗候选者，这些蛋白质表达产物中的 75% 以可溶形式表达，而值得注意的是，具有天然密码子的基因与优化的密码子具有同样高的产量。其他实例中，无细胞系统也已经合成超过 1mg/mL 浓度的肉毒杆菌毒素的候选疫苗。

无细胞合成系统已被证明对于抗体生产是有利的。例如，在生产 HER2 抗体和抗体片段时，加入分子伴侣（酵母和大肠杆菌蛋白二硫键异构酶）以促进原核无细胞系统合成，得到高达 300mg/L 的活性蛋白质，在反应体系中可直接添加谷胱甘肽缓冲剂够优化氧化还原条件，以促进每个抗体 16 个二硫键的正确形成。另外，无细胞系统还可以灵活调整多种基因的按序表达，以促进正确的多亚基复合蛋白的正确合成。例如，可以先添加抗体轻链表达质粒让抗体轻链单独产生 1h，然后加入重链表达质粒生成互补重链以合成正确结构的抗体。该策略避免了在没有足够的轻链蛋白的情况下自然发生重链蛋白的聚集。除了原核生物的无细胞合成系统之外，目前研究工作者还正在研究真核生物的无细胞系统来生产抗体。研究人员目前正在研究内质网来源的膜囊泡，以促进正确的折叠和翻译后修饰，如糖基化修饰。

Kanter 等使用大肠杆菌无细胞系统合成了针对 B 细胞淋巴瘤治疗的、将免疫球蛋白（Ig）的单链抗体片段与细胞因子融合的抗体药物。这种个性化地将抗体片段 scFv 与小分子药物融合的模式，成功地引发了免疫应答。

对于非传染性的癌症，无细胞系统可以合成癌细胞表面蛋白的抗体，通过嵌入非天然氨基酸连接抗癌化学药物以形成抗体药物偶联物，该偶联物在体内会特异识别癌细胞，通过内吞作用进入癌细胞后，抗癌药物发挥作用杀死癌细胞以达到治疗癌症的目的。类病毒颗粒是从一种或多种结构蛋白自组装的 25~100nm 复合物，在结构上与病毒相似，它们能引起免疫原性反应，但由于不含有遗传物质，因此可以被用作安全疫苗。此外，它们的自组装和中空结构使得类病毒颗粒（VLP）可作为药物递送和基因治疗剂。控制合适的颗粒结构对于 VLP 的免疫原性反应是非常重要的，因此在其重组生产中的关键设计是考虑 VLP 亚基的组成和一致性以及最终产物的纯度和分布。在细胞体系中生产 VLP 存在蛋白质杂质，会产生结构不一致问题，以及相关重组菌株设计的成本高，因此在体内重组生产 VLP 具有挑战性。目前已经成功利用大肠杆菌无细胞系统的平台，大大提高了 VLP 的可制造性，在无细胞系统可以进行快速合成和组装，并可能将其扩大到工业生产水平。

除了利用无细胞系统来生产组装 VLP 外，其功能也可以被大大扩展，并进一步得到应用。目前可通过无细胞系统将非天然氨基酸嵌入 VLP，然后将抗体、疫苗、疫苗佐剂等表面展示在 VLP 表面，实现多功能化的疫苗颗粒。如果将疫苗助剂蛋白（例如鞭毛蛋白）展示在 VLP 表面，鞭毛蛋白的生物活性提高了 10 倍，为新一代高效用疫苗的发展奠定了基础。另外，为了提高 VLP 的稳定性，可控制大肠杆菌无细胞系统的氧化还原电位，从而能够控制衣壳单体之间的二硫键形成。这些进展进一步证实了无细胞系统在药物递送和疫苗应用方面的巨大潜力。

第五章

合成生物学的应用案例分析和发展趋势

第一节 基于合成生物学的天然产物的微生物合成

天然产物泛指自然界中的各种生物（包括动物、植物和微生物）所产生的化合物，也被称为"次级代谢产物"或"专门代谢产物"。当前主要的临床药物来源于天然产物，近70%的医用药物属于天然产物及其衍生物，包括：

① 临床治疗中直接应用的、活性良好的天然药物；

② 通过化学修饰改造天然产物，获得的理化性质改善、生物活性优良的衍生药物；

③ 模拟天然产物药效单元，以化学合成的方式获得的仿生药物。

微生物作为天然产物合成的"细胞工厂"，可以通过体内的次级代谢网络，在大量蛋白酶的精密控制和协同作用下，将羧酸、氨基酸、糖类等小分子底物组装成为复杂多样的终产物。其中，放线菌是一类高GC含量的革兰氏阳性菌，所有已知的微生物来源的活性天然产物70%以上从放线菌中分离获得。在所有上市的抗生素制剂中，有35%含有源自放线菌的活性成分。大量研究发现，编码微生物体内天然产物的相关生物合成基因往往成簇排列，由此形成生物合成基因簇。在含有编码天然产物骨架形成和后修饰的结构基因之外，还可能含有控制合成起讫、强弱的调控基因以及解除宿主自身毒性的抗性基因，这些基因严密控制着微生物体内天然产物的生物合成过程。

得益于基因组学研究，特别是微生物体内 DNA 克隆和编辑技术的快速发展，近年来在活性天然产物的高效合成、已知天然产物的结构衍生以及新型天然产物的定向发掘方面，合成生物学展现出独特的优势，相关使能技术的开发和应用日益受到科学界的广泛关注。

对于具有抗感染、抗肿瘤、免疫抑制等药物活性的天然产物而言，以其产品效价提高、组分比例优化为目标的高效合成是一项至关重要的课题。在微生物天然产物的发酵产业中，相关工程菌株孵育工作仍然以传统诱变、自然选择等方式为主，普遍存在操作周期长、育种效率低等问题。结合合成生物学使能技术的运用，可以在遵循生物合成一般规律的同时，在微生物菌种体内完成代谢网络的工程化改造。在此过程中，依托于多学科的交叉合作，最终以更低的成本、更高的效率获得目标活性天然产物。

从化学合成的角度上说，新型天然产物的结构衍生是一项复杂而困难的工作。目前，主要采用天然产物作为化学半合成的底物，从而获得特定结构修饰的衍生物。然而，天然产物的化学结构十分复杂，含有众多的手性中心和活性基团，对于以多样性为导向、整体上需要保证合成效率和产率的结构衍生工作而言，化学合成需要繁杂的工艺途径和苛刻的反应条件。作为化学合成的有力补充，合成生物学使能技术在新结构的定向改造方面具有巨大的潜力。基于目标天然产物的生物合成机制，定向改造和修饰其生物合成通路，有望获得理化性状稳定、生物活性优良的天然产物及其衍生物。

然而，一个天然产物的发现和分离需要经历发酵积累、产物分离、结构解析以及活性鉴定等诸多步骤。随着越来越多的天然产物被鉴定，新天然产物的发现变得越来越困难。在实验室条件下，由于微生物体内大量 BGCs 都是沉默、未被激活的，导致由其编码的天然产物在正常条件下无法分离和鉴定。这就需要我们基于合成生物学使能技术激活原本沉默的 BGCs，从而定向发掘自然界中原本存在但未被人类发现的新型天然产物。

一、合成生物学的研究进展

合成生物学作为一门拥有巨大潜力的新兴工程学科，其发展主要得益于各种使能技术的创新开发与规模应用。合成生物学在学科创立之初，其核心理念就是利用工程化原理重新认识、设计乃至改造、重构生命系统，即在解析生物合成的基本规律之上进一步指导实践，通过人工设计构建新的、具有特定生理功能的生物系统，建立药物、功能材料或能源替代品等的生物制造途径。

作为合成生物学中最为基础的技术手段，DNA合成与组装技术的成熟从根本上改变和提升了人们对生命系统的改造能力。如今，借助于芯片技术与下一代高通量测序平台，基因合成已经从传统的柱式合成发展为高通量、高保真的芯片合成。不同尺度的高效DNA组装方法也相继被开发，尤以吉普森等发展的等温一步法组装和罗滋哥夫等发展的酿酒酵母转化偶联重组为代表。生命系统的改造已经从单基因水平的操作，发展到整个基因组水平的设计改造。无论是对遗传物质的直接修改，还是在转录或翻译层面上进行整体优化，大量优秀的策略不断被提出，包括基因组重排、多元自动化基因工程、全局转录工程、核糖体工程等。这些赋能技术的进步为不同遗传网络、不同生物合成途径等提供了适配的反应系统，有效促进了理想微生物"细胞工厂"的构建。对微生物天然产物生物合成途径的改造，主要涉及BGC的克隆、编辑和表达等。

1. 微生物天然产物BGC的克隆

获取微生物天然产物的BGC可以有效地推进相关理论和应用研究。获取BGC的传统方法常见于构建基因组文库，包括柯斯黏粒、福斯黏粒、细菌人工染色体、酵母人工染色体文库等。根据复制子能力的差异，不同载体具有不同的DNA负载限制和细胞内拷贝数。一般而言，构建基因组文库涉及的主要操作包括基因组的提取、碎片化等，实际上是一个盲目随机的过程。随后，基因组文库的筛选才是以特定的DNA序列为探针获取特定基因片段的步骤。由此可见，当我们的目标BGC超过文库载体的包装上限时，通过这种方法无法获得全长BGC。或者说，当我们的目标BGC达到一定的长度时，通过这种方法从概率上说也很难获得全长BGC。

随着基因组测序技术的进步，生物信息学的比对和分析已经可以导向性地获取遗传信息，有的放矢地获取目的基因片段。近年来，具体发展而来的策略主要借助于大肠杆菌线性同源重组、酿酒酵母转化偶联重组、放线菌位点特异性重组。其原理都将目的基因片段重组到特定的载体上。然而如果微生物天然产物BGC较长，就需要结合DNA靶向切割特定技术实现完整基因簇的克隆。

CRISPR是近年来炙手可热的基因工程操作工具，广泛应用于靶向切割特异 DNA。在长期自然进化过程中，部分细菌和古细菌形成的一种对抗外源 DNA 入侵的适应性免疫防御机制，被称作 CRISPR 机制。其原理是利用基因组中规律成簇的间隔短回文重复结构快速应对外源 DNA 的入侵，产生效应元件及时形成干扰，完成外源 DNA 的降解失活。目前，最为常用的是 Ⅱ 型 CRISPR 与 Cas9 核酸酶结合的体系。经过人为优化，将原本的效应元件 cr RNA 和 tracr RNA 简化为更易操作的 sg RNA，从而极大地推进了 CRISPR 的应用。从实际操作上说，商品化的 CRISPR/Cas9 能够实现目标 DNA、sg RNA 和 Cas9 蛋白的三元复合和目标 DNA 的靶向切割，对于目的基因片段的获取而言无疑是切实可行的工具。将 CRISPR 基因片段获取与 Gibson 等温一步法组装、酿酒酵母 TAR 等方法联用，已经成功开发出了适用于大尺度基因簇克隆的可行策略。

2. 微生物天然产物 BGC 的编辑

在获取微生物天然产物 BGC 的基础上，借助靶向切割、定点修复、同源重组等方法可以实现大尺度基因簇水平的编辑。近年来，具体发展而来的大尺度基因簇水平的编辑策略大多需要结合 CRISPR/Cas9，包括体外基因编辑和复用的 CRISPR/Cas9。ICE 是一种基于 CRISPR/Cas9 靶向切割和 T4 聚合酶定点修复的基因簇编辑方法，通过这种方法已经在大尺度基因簇水平上实现了单基因缺失与抗性基因替换。鉴于 T4 聚合酶介导的末端 DNA 修复可能导致移码突变，Cas9 切割后多采用 Gibson 等温一步法组装，以避免移码的发生，同时提高操作的基因簇尺度。通过组合 CRISPR/Cas9 和酿酒酵母 TAR，可以实现目标天然产物 BGC 的靶向切割和同源重组，已经成功应用于沉默基因簇的快速激活。

大肠杆菌 Red/ET 重组是一种基于 λ 噬菌体 Red 操纵子和 Rac 噬菌体重组系统的基因工程操作工具，可以便捷地对大尺度基因簇进行插入、敲除、突变等编辑。与大肠杆菌 LLHR 不同，大肠杆菌 Red/ET 重组能够介导环状载体和线性 DNA 发生同源重组，尤其适合于天然产物 BGC 的编辑。利用大肠杆菌 Red/ET 重组，可以在已有克隆完成的微生物天然产物 BGC 的基础上，更为简单、快速地完成特定的基因编辑操作。

3. 微生物天然产物 BGC 的表达

对于微生物来源已知的天然产物而言，通过提高体内 BGC 的拷贝数可以直接强化其生物合成途径，从而达到目标天然产物高效合成的目标。而这一思路的实现，需要依靠活性天然产物 BGC 的倍增。与此同时，基因组挖掘表明微生物包含大量未知天然产物的 BGC，具有巨大的生物合成潜力。这种生物合成潜力最有希望的开发途径是未知天然产物 BGC 的异源表达。由此可见，在经过克隆、编辑之后，大尺度基因簇还需要完成表达才能够最终实现目标产物产量优化、沉默基因簇激活以及相关组合生物合成的研究。

对于微生物天然产物 BGC 的表达而言，选择合适的宿主是保证成功率的前提条件。常见的表达宿主（如大肠杆菌、枯草芽孢杆菌和酿酒酵母）往往无法有效地生产放线菌来源的次级代谢产物，这主要是因为这些表达宿主不具有对相关天然产物的天然抗性系统，前体水平不足以生产对应的天然产物，并且无法正确折叠和组装进行生物合成的敏感多酶复合物等。相比之下，亲缘上的相似性决定了模式链霉菌更加适用于作为放线菌来源的天然产物的表达宿主。尽管数种链霉菌已经成功应用于天然产物的表达，但目前仍不具有一个通用的宿主来满足放线菌来源的天然产物发现和生产的所有要求。因此，需要开发出能够以工业上有用的方式生产天然产物的新一代基于链霉菌底盘，并且结合最新技术来克服以前对菌株性能的限制。

白色链霉菌是目前广泛使用的表达宿主之一，由于其体内缺少 Sal I 限制性修饰系统，因此常被用作克隆和表达链霉菌基因的异源表达宿主。与天蓝色链霉菌相比，在白色链球菌基因组中，两个高活性 *attB* 位点更具高效合成天然产物的能力。变铅青链霉菌是另一种常见的表达宿主，由于能够接受甲基化的 DNA 并且具有较低的内源蛋白酶活性，特别适于多肽类天然产物 BGC 的表达。基于表达宿主的认识，可以更好地开展底盘微生物的构建和微生物天然产物 BGC 的表达工作。

二、青蒿素的微生物合成

疟疾是由疟原虫经按蚊虫叮咬传播的传染病，临床上以周期性、定时性发作的寒战、高热、出汗退热及贫血和脾大等症候为特点。疟疾是发生最频繁的人类寄生虫病，对于全球公共卫生事业的冲击仅次于结核病，每年在全球约有 5 亿宗病例，导致超过 100 万人死亡。针对疟疾，许多广为人知的高效抗疟疾药物如氯喹、奎宁（金鸡纳霜）和甲氟喹等都被开发出来。然而，疟原虫能快速产生抗药性，这些药物目前都已经基本失效，在某些地方，甚至发现了对目前所有一线药物都有交叉抗药性的疟原虫。为此在全世界范围内掀起了研制新型抗疟疾药物的科研热潮。20世纪70年代，我国科技工作者屠呦呦团队借鉴传统中药典籍，首次从青蒿草中提取得到青蒿素。青蒿素作为高效快速低毒的非奎宁类药物，被世界卫生组织认定为21世纪替代奎宁的最有效的抗疟疾药，迅速在全球推广，挽救了大量的生命。然而，青蒿草虽然在世界大部分地区均可生长，但青蒿素含量普遍低于0.1%，可从植物中提取青蒿素的成本长期居高不下，产量难以提高，导致治疗费用直线上升。曾经使用青蒿素治疗疟疾的费用是8～15美元每疗程，这对亚非拉等贫困地区的患者来说是无法承受的。

2003年 Nature Biotechnology 和2006年 Nature 杂志上的两篇文章报道了美国加州大学伯克利分校化学工程系教授 J. D. Keasling 研究小组利用合成生物学方法分别将相关基因植入大肠杆菌和酿酒酵母中，利用微生物成功合成青蒿素的前体物质青蒿酸（artemisinic acid）。与传统的青蒿素生产方式相比，把青蒿酸通过化学方法进行改造变成活性青蒿素就很方便了。这种微生物"工厂"的生产速度比从植物中提取青蒿素要快将近100倍，使得青蒿素大规模工业化生产成为可能。这一科研成果一经问世立刻引起了世人的广泛关注，被评为当年的"世界十大科技进展"之一。

青蒿素属于萜类化合物，是一种典型的类异戊二烯类化学物质。类异戊二烯类物质大部分由植物合成，是许多珍贵药物、染料、香料、能源物质甚至塑料和橡胶的前体，其他著名的类异戊二烯物还包括调味薄荷醇、类胡萝卜素（可对抗紫外线损伤）和紫杉醇（一种高效抗癌药）等。但是，类异戊二烯类物质的结构非常复杂，目前化学合成的产量极其有限，目前大部分类异戊二烯物质的化学合成还没有大规模工业化，其产量还远远无法满足人类的需求。为此，许多研究者尝试利用微生物合成类异戊二烯或其前体物质，通过微生物的人工培养和快速繁殖来提高产量。

J. D. Keasling 和他的研究小组首先在大肠杆菌中设计了一条合成紫穗槐二烯（amorphadiene）的生物合成路线，如图 5-1 所示。整条生物合成路线共分为以下几步：

① 将大肠杆菌中常见的化学物质乙酰辅酶 A 转变成甲羟戊酸；

② 将甲羟戊酸转化成异戊烯基焦磷酸（iso-pentenyl pyrophosphate，IPP）或者二甲基烯丙基焦磷酸（dimethylallyl pyrophosphate，DMAPP）；

③ 将 IPP 或者 DMAPP 转化成法尼基焦磷酸（farnesyl pyrophosphate，FPP）；

④ 利用 ADS 基因编码的紫穗槐二烯合成酶，将 FPP 转化成紫穗槐二烯。

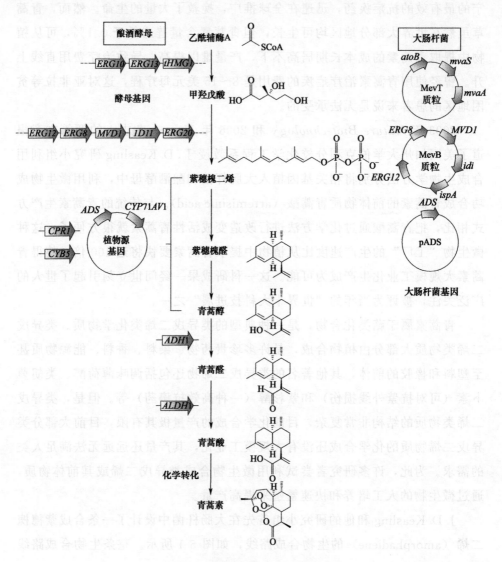

图 5-1 青蒿素的微生物合成路线

由于 IPP 和 DMAPP 是所有类异戊二烯的通用前体物，只要再引入合适的催化酶基因，J. D. Keasling 等开发的新菌株就可作为其他类异戊二烯化合物的生物合成平台。该工作具体由以下部分组成：

1. 净化大肠杆菌的代谢内环境

大肠杆菌中原有一条内源的合成 IPP 或 DMAPP 的脱氧-5-磷酸木酮糖（deoxyxy-lulose 5-phosphate，DXP）途径。许多研究者都曾试图采用各种方法优化 DXP 途径来提高类异戊二烯前体的量，从而提高类胡萝卜素的产量。例如，通过平衡 3-磷酸甘油醛脱氢酶活性，或者提高 1-脱氧木酮糖-5-磷酸合成酶（1-deoxy-D-xylulose-5-phosphate synthase，DXS）和 IPP 异构酶的表达量等，但效果很不明显。另外，DXP 途径与大肠杆菌其他生理调节单元间存在着许多密切联系，是限制类异戊二烯产量进一步提高的重要因素，但是目前人们对这些联系所知不多，难以对 DXP 途径进行有效调控。因此，J. D. Keasling 等引入了 $ispc$ 基因，利用其产物将大肠杆菌原有的 DXP 途径切断，斩断所有未知因素经由 DXP 途径对生物合成 IPP 和 DMAPP 的影响，净化大肠杆菌的代谢内环境。

2. 合成和优化编码紫穗槐二烯合成酶的基因 ADS

众所周知，在原核生物中实现植物基因的表达是件非常困难的事情，J. D. Keasling 所面临的又一困难就是如何在大肠杆菌中高效表达植物基因——紫穗槐二烯合成酶基因。为了克服这一困难，提高暗类合成酶和紫穗槐二烯的表达量，研究人员人工合成和优化了 ADS 基因，使其在大肠杆菌中大量表达，克服微生物暗类合成的瓶颈。实验表明，人工合成和优化后的 ADS 基因能够在大肠杆菌中顺利表达并将紫穗槐二烯的产量大幅提高。

3. 将酿酒酵母中的甲羟戊酸途径转入大肠杆菌

为了提高细胞内 FPP 的浓度，将酿酒酵母中编码甲羟戊酸途径的 8 个基因做成操纵子转入大肠杆菌中并使其表达。同时为简化操作的复杂性，将这 8 个基因分成两个操纵子，其中一个操纵子编码的酶类能够通过 3 步酶促反应将普遍存在的前体物乙酰辅酶 A 转化成为甲羟戊酸；另外一个操纵子编码的酶类能够将甲羟戊酸转化成为 IPP 和 DMAPP。

4. 平衡和优化合成途径

上述人工构建的合成紫穗槐二烯多步反应的许多中间产物（包括 IPP），在高浓度时可导致菌体中毒。因此，必须协调 IPP 有关的基因以平衡其合成与消耗，确保在其能够杀伤大肠杆菌以前及时地转化为紫穗槐二烯。为了平衡和优化这条途径，J. D. Keasling 和他的研究小组不仅对每个基因进行突变筛选，同时还利用合成生物学标准化的操作手段对不同基因的突变型进行组合，以挑选出最优搭配。

2006 年，在此项成果的基础上，研究人员将酿酒酵母菌引入到这项研究中来。利用工业酿酒酵母中工程化的甲羟戊酸途径，取自黄花蒿（artemisia annua）的 amorphadiene 合成酶和细胞色素 P450 单加氧酶（cytochrome P450 monooxygenase，CYP71AVl）共同作用来生产高浓度、更直接的青蒿素前体衍生物——青蒿酸（artemisinic acid）。

利用工业酵母生产青蒿酸共分为 3 个步骤：

① 优化 FPP 生物合成途径以提高 FPP 的产量；

② 从青蒿中引入紫穗槐二烯合酶（amorphadiene synthase，ADS）基因，其表达的产物将 FPP 转化为紫穗槐二烯；

③ 通过比较基因组学分析得到来自青蒿的细胞色素 P450 单加氧酶——CYP71AV1/CPR，克隆表达后实现紫穗槐二烯到青蒿酸的三步氧化还原反应。

在这 3 步中，每一步的优化都可以提高最终的青蒿酸产量，而 FPP 代谢途径的优化则效果更为显著，因此研究者主要从以下几个方面着手。

① 过量表达 3-羟基-3-甲基戊二酸单酰 A 还原酶（3-hydroxy-3-methyl-glutaryl-coenzyme A reductase，tHMGR）。tHMGR 是胆固醇合成的限速酶，可有效限制 FPP 向固醇的转化，降低 FPP 在其他方面的不必要消耗。

② 通过甲硫氨酸可抑制启动子下调 ERG9 编码角鲨烯合成酶（squalene synthase），阻断 FPP 向下合成固醇的支路，进一步避免 FPP 的不必要消耗。

③ 过表达 *upc2-1* 并结合 ERG9 的下调。半显性变异等位基因 *upc2-1* 能够增强 *upc2* 的活性。*upc2* 是酿酒酵母中调节合成固醇的全局性转录因子，虽然其对于紫穗槐二烯产量的影响似乎并不明显，但实验表明，当过表达 *upc2-1* 并结合 ERG9 的下调时，紫穗槐二烯的产量可提高至 105mg/L。

④ 将所有被修饰基因都整合到染色体上，确保宿主菌中基因表达的稳定性。

⑤ 降低细胞密度，确保养分充足、避免不必要的互相干扰。综合上述，所有修饰和调整的新菌株 EPY224 中紫穗槐二烯的产量可达 153mg/L，比之

前的相关报道提高了近 500 倍。

除了上述工作外，青蒿酸的提取和纯化也是一个至关重要的步骤。通常在酵母菌的酸性培养基条件下，青蒿酸被质子化而很难排出细胞外，大大影响了实际收益。J. D. Keasling 等开发了新的纯化方法，即用醇将青蒿酸从洗脱液中提取出来，再利用硅酸凝胶进行柱状层析分离，得到的青蒿酸纯度可大于 95%。在 1L CO_2 生物反应器中，能够生产 115mg 青蒿酸，利用该方法可以提取出其中的 76mg。

相比于常规的青蒿植物提取，4.5% 干重的酵母能够生产 1.9% 的青蒿酸和 0.16% 的青蒿素，耗时仅 4～5d，而植物提取却要几个月。而且，相比于植物提取青蒿素，微生物合成青蒿酸的方法不会受到诸如气候等因素的影响，更加可靠、廉价，纯度更高。此外，这种新改良的大肠杆菌和酵母菌还可被改造用来生产其他类异戊二烯类化学物质，任何一家公司均可以对这些工程菌做相应的改造，加入一定数量与目标产物合成有关的基因，即可得到任何一种类异戊二烯物质，用于其他疾病的治疗和其他物质的生产。由此可见，J. D. Keasling 等的研究成果无疑是合成生物学在实际应用方面的一个里程碑。

三、莽草酸的微生物合成

（一）莽草酸简介

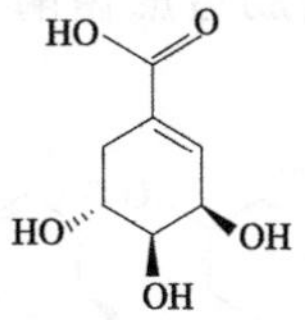

莽草酸（SA），即 3,4,5-三羟基-1-环己烯-1-羧酸，是一种环己烷的羟基化不饱和酸衍生物，其分子式为 $C_7H_{10}O_5$，分子量为 174.15，分子结构式如图 5-2 所示。莽草酸固体形式为

图 5-2　莽草酸的化学结构式

白色结晶粉末，气味辛酸，有刺激性气味；莽草酸密度为 $1.725g/cm^3$，熔点较高，可达到 185～187℃；易溶于水，在水中的溶解度为 180g/L，难溶于苯、氯仿和石油醚等有机溶剂。此外，其具有手性异构体，有旋光性，旋光度为 −180°。SA 具有酸、多元醇和烯的性质，既可成酯也可成盐。SA 作为一种小分子有机酸，在自然界中广泛存在，它不仅是植物和微生物合成芳香族氨基酸、泛醌、叶酸、维生素 K2 等芳香族化合物的关键中间体，还是

工业生产生物碱类化合物、酚类化合物及手性药物的关键合成原料。研究发现 SA 药用价值广泛，能够作为抗病毒和抗肿瘤药物的中间体，还具有抑制凝血系统、抗炎镇痛、防止血栓形成等活性。

近年来，在全世界范围暴发的 H5N1、H1N1 亚型禽流感以及之前在我国暴发的 H7N9 亚型禽流感，无一不严重影响了人类健康和社会稳定。罗氏制药公司以 SA 为母核，开发了治疗和预防禽流感药物磷酸奥司他韦。目前 SA 主要来源于植物八角茴香提取物，这些植物分布狭窄，只在我国广西、福建等省份和越南部分地区有季节性分布，加之植物提取工艺复杂、产品纯度不高，使得 SA 的供应不尽人意。基于 SA 在医药、生物、化学界等的广泛应用及重要经济价值，SA 的合成，特别是利用微生物来生产 SA 成为了国内外许多医药公司和实验室研究的新热点。

（二）莽草酸及其衍生物的药理作用

现代药理学研究证明，SA 及其衍生物具有抗病毒、抗肿瘤、抗菌、抗炎、抗血栓及脑缺血等多种生物活性。例如，如图 5-3 所示，奥司他韦（Oseltamivir）是流感病毒抑制剂，对季节性甲型和乙型流感、H5N1、H1N1 亚型禽流感等均有效。山椒子烯酮（Zeylenone）具有抗病毒、抗肿瘤及抗菌活性。井冈霉烯胺（Valiolamine）具有非常强的 α-葡萄糖苷酶活性，可抑制猪肠道蔗糖酶、麦芽糖酶和异麦芽糖酶。

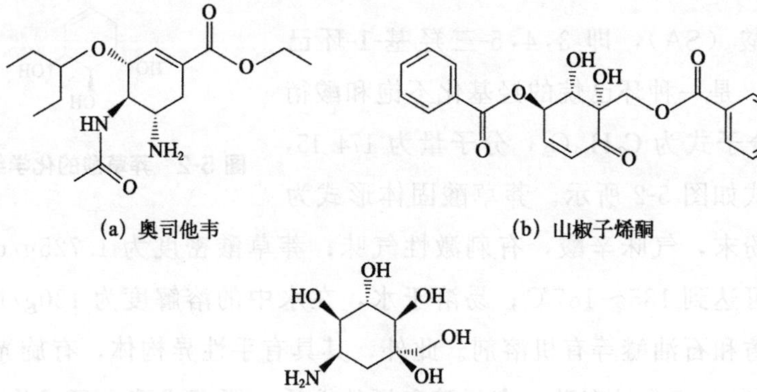

(a) 奥司他韦　　(b) 山椒子烯酮

(c) 井冈霉烯胺

图 5-3　具有药用价值的莽草酸衍生物

1. 抗病毒作用

商品化的药物泰米弗氯（Tamiflu）中的有效成分奥司他韦是以 SA 为基础单元，经一系列化学修饰得到的一种衍生物。药理、药代动力学研究和临床研究均表明，在预防和治疗流感中，磷酸奥司他韦具有重要作用。口服后奥司他韦经肝脏和肠道酯酶催化，转化为奥司他韦羧酸盐。奥司他韦羧酸盐能够竞争性地抑制流感病毒神经氨酸酶，使其丧失唾液酸分解能力，进而阻断病毒颗粒扩散，从根本上抑制流感病毒的继续传播。与同类药物例如金刚烷胺及金刚乙胺相比，磷酸奥司他韦抗病毒谱更广，副作用更少，耐受性更好。

2. 抗肿瘤作用

早在 1987 年，日本学者 Jung 就发现含 SA 结构类似物的乙二醛酶 I（GLOI）抑制剂及其衍生物，对海拉细胞株和埃希利腹水癌有明显的抑制作用；通过观察 L1210 白血病模型小鼠实验发现该衍生物还能延长小鼠存活时间，且细胞毒性相对较低。1990 年，孙快麟等发现了一种与二恶霉素类似的 SA 衍生物，体外抗菌和抗肿瘤实验表明其能够抑制 L1210 白血病细胞的生长。朱开梅等研究发现 SA 对人肝癌细胞 HepG-2 有较显著的生长抑制作用，其诱导人肝癌 HepG-2 细胞凋亡作用机制可能与下调 NF-kB 表达水平有关。

3. 抗炎作用

邢建峰等在小鼠实验中发现异亚丙基莽草酸（ISA）能明显抑制二甲苯所导致的小鼠耳郭肿胀及角叉菜胶所致的小鼠足跖肿胀和棉球肉芽肿，并可减少前列腺素 E2（PGE2）、丙二醛（MDA）在炎症组织中的产生，表明该药物具有一定的抗炎作用。Xing 等采用大鼠乙酸性结肠炎模型和三硝基苯磺酸大鼠结肠炎模型，结果发现 ISA 对患有这两种炎症的大鼠结肠黏膜损伤都具有良好的治疗作用。ISA 作用机理可能与抑制炎症细胞因子、对抗自由基损伤、抑制黏附分子及相关金属蛋白酶的表达有关。陈小军等也得出了 ISA 可通过下调转录因子 NF-KB 的活性抑制炎症因子的表达，对炎症反应进行抑制的结论。

4. 对心脑血管系统的作用

SA 及其衍生物具有一定的抗血栓形成和抑制血小板聚集作用。马怡等证实 SA 有显著的抗血栓作用，可抑制动、静脉血栓及脑血栓的形成。进一步研究表明 SA 可以通过影响花生四烯酸代谢，进而抑制血小板聚集和凝血系统，从而发挥抗血栓的作用。该课题组还研究了 ISA 在体外对过氧化氢（H_2O_2）诱导人脐静脉内皮细胞（HU-VEC）脂质过氧化的影响，结果表明 ISA 对血管内皮细胞也具有抗脂质过氧化作用。王宏涛等在观察 ISA 对大鼠大脑动脉栓塞及血小板聚集的对抗作用时发现，ISA 也可能通过抗血小板聚集作用来抑制血栓的形成。

（三）莽草酸的生产方法

目前 SA 的主要生产方法有植物提取法、化学合成法、生物合成法等。

1. 植物提取法

SA 存在于多种植物组织中，如银杏叶和内皮、柠檬桉树叶、诃子的果实和树叶、茴香的茎和叶、无花果的果实、八角茴香的果实。其中以八角科植物八角茴香中的含量最高（约 10%）。八角是一种生长在温暖湿润环境中的常绿乔木，主要分布在我国的云南、贵州、福建、广东及广西等南方地区。

常规通过热水等溶剂即可提取 SA，此外还有许多新型提取方法，如微波辅助萃取、超声波辅助提取、分子印迹技术提取、膜分离法提取等。总体来说，从植物中提取 SA 虽然看似方便，但其分离纯化步骤多，原料供应常受产地、气候等条件影响，尚不能满足工业上对 SA 的大量需求。

2. 化学合成法

SA 的化学合成方法主要有 Diels-Alder 反应、逆 Diels-Alder 反应法和奎宁酸转化法等。Diels-Alder 反应在 20 世纪 60 年代由 MeCrindle 等发明，通过 1,4-二乙酰-1,3 丁二烯和丙烯酸合成，但是得率非常低（<15%）。经逆 Diels-Alder 反应合成 SA 是工业生产上主要的合成方法，其以环戊二烯和苯醌为原料，总收率最高可达 41%（以碳源为基础）。奎宁酸转化法则以奎宁酸衍生物和 2,2-二甲基丙烷作为原初物质进行合成，其总收率最高可达 62%。与植物提取法相比，化学合成法在产率及纯度上有着明显的优势，但由于原料来源同样有限、步骤同样烦琐复杂，同时其反应条件苛刻、易造成环境污染等问题都限制了该方法的进一步应用。

3. 生物合成法

由于莽草酸途径广泛存在于各种微生物中，所以利用微生物来生产 SA 十分理想。微生物生长繁殖快、操作工艺简单、生产成本低、不受产地气候等条件的影响、便于大规模投产。因此，通过微生物合成 SA 越来越受到研究者的重视。最初主要是通过诱变和随机筛选等技术，筛选出高产菌株用于发酵，随着代谢工程技术和合成生物学技术的发展，通过基因技术定向改造代谢途径，构建理想的高产工程菌株成为莽草酸生物合成的新方法。如今已有报道的 SA 基因工程菌主要有：大肠杆菌、枯草芽孢杆菌、谷氨酸棒状杆菌、弗氏柠檬酸杆菌及巨大芽孢杆菌等。虽然可利用的菌株很多，但鉴于遗传背景、基因操作、培养时间、发酵工艺等诸多方面的条件限制，目前大多数研究均对大肠杆菌进行改造，并且已有报道的最高产 SA 基因工程菌也为大肠杆菌。据了解，罗氏制药公司用于生产 Tamiflu 的 SA 原料近 1/3 是由重组大肠杆菌发酵生产的，由此可见利用大肠杆菌发酵生产 SA 切实可行、意义重大。

（四）多基因共表达策略提高莽草酸产量

通过多基因共表达策略，提高重组大肠杆菌合成 SA 的产量，是当前莽草酸生物合成研究的热点，首先敲除 $aroL$ 与 $aroK$ 基因，阻断 SA 代谢的下游途径；接着选择 SA 合成途径中的 4 个关键基因（$aroG$、$aroB$、$tktA$、$aroE$），通过构建单基因、双基因、三基因及四基因表达载体，转入莽草酸激酶缺陷菌株中进行表达，考察其对 SA 合成的影响，最终得到最佳的基因搭配及排列组合。图 5-4 为重组菌株 $E.coli$ BW25113（$\Delta aroL/aroK$，DE3）/pETDuet-GBAE 的莽草酸合成途径。

鉴于质粒表达基因的缺陷，通过基因定点整合的方式继续进行改造。首先，对 PTS 系统的 $ptsHIcrr$ 基因进行敲除，以减少 SA 合成前体 PEP 的消耗；接着将质粒 pETDuet-GBAE 上的关键基因片段 PT7-$aroG$-$aroB$-PT7-$tktA$-$aroE$-T7 terminator 定点整合入 $ptsHIcrr$ 操纵子位点，通过组成型表达关键酶提高 SA 产量；随后继续在该位点处整合入葡萄糖转运基因 glk 和 $galP$，提高葡萄糖转运速率；将另一 SA 合成关键基因 $ppsA$ 整合入代谢调控基因 $tyrR$ 位点，在消除反馈阻遏作用的同时强化关键基因，进一

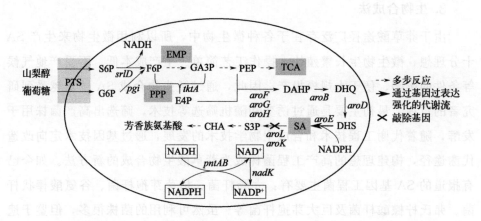

图 5-4　重组菌株 E. coli BW25113（ΔaroL/aroK，DE3）/pETDuet-GBAE 的莽草酸合成途径

PTS—磷酸烯醇式丙酮酸/糖磷酸转移酶系统；TCA—三羧酸循环；EMP—糖酵解途径；PPP—磷酸戊糖途径；G6P—葡萄糖-6-磷酸；F6P—果糖-6-磷酸；S6P—山梨醇-6-磷酸 GA3P, 甘油醛-3-磷酸；PEP—磷酸烯醇式丙酮酸；E4P—4-磷酸赤藓糖；DAHP—3-脱氧-D-阿拉伯庚酮糖酸-7-磷酸；DHQ—3-脱氢奎宁酸；DHS—3-脱氢莽草酸；SA—莽草酸；S3P—莽草酸-3-磷酸；CHA—分支酸；NADPH—还原型烟酰胺腺嘌呤二核苷酸磷酸；NADH—还原型烟酰胺腺嘌呤二核苷酸；srlD—山梨醇-6-磷酸脱氢酶；pgi—磷酸葡糖异构酶；tktA—转酮醇酶Ⅰ；aroF、aroG、aroH—DAHP 合成酶同工酶；aroB—DHQ 合成酶；aroD—DHQ 脱氢酶；aroE—莽草酸脱氢酶；aroK—莽草酸激酶Ⅰ；aroL—莽草酸激酶Ⅱ；pntAB—转氢酶；nadK—NAD 激酶

步提高 SA 产量；最后进行培养基优化、发酵罐放大培养等进一步提高重组菌的 SA 生产能力，SA 产量达到 728.9 mg/L，是初始菌株 BW25113 的 2.88 倍。

　　在此基础上，接着对 SA 合成关键基因 aroG、aroB、tktA 和 aroE 进行考察，构建了 4 个单基因表达质粒 pETDuet-G、pETDuet-B、pETDuet-A、pETDuet-E，7 个双基因共表达质粒 pETDuet-GB、pETDuet-GE、pETDuet-AB、pETDuet-AE、pETDuet-BA、pETDuet-EA、pETDuet-GA，3 个三基因共表达质粒 pETDuet-GBA、pETDuet-GEA、pETDuet-BAE 以及 1 个四基因共表达质粒 pETDuet-GBAE。结果发现四基因共表达质粒能够以协同效应的方式，增加代谢流量，促进 SA 的生产。以山梨醇为碳源时，菌株 BW25113（ΔaroL/aroK，DE3）/pETDuet-GBAE 的 SA 产量可达到 1077.6 mg/L。

四、林可霉素生物合成基因簇的克隆、编辑及其异源表达

1. 概述

林可霉素是一种由林可链霉菌产生的林可酰胺类抗生素。1964 年，士马使用传统的化学降解方法和核磁共振法研究了林可霉素的化学结构。从抗菌活性来看，林可霉素对革兰氏阳性菌具有明显的抑制作用。由于林可霉素对组织和细胞有很强的穿透能力，应用比较方便，注射不需要皮试，在临床上广泛应用于治疗革兰氏阳性菌所引起的感染。除此之外，林可霉素的抗菌谱与红霉素相似，对革兰氏阴性菌也有一定的抑制作用。林可链霉菌除了能产生主要活性成分林可霉素 A 之外，还会产生少量的副产物林可霉素 B。林可霉素 B 的抗菌活性仅有林可霉素 A 的 25%，而且毒性较大。1992 年，通过对林可链霉菌 78-11 进行序列测序和生物信息学分析，鉴定了与林可霉素生物合成有关的基因以一个 35kb 的 BGC 形式存在，其中包含 30 个阅读框（ORF），由 27 个推定的生物合成及调控基因（lmb）以及 3 个抗性相关基因（lmr）组成。在前期研究中，研究人员发现敲除 lmb V 基因能够得到林可霉素中间体，再将得到的这一中间体进一步水解就能够得到具有抗氧化能力的麦角硫因，显示出该中间体具有很好的开发价值。为了实现林可霉素 A 及其含麦角硫因单元中间体的高效制备，研究人员使用 CRISPR/Cas9-TAR 技术抓取全长的林可霉素 BGC，再辅以 Red/ET 重组完成目的基因的编辑，从而实现目标基因簇的倍增和强化表达。

2. 林可霉素产生菌 NRRL ISP-5355 抗生素敏感性测试

为了测试林可霉素产生菌 *Streptomyces lincolnensis* NRRL ISP-5355 对各类抗生素的敏感程度，使用 MS 作为平面培养基对林可霉素产生菌进行抗性鉴定实验，测试 NRRLISP-5355 能否在含有不同种类和浓度抗生素的 MS 平面培养基上生长。卡那霉素（Km）、新霉素（Neo）分别在 $10\mu g/mL$、$20\mu g/mL$、$30\mu g/mL$、$40\mu g/mL$、$50\mu g/mL$ 浓度时，NRRL ISP-5355 均不生长，由此证明林可霉素产生菌对这些抗生素非常敏感，后续的接合转移实验可以使用 Km 或者 Neo 作为筛选突变株的标记，同时可以看出林可霉素产生菌能够在 MS 平面培养基上较好生长。

3. 林可霉素生物合成基因簇的克隆

由于林可霉素 BGC 长约 35.5kb，片段较大，利用 CRISPR/Cas9-TAR 偶联技术抓取林可霉素生物合成基因簇能够更好地利用简单、便捷的生物学操作来实现林可霉素以及林可霉素中间体的产量优化。尝试的方法就是抓取全长的林可霉素 BGC，并将编辑前后的目的基因簇分别导入模式菌中，达到林可霉素及中间体的大量积累的目标。

使用 CRISPR/Cas9-TAR 偶联技术抓取全长的林可霉素 BGC。CRISPR 是来源于微生物的一套自身的防御系统，它能够利用特定的核酸切割酶 Cas9，以一段 RNA 为向导，引导 Cas9 切割靶向 DNA 位点。而 TAR 利用的就是酿酒酵母体内的高效同源重组酶来实现同源的 DNA 片段的重组。CRISPR/Cas9-TAR 偶联技术分为三步：首先是利用 CRISPR/Cas9 技术完成目的基因片段的切割；其次是靶向抓取载体的制备，使用 pCAP01 作为载体，用酶将原始载体切开，在载体的两端设计 2kb 的同源臂即完成构建；最后是特殊酵母的体内拼装，将线性化的靶向抓取载体以及所得到的目的基因簇片段按照一定的浓度比例混匀一同导入到酵母体内，利用酵母体内自身的同源重组酶进行同源重组完成目标基因簇的抓取。

4. 林可霉素生物合成基因簇的编辑

在林可霉素的生物合成中，敲除 $lmb\ V$ 基因就能得到林可霉素中间体，将得到的林可霉素中间体进一步水解就能得到具有抗氧化能力的麦角硫因。为了提高麦角硫因的产量，使用 Red/ET 基因编辑技术将抓取得到的林可霉素 BGC 定向敲除 $lmb\ V$ 基因，通过基因簇倍增或异源表达等方法发酵得到林可霉素中间体，可再进一步水解大量积累麦角硫因。Red/ET 基因编辑技术是一种基于 λ 噬菌体 Red 操纵子和 Rac 噬菌体 Rec E/Rec T 系统介导的 DNA 同源重组技术。通过 Red/ET 基因编辑技术，可以针对所抓取的生物合成基因簇进行特定的编辑。利用 Red/ET 基因编辑技术敲除 $lmb\ V$ 基因，再将编辑后的基因簇导入林可链霉菌 $lmb\ V$ 突变株或异源表达底盘将得到林可霉素中间体，最终化学水解得到麦角硫因。利用 Red/ET 基因编辑技术敲除 $lmb\ V$ 基因主要分为三个步骤：第一步就是以氯霉素抗性基因为模板合成含有同源臂的敲除基因；第二步就是将敲除基因片段以及质粒分步导入 GB08-red 中得到敲除结构基因的质粒；第三步再导入 PCP20 当中，消化

Cm 抗性基因片段。

5. 林可霉素生物合成基因簇的表达

在经过克隆、编辑之后，大尺度基因簇还需要完成表达才能够最终实现目标产物产量优化、沉默基因簇激活以及相关组合生物合成研究。对于微生物天然产物 BGC 的表达而言，选择合适的宿主是保证成功率的前提条件。天蓝色链霉菌和变铅青链霉菌都是目前广泛使用的表达宿主。基于这一点认识，将抓取到的林可霉素 BGX 以及敲除 *lmb* V 基因的基因簇分别导入变铅青链霉菌和天蓝色链霉菌进行异源表达，发酵检测是否有林可霉素及其中间体的产生。

五、Sch40832 生物合成基因簇的克隆

1. 概述

硫肽类抗生素是一类富含硫元素、结构被高度修饰的聚肽类天然产物，硫肽类抗生素基本特性是都具有一个以六元杂环为核心、由多个五元杂环和脱水氨基酸所组成的环肽结构，它们可以选择性地杀死包括抗甲氧西林金黄色葡萄球菌在内的革兰氏阳性菌，而对革兰氏阴性菌无影响。但是由于硫肽类抗生素普遍溶解度较差、生物利用度较低，大多数硫肽类抗生素并没有引起临床科研工作者的足够重视。其中诺丝七肽和硫链丝菌素已被广泛应用在动物饲料添加剂中，用于清除动物肠道寄生菌；GE2270A 的衍生物 LFF571 正处于临床二期实验中，用以治疗艰难梭状杆菌引发的感染性疾病。

依据其核心含氮六元杂环的结构可以将硫肽类天然产物分为五类：哌啶类、脱氢哌啶类、二氢咪唑哌啶类、吡啶类、羟化吡啶类。目前对硫肽类抗生素的生物合成研究主要集中在以 TSR、siomycin、thiopeptin 为代表的哌啶/脱氢哌啶类，以 NOS 为代表的羟化吡啶类，以 thiocillin 为代表的吡啶类分子。对二氢咪唑哌啶类核心环结构 Sch40832 的生物合成报道较少。

2. Sch40832 生物合成基因簇的克隆

由于 Sch40832 生物合成基因簇片段为 42kb，片段较大。根据目前的文献报道，对于 Sch40832 的研究较少，利用 CRISPR/Cas9-TAR 偶联技术抓取 Sch40832 能够更好地利用简单、便捷的生物学操作来研究 Sch40832 的生物合成途径以及各个基因的功能。郭恒等尝试的方法就是抓取目标 *sch* 基因

簇，将原 *sch* 基因簇或编辑后的 *sch* 基因簇导入合适的菌株中进行后续的 Sch40832 生物合成基因簇的研究。

六、新型维里硫酰胺类抗生素的生物合成

（一）研究背景

基于生物合成机制以及分子结构特征，核糖体合成及后修饰肽被分为 41 个亚家族，其中包括硫酰胺类核糖体肽。这类核糖体肽的结构包含特征的硫酰胺键，由 S 单取代常见官能团酰胺中的羰基氧而形成。

维里硫酰胺（TVA）分子是硫酰胺类核糖体肽的典型代表。TVA 在 2006 年被首次报道，由橄榄绿链霉菌产生，具有良好的诱导细胞凋亡的活性。与其他的硫酰胺类分子相似，TVA 经过多步翻译后修饰得到，而这些修饰在自然界中非常少见，包括特征的硫酰胺键，以及 2-氨基乙烯基半胱氨酸大环，组氨酸侧链 2 个氮的甲基化，组氨酸 β-羟化和 N 端的丙酮酸修饰。

研究人员在 *Streptomyces* sp. NRRL S-87 菌株中发酵得到 TVA 类似物 TVA-YJ-1 和 TVA-YJ-2。对 TVAs 生物合成的基因簇进行生物信息学分析，发现 2 个蛋白 Tva G 和 Tva J 负责翻译后修饰。对这两个蛋白进行生物信息学分析，发现 Tva G 是 SAM 依赖的甲基转移酶，Tva J 是 α-酮戊二酸依赖的氧化酶。基于蛋白序列比对以及注释的功能，推测 Tva G 负责组氨酸 N-双甲基化，Tva J 负责组氨酸 β-羟化。表 5-1 为 TVAs 其他后修饰酶的生物信息学分析。

表 5-1　TVAs 其他后修饰酶的生物信息学分析

蛋白	功能	同源蛋白
Tva G	SAM 依赖的甲基转移酶	Type 12 methyltransferase
Tva J	α-酮戊二酸依赖的氧化酶	Phytanoyl-CoA dioxygenase

（二）$\Delta tvaG_{S\text{-}87}$ 和 $\Delta tvaJ_{S\text{-}87}$ 的功能研究

天然产物 TVA 具有良好的抗肿瘤活性，研究人员利用 TVA 的前提肽

基因 *tvaA* 等生物合成基因簇在 NCBI 数据库中进行了相似序列检索，选择了其中 1 株同源性较高的且目前已经商品化的菌株 *Streptomyces* sp. NR-RLS-87 的基因簇展开了深入研究。利用 CRISPR/Cas9 基因编辑技术构建了 $\Delta tvaG_{s\text{-}87}$ 和 $\Delta tvaJ_{s\text{-}87}$ 的同框缺失突变株来推测两者的功能。根据生物信息学分析结果显示，$\Delta tvaG_{s\text{-}87}$ 和 $\Delta tvaJ_{s\text{-}87}$ 分别编码 SAM 依赖的甲基转移酶和 α-酮戊二酸依赖的氧化酶，二者分别负责组氨酸残基上的甲基化修饰和羟基化，然而是先进行甲基化修饰再进行羟基化还是先羟基化再进行甲基化修饰还不得而知。

1. $\Delta tvaG_{s\text{-}87}$ 和 $\Delta tvaJ_{s\text{-}87}$ 的同框缺失突变株的发酵分离纯化

为了探究是先进行甲基化修饰还是先进行羟基化，分别将 $\Delta tvaG_{s\text{-}87}$ 和 $\Delta tvaJ_{s\text{-}87}$ 的同框缺失突变株按照先前建立好的发酵方法进行发酵，再将野生型中没有的新化合物进行分离纯化来确定甲基化和羟基化的顺序。首先将 $\Delta tvaG_{s\text{-}87}$ 和 $\Delta tvaJ_{s\text{-}87}$ 的同框缺失突变株进行平行发酵。取各发酵液离心分别收集上清液和菌体，将菌体加入甲醇后使用超声法破碎菌体，粗提液浓缩后和上清液一起进行 LC-MS 检测，检测结果发现野生型中没有的新的信号峰出现在菌体当中，后续大量发酵分离纯化只需要离心收集菌体甲醇超声即可。此外，在 $\Delta tvaG_{s\text{-}87}$ 突变株的发酵液中同时检测到了 $[M]^+$ m/z1261.5 和 $[M]^+$ m/z1277.5 两个信号峰，而在 $\Delta tvaJ_{s\text{-}87}$ 突变株的发酵液当中只检测到了 $[M]^+$ m/z1289.5 的信号峰，并没有检测到 $[M]^+$ m/z1261.5 的信号峰。

根据检测结果，推测 TVA-YJ 后期的生物合成途径：先是在甲基转移酶 $tvaG_{s\text{-}87}$ 的催化下，在组氨酸的 N 上引入两个甲基，然后是在氧化酶 $tvaJ_{s\text{-}87}$ 的催化下在咪唑杂环的 α 位引入一个羟基，形成终产物 TVA-YJ。

随后，发酵了 62L$\Delta tvaG_{s\text{-}87}$ 突变株，按照先前改进的分离纯化流程离心收集菌体，再用甲醇浸泡菌体，反复操作 3 次，然后将甲醇旋干，再用甲醇溶解除去不溶杂质，随后分别按照二氯甲烷：甲醇＝1∶0、80∶1、50∶1、30∶1、20∶1、15∶1、10∶1、5∶1、0∶1 的比例进行硅胶柱粗分，经过 HR-MS 检测发现 $[M]^+$ m/z1261.5 的信号峰出现在二氯甲烷：甲醇＝10∶1 当中。之后，将二氯甲烷：甲醇＝10∶1 的样品全部旋干，用甲醇将粗分完的样品进行凝胶柱分离，将接样品的每根试管取 100μL 样进行 HPLC 检测，分别在第37、第38、第39根试管当中检测到15min左右的吸收峰，在第39、第40、第41、第42、第43根试管当中检测到16min左右的吸收峰。再分别将15min和16min的吸收峰进行HR-MS检测，确实能够检测到$[M]^+$m/z1261.5的信号峰。

最后将第37~43根试管中的样品合并在一起旋干，再用1mL的甲醇溶解进行半制备，没有任何的吸收峰，推测是$\Delta tvaG_{s-87}$突变株的目标化合物产量太低，没有办法分离纯化出来，需要进行大量的发酵。基于此，考虑倍增生物合成基因簇来实现突变株目标化合物的产量优化。

2. $\Delta tvaG_{s-87}$和$\Delta tvaJ_{s-87}$突变株的菌株改造

由于$\Delta tvaG_{s-87}$突变株的表达量太低，发酵62L发酵液粗分浓缩后，半制备依旧检测不到明显的紫外吸收峰，这会导致无法富集到足够的化合物来鉴定结构。因此，将前期抓取出来的原始菌株的生物合成基因簇的重组质粒分三片段PCR（每个片段大小约为5kb），分别设计G-1-F和G-1-R、G-2-F和G-2-R、G-3-F和G-3-R、J-1-F和J-1-R、J-2-F和J-2-R、J-3-F和J-3-R这六对引物对进行PCR，最后用Infusion重组酶将以上片段通过同源重组的方式将三片段重新连接得到pJTU2554-TVAS-87$\Delta tvaG_{s-87}$和pJTU2554-TVA S-87$\Delta tvaJ_{s-87}$这两个重组质粒。最后通过接合转移将pJTU2554-TVA S-87-$\Delta tvaG_{s-87}$和pJTU2554-TVA S-87-$\Delta tvaJ_{s-87}$这两个重组质粒分别导入到$\Delta tvaG_{s-87}$和$\Delta tvaJ_{s-87}$突变株中，将接合转移挑到的接合子设计2554-Δtva J-F和2554-Δtva J-R引物对进行PCR验证，PCR结果均正确。

3. 改造的$\Delta tvaG_{s-87}$和$\Delta tvaJ_{s-87}$突变株的发酵与检测

将改造后的$\Delta tvaG_{s-87}$突变株和$\Delta tvaJ_{s-87}$突变株在FM2培养基中进行发酵，取2mL发酵液离心，弃去上清液，菌体用500μL甲醇浸泡超声，离心取上清液进行LC-MS检测。经发酵对比发现，$\Delta tvaG_{s-87}$单拷贝突变株和改造后的$\Delta tvaG_{s-87}$双拷贝突变株相比产量上没有明显的提升，而$\Delta tvaJ_{s-87}$单拷贝突变株和改造后的$\Delta tvaJ_{s-87}$双拷贝突变株相比产量上有很明显的提高。

七、萜类化合物的微生物合成

萜类化合物是人类药物的关键成分，也是自然界中种类最为丰富且具有众多显著生物活性的一类天然产物，广为人知的青蒿素、紫杉醇、人参皂苷等是这一类产物的杰出代表。传统的天然产物挖掘方法常受样本资源的制约，上百年的研究中大量的资源耗费在已知结构产物的重复发现上。生物信息学研究结果显示，自然界中尚有海量萜类生物合成基因（簇）有待挖掘。真菌是萜类化合物的重要来源，但许多相应的生物合成基因簇在实验室条件下是沉默的。同源激活和异源表达等策略通常用于激活单个簇，效率低下。为此，武汉大学刘天罡教授提出以近源物种为异源表达底盘，将萜类基因簇进行理性重构，批量挖掘功能未知萜类基因簇，并结合生物活性筛选快速锁定高活性产物，最终在微生物底盘中实现产物高效合成。

该研究借助自动化平台实现了丝状真菌来源萜类基因簇及其产物的高通量挖掘，并开发了真菌高效萜类前体供给底盘，实现了产物的高效合成。在丝状真菌米曲霉（aspergillus oryzae，AO）底盘中通过模块化组合重构了 5 种真菌来源的 39 个 I 型萜类生物合成基因簇（biosynthetic gene cluster，BGC），随后借助抗炎活性高通量筛选模型快速锁定高活性产物及其对应的突变株，紧接着回溯突变株对应的基因簇，解析了具有显著抗炎活性的 mangicol 类二倍半萜化合物的生物合成机理。随后，进一步开发了米曲霉萜类高产底盘，实现具有显著抗炎活性中间产物 mangicol J 的高效合成。这一工作展示了以"基因簇功能元件理性可控重组"策略为指导，从微生物基因组数据出发，进行新化合物挖掘、筛选并实现目标产物高效合成的巨大优势。相关研究成果"Efficient exploration of terpenoid biosynthetic gene clusters in filamentous fungi"发表在 *Nature Catalysis* 上。

天然产物的研究范围已经从探索可以从生长的培养物中分离出来的高丰度分子扩展到开发和使用生物信息学分析和计算工具，如 antiSMASH 和 SMURF，这些工具有助于揭示大量转录沉默或神秘的生物合成基因簇（BGCs），激活这些 BGCs 并开始生产其生物活性化合物的策略对于释放自然界化学资源的潜在力量至关重要。

BGC 重构提供了一种这样的方法，剥离了对代谢产物生物合成途径的天然调节。其中异源表达是 BGC 重构的主要方法，能够对由此产生的聚酮、肽和萜类化合物进行机制研究。其他新兴的策略，包括生物信息学和计算框架、人工染色体、基于代谢评分的方法和 HEx（异源表达）平台，进一步提高了我们挖掘隐性 BGC 的能力。然而，现有的由大肠杆菌和酿酒酵母构建的底盘不太适合生产真菌天然产物,因为它们表达膜定位的细胞色素P450酶(CYP450)较差,缺乏必要的氧化还原伴侣蛋白,并且不包含识别和剪接丝状真菌富含内含子基因的适当机制,因此这些底盘主要在萜烯环化酶的表达、合成核心烃类化合物骨架方面取得了成功。

丝状真菌米曲霉(AO)通常被认为是安全的,并为探索真菌天然产物提供了改进的细胞环境。事实上,它是通过 CRISPR-Cas9 介导的基因编辑从丝状真菌中挖掘单个萜烯环化酶或整个 BGC 的理想底盘。然而,即使在 AO 中,前体的有限供应也使得获得足够的萜类化合物用于生化和功能研究具有挑战性,尤其是对于需要多个生物合成步骤的后期衍生物。在此,研究团队使用 AO NSAR1 作为第一代 AO 底盘(v.1.0),开发了一种自动化和高通量(auto-HTP)生物基础工作流程,作为一种新的基因组挖掘策略。研究团队使用 auto-HTP 生物流体工作流程重建了 39 个萜类 BGCs,并评估了 208 个工程菌株产生的萜类化合物的活性和结构新颖性。功能筛选揭示了一种抗炎化合物,芒果醇 J,在体外和体内都具有活性,而其工程菌株为快速鉴定参与芒果醇 J 及其家族成员合成的酶提供了一个简单的框架。最后,研究人员开发了一种代谢前体滴度提高的第二代 AO 底盘(v.2.0),它是一个通用且有效的平台,可以过量生产萜类化合物,如芒果醇 J。这种组合策略代表了丝状真菌中萜类化合物的大规模基因组挖掘的有效方法,并且还为开采其他天然产品提供了一种通用方法。

萜类 BGCs 的生物信息学分析及重构原理:AO NSAR1($niaD^-$,sC^-,$\Delta argB$,$adeA^-$)是一种营养缺陷型菌株,已被广泛用于丝状真菌基因的异源表达,被选为挖掘在 5 种内部基因组测序丝状真菌中发现的萜类 BGCs 的宿主,即 *Colletotrichum gloeosporioides* ES026、*Alternaria alternata* TPF6、*Fusarium graminearum* J1-012、*Trichoderma viride* J1-030 和 *Aspergillus flavipes*。根据 antiSMASH 分析,初步预测这 5 种真菌含有 54 个萜类 BGCs。如果推定的 BGC 含有缺失已知保守基序的萜烯合成酶(Ⅰ类的 DDXXD/E 和 NSE/DTE 基序以及Ⅱ类萜烯合成酶的 DXDD 基序)或具有不完整的功能域,排除了它们,则剩下 39 个 BGC 被预测产生二萜和倍半萜。

此后,研究团队构建了一个重构 39 个基因簇的计划。然而,萜类 BGCs 在 AO 中的异源表达经常受到识别 BGCs 的天然启动子挑战的阻碍,导致启动子随机选择而不考虑如何精确控制功能基因的表达。在此,我们表征了一系列可以用来代替天然序列的启动子。我们使用 β-葡萄糖醛酸酶作为读数来确定这些启动子的强度，顺序为：$hlyA>oliC>amyB>glaA>enoA>gpdA>agdA>trpC>alcA$。接下来将 BGCs 中的功能基因分类为：上游萜烯合酶模块，其中低聚异戊二烯的环化产生具有多个立体中心的多环烃或醇；中游氧化模块，其中核心被氧化形成双键、羰基和醇基下游模块，其中任选的后官能化步骤（例如酰化、糖基化等）形成最终的复合物结构。结合这些结果提供了一种替代调节基因的方法，将功能基因置于强组成型（$hlyA$）和诱导型（$amyB$，$glaA$）启动子的控制之下。在自动 HTP 生物试剂的帮助下，将同一模块中的基因放置在单独的质粒中，或共同构建到质粒中，以进行所有可能的组合。在组合来自不同模块的质粒后，我们将 BGC 重构为菌株库，其中包含萜烯合成酶基因作为基本起点，然后单独添加来自同一 BGC 的其他下游基因。这种方法不仅可以根据产生的化合物来破译每个（部分）簇的功能，还可以确定每个新酶的具体作用，并检查产生的萜类化合物的生物活性。

三萜是一种广泛存在于动物、植物、微生物乃至人类体内的有机化合物。目前已发现约 2 万种不同的三萜类化合物，由于其抗炎、抗癌、抗糖尿病和其他有价值的特性，被广泛用于化妆品、食品补充剂，最重要的是用于医药领域。到目前为止，所有已知的三萜都被认为是由共同的前体角鲨烯生成或者提取的，角鲨烯本身也是三萜的一种。

武汉大学研究小组在利用高效酿酒酵母底盘挖掘萜类天然产物过程中，首次发现丝状真菌来源的 I 型嵌合萜类合酶 TvTS 和 MpMS 的异戊烯基转移酶结构域能够催化异戊烯基焦磷酸（IPP）和二甲（基）丙烯焦磷酸（DMAPP）缩合生成六聚异戊烯基焦磷酸（HexPP），随后萜类合酶结构域催化 HexPP 环化生成全新三萜骨架。这是一种不需要角鲨烯的新型三萜，这一重要发现为制药科学打开了一个全新的可能性世界。该研究颠覆了长期以来陆续揭示的所有三萜化合物都是以角鲨烯为唯一起始单元合成的固有认知，发现了多个由 I 型萜类合酶催化合成的三萜化合物，填补了这一庞大类群的天然产物合成机制多样性的认知空白，大大拓宽了新型三萜化合物深度挖掘和精准发现的空间。

进一步通过体外同位素标记实验解析上述三萜骨架 talaropentaene 的绝对构型和环化机理以及具有最大环系以及新颖环化机理的三萜骨架 macrophomene 的产物结构和环化机制。随后，通过结构生物学手段分别解析了 TvTS 的萜类合酶结构域和 MpMS 的六聚体结构，并结合关键位点氨基酸的突变，阐明了 TvTS 和 MpMS 合成三萜骨架的催化机理。

这种非角鲨烯来源三萜骨架合成方式是否普遍存在？能否通过精准高效靶向挖掘这类萜类合酶，批量获得更多的新三萜骨架天然产物？通过 AlphaFold2 进行萜类合酶三维结构的批量预测，并结合预测结构与底物分子的对接，刘天罡团队高效地从基因库中筛选获得另外两个三萜合酶 CgCS 和 PTTC074，它们能够成功合成新三萜骨架 colleterpenol，夯实了 I 型嵌合萜类合酶催化 HexPP 环化生成三萜骨架的普遍性机理。

相关研究成果发表在 *Nature* 期刊上，论文标题为《非角鲨烯来源三萜的发现》(Discovery of non-squalene triterpenes)。

八、长春碱的微生物合成

长春花碱（vinblastine，也译作长春碱）一直作为一种抗癌药物加以使用。它是一种强效的细胞分裂抑制剂，被用于治疗淋巴瘤、睾丸癌、乳腺癌、膀胱癌和肺癌。它是在长春花（Madagascar periwinkle）的叶子中被发现的。长春花碱是由长春花中的"文朵灵（vindoline）"和"长春质碱"两种活性成分合成的。不过，长春花中"文朵灵"和"长春质碱"这两种活性成分含量极低，仅占植物叶片干重的 0.1%。尽管这种植物很常见，但制造 1g 长春碱需要多达 2000kg 的干叶。专家介绍，1kg 的"长春碱"与"长春瑞滨"原料药价超过 100 万元，化学合成又因成本太高而不具备商业价值。因此，如何提高长春花中"文朵灵"和"长春质碱"的含量，降低长春花类抗癌生物碱的价格、满足全球对植物天然抗癌生物碱的需求成为重要问题。

来自丹麦技术大学、美国劳伦斯伯克利国家实验室、美国加州大学伯克利分校和中国科学院深圳先进技术研究院等机构的研究人员也是通过基因改造酿酒酵母，利用简单底物（例如可再生的糖、氨基酸等原料）的发酵来生产长春碱的两个前体文朵灵（vindoline）和长春质碱（catharanthine），再通过化学耦合产出最终产物长春碱。相关研究结果于 2022 年 8 月 31 日在线发表在 *Nature* 期刊上，论文标题为 "A microbial supply chain for production of the anti-cancer drug vinblastine"。

该研究使用高度工程化的酵母从头进行文朵灵和长春花碱的微生物合成

以及与长春花碱的体外化学偶联。展示了一条长长的生物合成途径被重构为微生物细胞工厂，包括从酵母天然代谢物香叶基焦磷酸和色氨酸到长春氨酸和长春多林的 30 个酶促步骤。总共进行了 56 次基因编辑，包括 34 个来自植物的异源基因的表达，以及删除、敲低和过表达 10 个酵母基因，以改善长春氨酸和文朵灵从头生产的前体供应，其中长春花碱发生半合成。由于长春花碱途径是最长的 MIA 生物合成途径之一，这项研究将酵母定位为一个可扩展的平台，可生产 3000 多种天然 MIA 和几乎无限数量的新的天然类似物。如今基于他们的新平台可生产许多新的基本 MIA，包括化学治疗药物长春新碱、伊立替康（irinotecan）和拓扑替康（topotecan）。所有这些药物都与长春花碱一起被列入世界卫生组织的基本药物清单。

第二节　生物材料中的合成生物学研究

一、合成生物学在生物基聚酰胺材料合成中的应用

尼龙是聚酰胺纤维的一种别称，分子主链上含有重复酰胺基团$\pm CONH\pm$的一类化合物都总称为聚酰胺。尼龙是最早出现的一种人工合成纤维，因其超高的耐磨性、耐热性被广泛应用于化工、机械、医疗等行业。预计到 2025 年，中国尼龙工业市场的年复合增长率将达到 9.8% 左右。尼龙由相应的单体聚合而成，不同的单体组成的尼龙在性能上存在着一定的差异，根据组成成分的差异性，可以将尼龙分为：尼龙 n，其是由氨基酸或环内酰胺聚合而成的具有重复结构$\pm NH(CH_2)_{n-1}CO\pm$的化合物，如尼龙 6、尼龙 11 等；尼龙 mn，其是由二元胺与二元羧酸聚合而成的具有重复结构$\pm NH(CH_2)_m NHCO(CH_2)_{n-2} CO\pm$的化合物，如尼龙 46、尼龙 66 等。

目前世界上超过 99% 的尼龙单体均来自石油化工产品，例如用途广泛的尼龙 66 单体（己二胺和己二酸）就是通过石油基的丁二烯、丙烯腈或环己烷、环己酮生产的。随着全球石油资源的逐渐匮乏，寻找尼龙新的制备原料已迫在眉睫。使用可再生的生物质原料制备尼龙成为一个重要方向，因此备受世界各行各业的关注。所谓生物基尼龙材料就是利用生物法合成尼龙的可再生的生物质原料，常见的生物基尼龙材料包括尼龙 11、尼龙 1010 等。

生物基尼龙自 20 世纪 70 年代研发至今已取得了巨大成果，部分生物基尼龙材料无论是制备工艺还是产业化水平均已逐渐成熟。多家企业已实现商业化，代表性公司主要有杜邦公司、德国赢创公司和法国阿科玛公司，具体研发情况如表 5-2 所列。

表 5-2 生物基尼龙材料的研发情况

品种	单体（原料来源）	生物基碳质量分数/%	生产厂家或研发状态
尼龙 11	ω-十一碳氨基酸（蓖麻油）	100	阿科玛公司；苏州翰普公司
尼龙 1010	癸二胺（蓖麻油），癸二酸（蓖麻油）	100	阿科玛公司；苏州翰普公司
尼龙 610	己二胺（丁二烯），癸二酸（蓖麻油）	63	巴斯夫公司；赢创公司；罗迪亚公司；杜邦公司；阿科玛公司；苏州翰普公司
尼龙 410	丁二胺（丙烯腈），癸二酸（蓖麻油）	71	帝斯曼公司
尼龙 1012	癸二胺（蓖麻油），十二碳二元酸（烷烃）	45	赢创公司；苏州翰普公司
尼龙 10T	癸二胺（蓖麻油），对苯二甲酸（苯）	56	巴斯夫公司；赢创公司
尼龙 66	己二胺（丁二烯/丙烯腈），己二酸（葡萄糖）	50	处于研发阶段
尼龙 6	己内酰胺（葡萄糖）	100	处于研发阶段
尼龙 46	丁二胺（淀粉），己二酸（葡萄糖）	100	处于研发阶段
尼龙 4	γ-氨基丁酸（葡萄糖）	100	处于研发阶段
尼龙 56	戊二胺（植物油），己二酸（葡萄糖）	100	处于研发阶段
尼龙 69	己二胺（丁二烯/丙烯腈），壬二酸（油脂）	60	处于研发阶段

近些年，诸如尼龙 66、尼龙 6 等一些生产性能较好且具有巨大市场的生

物基尼龙材料开始逐渐进入人们的视野。但是这些生物基尼龙材料单体的制备路径和技术还不成熟，获得的尼龙单体（特别是中链二元羧酸）产量还处于较低水平，距离产业化水平要求还较远。因此，开发可提高生物基尼龙单体产量的途径或方法依然具有重要意义。

（一）生物基尼龙单体的研究进展

生物基尼龙生产的关键技术是生物基尼龙单体的制备。根据成分的不同，生物基尼龙单体可以分为氨基酸类、二元胺类和二元羧酸类化学品。氨基酸类化学品作为重要的尼龙单体，主要用于合成尼龙 n，其生物合成主要涉及 C4-C6 的研究。尼龙 4n 的单体 4-氨基丁酸广泛存在于动植物中，目前主要利用微生物发酵法和植物富集法获得。2015 年，在谷氨酸棒杆菌中过量表达来自大肠杆菌的谷氨酸脱羧酶，最终获得 38.60g/L 的 4-氨基丁酸。尼龙 5n 的单体戊二胺，在微生物中主要通过赖氨酸脱羧途径进行生产。2013 年，布施克等在谷氨酸棒状杆菌中过量表达木糖代谢的操纵子并敲除其降解途径，最终获得 103g/L 戊二胺。尼龙 6n 的单体己二胺在工业上具有巨大的市场需求。为实现中国制造，研究者开始尝试利用一些非天然的代谢途径生产己二胺，但是这些方法收率及产量均不高，仍处于实验阶段。此外，目前 C6 以上的长链二元胺主要通过全细胞的生物催化进行生产。二元羧酸类化学品作为重要的尼龙单体，主要用于合成尼龙 mn，其中 n 代表二元羧酸的碳原子数。相比氨基酸类和二元胺类化学品的生物合成，二元羧酸类化学品的合成则处于相对落后的状态。仅有尼龙 m4 的单体丁二酸的生物合成技术比较成熟、产业化水平较高。而 C4 以上的中链二元羧酸的相关生物合成研究较少且细胞内产量较低，直至近几年才逐渐发展起来。

（二）生物基中链二元羧酸的研究进展

生物基尼龙单体二元胺或环内酰胺的微生物法合成发展迅速且部分单体产量较高，而二元羧酸的研发和制备的发展则相对缓慢。特别是占全球尼龙总产量 95% 以上的尼龙 6 和尼龙 66，其单体的生物合成还处在研发阶段。追究其主要原因在于中链二元羧酸（最主要是己二酸）的生物基合成无法满足生产需求。因此，迫切需要一种高效、安全、污染低、可再生、低碳的方法进行中链二元羧酸的合成。

1. 己二酸的生物合成

己二酸又称肥酸,是一种重要的大宗化学品,主要用于合成尼龙 m6,具有广阔的市场价值和应用前景。己二酸每年的全球产量为 285 万吨,每年增长约 4.10%。预计到 2025 年全球己二酸的市场价值将达 438 亿元。目前工业上主要利用化学法进行己二酸的合成,将来自化石燃料的环己烷、环己酮等通过硝酸氧化法合成己二酸。但在合成的过程中不可避免地释放出大量的温室气体(如 N_2O 等),给环境带来了一定的污染。为了实现己二酸的绿色、清洁生产,己二酸的生物合成备受关注。己二酸的生物合成分为间接生物合成与全生物合成。

由于在自然界中不存在己二酸的天然生产,因此研究者们只能间接生物合成己二酸。首先,利用生物法合成己二酸的前体顺,顺-粘康酸和葡糖二酸,然后再利用化学催化进一步生成己二酸。然而,这些化学催化往往伴随着环境污染、转化率不高等问题。因此,研究者们迫切希望能够寻找到一种可直接利用葡萄糖或其他生物质原料合成己二酸的方法。在研究者们的不断尝试下,己二酸的全生物合成法逐渐建立起来,主要方法如表 5-3 所列。

表 5-3 不同途径合成己二酸的产量对比

途径	产量
逆向 β-氧化途径	2.50g/L
碳链衍生途径	150mg/L
天然的碳链延伸途径(RADP 途径)	2.23g/L
体外催化	0.30g/L

目前,全生物合成法制备己二酸主要采取逆向 β-氧化途径和天然的碳链延伸途径(RADP 途径)。其中,大肠杆菌 MG1655 OLdhAOpoxB OptaOadhEOSucD 利用逆向 β-氧化途径经补料发酵获得 2.50g/L 己二酸(占理论产率的 9.6%),这是目前基于逆向 β-氧化途径合成己二酸的最高产量。虽然己二酸的产量得到了一定的提高,但这个产量远远达不到工业化生产的需求。Deng 等发现褐色嗜热裂孢菌突变株 B6 能够利用 RADP 途径天然合成己二酸,该菌株经发酵获得 2.23g/L 的己二酸。然而,*T. fusca*(海

藻糖合成酶）的基因操作工具少、基因操作困难、生长条件苛刻等问题导致其遗传改造困难，这严重阻碍了 T. fusca 中己二酸的高效生物合成。

大肠杆菌具有遗传背景清晰、生长速度快、遗传操作平台成熟等特点，使其成为理想的化学品合成的宿主细胞。研究者在大肠杆菌 BL21（DE3）中重新构建 T. fusca 中的 RADP 途径，实现己二酸的从头合成。RADP 途径包括 Tfu_0875、Tfu_2399、Tfu_0067、Tfu_1647 和 Tfu_2576-7，共 5 个酶。首先，将来自 T. fusca 的 RADP 途径中的基因进行密码子优化；然后，利用"模块化"的代谢工程技术，将 RADP 途径根据中间代谢产物的化学特性或酶的催化性能，将基因表达进行模块化的分区。进一步地，通过调节各个模块影响基因表达的启动子、拷贝数等因素来调节 RADP 途径的代谢通量。最后，针对培养基、诱导时 OD 值、诱导剂浓度和通气量等进行发酵优化以探索己二酸的最优发酵条件。

逆己二酸降解途径能够利用乙酰-CoA 与琥珀酰-CoA 在 Tfu_0875、Tfu_2399、Tfu_0067、Tfu_1647 和 Tfu_2576-7 的作用下形成己二酸。为了实现大肠杆菌中己二酸从头合成途径的构建，首先需要对来自 T. fusca 的这 5 个酶进行大肠杆菌的密码子优化，以防由于密码子的偏好性问题导致异源基因的表达受阻。其次 RADP 途径较长，过程涉及多步酶催化反应，同时伴随着一系列 CoA 的生成与利用。由于 CoA 在细胞内不稳定，极易被细胞分解利用。若将 RADP 途径中的 5 个酶放在同一个质粒上进行表达，则会造成质粒负荷过大，转化率低，影响途径中基因的表达。为了促使生成的 CoA 底物快速进入到下一个酶的催化位点，在此利用"模块化的代谢工程"将 RADP 途径相邻酶作用在同一条代谢途径，利用细胞内可兼容的双 T7 启动子质粒 Duet-1 对 RADP 途径进行模块化表达，并利用不同拷贝数的质粒组合以平衡异源代谢途径的表达。模块一在 β-酮硫解酶的作用下形成 3-氧代己二酰-CoA，这是 RADP 途径的第一步，也是碳链延长的关键步骤。因此，选用高拷贝质粒 pRSF 或低拷贝质粒 pCOL 来测试模块一中基因的表达，模块二的反应过程涉及双键的形成及还原反应，模块三涉及目标产物的生成，这些均对 RADP 途径的表达有着重要影响，因此选用中等拷贝质粒（pET 或 pCDF）进行表达。

为了测试大肠杆菌中 RADP 途径表达生产己二酸的情况，将质粒 pAD1、pAD3、pAD6 与 pAD2、pAD3、pAD6 分别转化进 BL21（DE3）中形成出发菌株 Mad136 和 Mad236,并对这两个重组菌进行发酵条件优化(单因素实验),包括培养基优化、诱导时 OD 值的优化、诱导剂浓度的优化、碳源的优化和通气量的优化等。图 5-5 为不同发酵培养基对己二酸合成的影响。

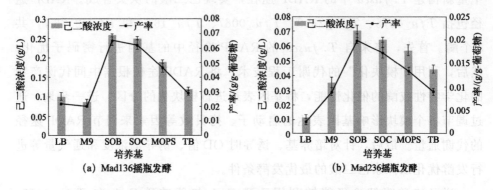

图 5-5　不同发酵培养基对己二酸合成的影响

培养基和培养条件不仅影响菌体的生长状态,同时也对代谢途径中基因的表达有着重要影响。为了测试 RADP 途径中不同模块的组合效果和选择最佳的发酵培养基,研究者将重组菌 Mad136 和 Mad236 在 LB 培养基中培养过夜,然后以初始 OD_{600} 为 0.10 接种于包含 4g/L 葡萄糖的不同发酵培养基 LB、M9、SOC、SOB、MOPS 和 TB 中,培养至对数中期(OD_{600} = 0.40~0.60)后加入终浓度为 0.8 mmol/L 的 IPTG 诱导目的基因表达,诱导后转至 30℃ 发酵生产己二酸。发酵结果显示,不同的发酵培养基对于己二酸的产量影响较大。但无论对于 Mad136 菌株还是 Mad236 菌株而言,SOB 培养基均是最益于己二酸生产的,分别在 SOB 发酵培养基中获得最大己二酸产量 0.26g/L(0.07g/g-葡萄糖)和 0.07g/L(0.02 g/g-葡萄糖),由此可见较高拷贝的质粒表达 Tfu_0875 和 Tfu_2399 更有益于己二酸的生产。这可能是由于高拷贝的质粒表达出更多的蛋白质,促进了己二酸的生成。因此,选择 Mad 136 菌株进行接下来的研究。

大肠杆菌 OD_{600} 是细胞生长状态的重要指示,而诱导剂添加的时间则会影响细胞的生长情况。诱导剂添加的时间太早会使菌体生长缓慢,不利于基因的表达,进而影响己二酸的合成。相反,诱导剂添加的时间太晚,菌种老龄化,活力下降,影响 RADP 中酶的表达效率。因此,选择合适的诱导

OD_{600} 进行诱导剂的添加对于发酵生产至关重要。针对 Mad136 菌株分别考察了在 SOB 培养基中菌体 OD_{600} 达到 0.20、0.40、0.60、0.80、1.00 时，添加 0.8mmol/L 的 IPTG 诱导细胞对于发酵产量的影响。结果表明，随着诱导时 OD 值的增加，己二酸的产量均呈现出先增加后下降的趋势，Mad136 在 OD_{600} 为 0.80 时添加 IPTG 诱导细胞可以使己二酸的产量及产率达到最大。由于表达 RADP 途径使用的启动子均为 T7 启动子，在诱导途径中，基因的表达必须借助 IPTG1331 的添加。添加 IPTG 浓度较低时，其诱导目的基因表达较弱进而影响产量；添加 IPTG 浓度过高时，目的基因表达过度进而影响菌体生长，因此选择合适的 IPTG 对于代谢途径的表达至关重要。随着 IPTG 浓度的增加己二酸的产量逐渐增加，但考虑到诱导剂的成本问题及其添加过量对菌株带来的代谢负担，IPTG 的浓度不能太高。当 IPTG 浓度为 1mmol/L 时 Mad136 菌株中己二酸的产量达到最高 0.30g/L（0.07 g/g-葡萄糖）。由于 RADP 途径本身具有复杂的代谢网络，其中还涉及细胞内重要辅因子乙酰-CoA 与琥珀酰-CoA 的合成与利用。虽然 Deng 等在褐色嗜热裂孢菌中证明了 Tfu_1647 是合成己二酸代谢途径的限速步骤，但是如何合理地表达此限速步骤、如何优化关键基因的表达、如何平衡 RADP 途径各个基因的表达从而实现己二酸的高效生产仍是一个难点。

为了提高己二酸的产量与产率，对 RADP 途径及其相关的旁路代谢途径进行分析，如图 5-6 所示。如何利用适当的基因工程手段提高细胞内己二酸合成的前体乙酰-CoA 与琥珀酰-CoA，减少竞争性途径以获得途径所需的辅因子及能量，促使更多的碳源流向己二酸，这些均是目前己二酸生产面临的关键问题。从图 5-6 的代谢途径分析，L-乳酸脱氢酶（$ldhA$），琥珀酰-CoA 连接酶的 β 亚基（$sucD$）和乙酰乙酰-CoA 转移酶（$atoB$）均涉及己二酸的前体或酶的应用。

同时 RADP 途径无论从葡萄糖还是甘油出发，均涉及细胞内辅因子的变化，而这些变化则会直接影响己二酸的产量。辅因子供应不足和辅因子不平衡等问题常常成为高效生物合成的重要瓶颈。为了解决这些问题，首先将不同来源的 RADP 途径的同工酶进行组合优化各个基因的表达水平，解析出限速步骤。然后，利用"模块化的代谢工程"将不同基因按照模块进行组合优化，通过调节各个模块影响基因表达的启动子来调节整个分区基因的表达，解除竞争性代谢途径对己二酸前体乙酰-CoA 和琥珀酰-CoA 的消耗，

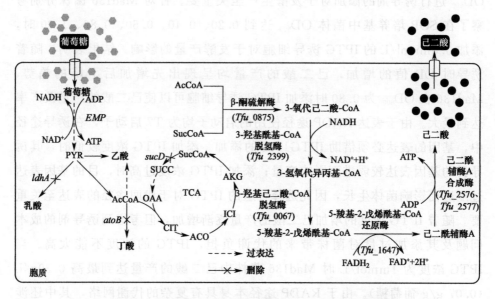

图 5-6　大肠杆菌中碳通量的重定向到己二酸的代谢策略

并强化前体的合成以促进更多的碳源流向己二酸的合成途径；通过辅因子的测定，平衡细胞内的辅因子，将合成途径中所需的多个辅因子进入再生循环，实现合成系统中辅因子的平衡，促进己二酸的高效合成。

2. 戊二酸的生物合成

戊二酸，是一种重要的大宗化学品，主要用于合成尼龙 m5，具有重要的药用价值和应用前景。戊二酸及其聚合物因熔点较低，可用于低熔点纤维的生产，备受研究者的关注。戊二酸的化学合成法普遍存在成本较高、污染环境等问题。因此，研究者们迫切需要寻找一种绿色、可持续的方法合成戊二酸。生物法因具有可再生性和环境兼容性，成为目前的研究热点。不同途径合成戊二酸的产量对比如表 5-4 所列。

表 5-4　不同途径合成戊二酸的产量对比

途径	产量	发酵方式	添加物
5-氨基戊酸（AMV）途径	1.7g/L	补料发酵	需要
α-酮酸碳链延长途径	0.42g/L	补料发酵	需要
全新合成途径	11.60mg/L	摇瓶发酵	需要

利用 5-氨基戊酸（AMV）途径合成戊二酸。在恶臭假单胞菌中利用 AMV 途径降解 L-赖氨酸以生产戊二酸。为了避免前体赖氨酸的供应及提高戊二酸的产量，研究者利用谷氨酸棒杆菌过量表达来自恶臭假单胞菌的 AMV 途径生产戊二酸，以获得高的产量和产率。同时，为方便 AMV 途径的研究，研究者在大肠杆菌中异源表达 AMV 途径的相关基因，发酵 48h 后戊二酸的产量最高达到 0.82g/L。为进一步提高戊二酸产量，在大肠杆菌 WL3110 细胞催化的过程中额外添加赖氨酸和 α-酮戊二酸，戊二酸的产量达到 1.70g/L。虽然戊二酸的产量得到了一定的提高，但其合成途径普遍受到 α-酮戊二酸或赖氨酸的生产及调控的限制。

利用潜在的合成途径探究戊二酸的生产。通过在厌氧条件下先合成戊烯二酸，再经过化学加氢的方式生成戊二酸，这严重地限制了戊二酸的生产。Wang 等通过延长碳链的方式，经过 α-酮戊二酸与 α-酮酸的脱羧反应相耦合实现了戊二酸在大肠杆菌中的从头生物合成，摇瓶产量达到 0.42g/L。同时，研究者也利用谷氨酸代谢途径将谷氨酸脱氢形成 α-酮戊二酸，进一步通过一系列的中间代谢物进行合成戊二酸。除此之外，通过在大肠杆菌中构建功能性的戊二酸生物合成途径，利用葡萄糖和 10mmol/L 谷氨酸钠合成 11.60mg/L 的戊二酸。

除上述途径外，在大肠杆菌中还尝试其他途径进行戊二酸的生产。最近发现，己二酸和戊二酸可以共用同一途径进行生产。虽然上述的途径均已实现戊二酸的生物合成，但其生产均受前体如赖氨酸或 α-酮戊二酸等的合成影响，导致产量及产率非常低。

3. 中链二元羧酸的生物合成

能够天然合成二元羧酸的微生物主要是丝状真菌和一些特定的厌氧细菌。但是，某些中链二元羧酸（C4-C10）不能进行天然生产，例如恶臭假单胞菌或谷氨酸棒杆菌在戊二酸的生产过程中必须添加前体 L-赖氨酸。另外，有些中链二元羧酸如己二酸不能在微生物中自然积累，而需要突变或者过量表达外源基因才能进行生产。

为了实现微生物法合成中链二元羧酸，将逆 β-脂肪酸氧化途径与 ω-氧化途径相结合，以乙酰-CoA 和丙二酰-CoA 等作为前体，先经过逆向的 β-脂肪酸氧化途径得到一元羧酸，而后一元羧酸通过 c-氧化途径实现二元羧酸的合成。研究者进一步对宿主菌进行改造如敲除竞争性途径基因等，并将构建成功的代谢途径引入改造后的宿主菌进行发酵，获得 0.50g/L 的 C6-C8 的中链二元羧酸混合物。此外，利用缩合反应和 β-脂肪酸氧化反应以迭代方式接受各种功能化的引物及扩展单元以合成多种平台化合物，例如己二酸、庚二酸、辛二酸等中链二元羧酸。

研究人员通过生物素 β-脂肪酸的生物合成途径，成功在大肠杆菌中合成奇数链的中链二元羧酸。这条路径受到天然生物素的合成途径启发，首先利用 S-腺苷甲硫氨酸依赖性甲基转移酶对丙二酰-ACP 进行甲基化，然后由脂肪酸合酶（每个循环中的 C+2）扩展形成丙二酰-ACP 甲酯。在经过两圈 C+2 的延伸后，在切割酯酶（Bio H）的作用下合成庚二酰-ACP 甲酯后终止延伸，最后庚二酰-ACP 甲酯再进一步地转化为生物素。其中，在该生物合成途径中敲除 Bio H、过量表达 Bio C 和酰基 ACP 硫酯酶能够扩展庚二酰-ACP 甲酯以延长碳链，最终获得 24.70mg/L 的 C9~C15 的奇数链的中链二元羧酸。

一些更长碳链的二元羧酸化合物，如癸二酸，目前主要由蓖麻油加工裂解得到，它们的从头生物合成仍需进一步研究。虽然上述的途径可以合成中链二元羧酸，但是产量及产率却很低，无法在大肠杆菌中实现中链二元羧酸的高效生产。

（三）梯度强度启动子的改造与智能设计

以上中链二元羧酸代谢途径的表达大部分使用诱导型启动子，因此在发酵的过程中需要添加如异丙基-β-D-硫代半乳糖苷（IPTG）等诱导剂以开启基因的转录。但由于诱导剂的价格昂贵，极大地增加了生产过程的成本。这对于未来工业化中链二元羧酸的生产并不适合。为了适应工业化生产的需要，迫切需要一种不添加诱导剂的表达系统合成中链二元羧酸。因此，需要大量梯度强度和高强度的组成型启动子来表达途径基因。

为了获得所需的组成型启动子文库，以大肠杆菌组成型启动子 lacI 为模板，通过简并寡聚核苷酸引物进行易错 PCR。最终，获得 75 个突变体的合成启动子文库，该文库的强度是 lacI 启动子强度的 0.14~275 倍。同年，有人分别在大肠杆菌和枯草芽孢杆菌中筛选了数百种天然启动子，在转录水平上的强度分别是 BAD 启动子强度的 0.00007~46.30 倍和 P43 启动子强度的 0.03~2.03 倍。虽然文库中启动子的强度有一定的提高，但这些启动子的强度与常用的启动子（例如 P43、PVeg、PT7、Ptrc 和 PTh1）强度相比，相差不大或者远低于这些启动子。同时，这些启动子库的动态范围相对狭窄，难以满足目标基因的精细调控。

上述启动子的改造、筛选和表征过程烦琐、复杂且耗时耗力，极大限制了组成型启动子文库的制备。因此建立启动子强度的精准预测技术可极大地加速启动子工程的设计过程。以启动子为模板，通过核苷酸的类似物进行易错 PCR，获得 69 个突变体；经过对该突变体内部序列进行数理统计分析发现，启动子内部的核苷酸位置对其强度有着重要影响。同时，通过偏最小二乘法模型在大肠杆菌和枯草芽孢杆菌中分别使用 49 个和 214 个合成启动子也发现相似的结果。这些研究普遍利用简并的寡聚核苷酸引物或核苷酸类似物诱变进行易错，以获得突变启动子文库。但是，由于数据量少、建模单一等原因，使得启动子结构与强度的研究并不深入。

二、细菌纤维素的微生物合成

细菌纤维素是由微生物合成的重要多糖，具有高纯度、高持水能力、高机械性能和良好生物相容性的特点，在生物医学领域具有重要的应用价值。细菌纤维素现已被广泛应用于伤口敷料、药物输送、人造血管、骨组织工程等领域。此外，细菌纤维素还可以非常方便地通过非原位或原位的方法进行改性和修饰以增强其物理化学性质和功能。在不同类型的纳米纤维素中，细菌纤维素（BC）因其高纯度和优越的物理化学性能而受到广泛的关注。此外，根据应用需求，BC 即可以单独也可以以复合材料的形式在生物医药、绿色能源、功能食品等不同领域中应用。

全球每年有近 600 万名患者遭受严重的皮肤损伤感染，致死率约为 5%，皮肤损伤感染是对全球人类健康的一大威胁。目前临床治疗伤口细菌感染的方法是采用基于抗生素的伤口敷料，但是它的成本高、效率低，并可能导致抗生素产生耐药性。细菌纤维素（BC）是用醋酸菌 *Komagataeibacter sucrofermentans* 等微生物发酵合成的，因其三维（3D）相干纳米纤维网络结构具有超高孔隙度和保水能力，特别适用于伤口敷料。

新加坡国立大学刘斌教授团队探索了一种基于醋酸菌的光敏性细菌纤维素直接合成方法，即在 TPEPy 修饰的葡萄糖（TPEPy-Glc）存在的情况下，通过原位细菌代谢来制备光敏剂（PSs）嫁接的 BC（TPEPy-GIc-BC），有出色的荧光和光触发光动力杀菌活性。这种活性创面敷料具有微生物代谢光控杀菌活性，可用于皮肤伤口的修复。相关工作以"Direct Synthesis of Photosensitizable Bacterial Cellulose as Engineered Living Material for Skin Wound Repair"发表在 Advanced Materials 上，具体实验内容如下。

1. TPEPy-Glc-BC 的制备

首先，通过葡萄糖胺的游离氨基与 TPEPy-COOH 的活化羧基发生酰胺化反应，设计并合成了光敏剂修饰葡萄糖 TPEPy-Glc，它暴露在连续白光照射下仍具有良好的光稳定性和高效的 ROS 生成能力。然后，在黑暗条件下以 TPEPy-Glc 为底物，通过原位发酵的方式，通过生物代谢生成光敏剂改性 BC（TPEPy-Glc-BC），成功将 TPEPy-Glc 引入 BC 且未破坏 BC 的晶体结构。TPEPy-Glc-BC 薄膜的大小可以通过改变不同容量的培养板来调节。此外，在紫外光照射下，未改性的 TPEPy-Glc-BC 样品中没有荧光，而 TPEPy-Glc-BC 样品中有强烈而均匀的橙色荧光，荧光强度随着 TPEPy-Glc 投料浓度的增加而逐渐增强，说明可以通过改变发酵培养基中 TPEPy-Glc 的浓度来控制 BC 的功能化。

2. TPEPy-Glc-BC 的杀菌活性

实验结果表明 TPEPy-Glc-BC 对致病菌具有杀菌作用，说明其具有较好的 ROS 生成能力。在细菌接近纤维素表面时，接枝的光敏剂在光照下产生活性氧，显示其固有的生物杀灭作用。ROS 可以进一步破坏生物分子，如脂质、蛋白质、DNA 和 RNA，导致细菌死亡。此外，用 BC 或 TPEPy-Glc-BC 处理的大肠杆菌和金黄色葡萄球菌在未辐照的情况下均保持了细胞膜的完整性。在光照射下，细菌暴露于 TPEPy-Glc-BC（浓度为 $100\mu mol/L$）可产生足够的 ROS 对所有细菌造成伤害和杀灭，使菌群变形并开始坍塌。可见，TPEPy-Glc-BC 可在光激发下对病原菌进行烧蚀。

3. TPEPy-Glc-BC 用于创面修复

该团队选择 NIH 3T3、HEK 293、RAW 264.7 作为与伤口愈合相关的 3 种关键细胞类型（成纤维细胞、上皮细胞和巨噬细胞）的模型细胞，分别评价 TPEPy-Glc-BC 的生物相容性。结果发现，BC 和 TPEPy-Glc-BC 表面的 3 个细胞形态清晰，表面完整，培养 72h 后所有细胞存活率均在 95% 以上。此外，TPEPy-Glc-BC 对小鼠的造血（白细胞和红细胞）及代谢系统

(葡萄糖、谷丙转氨酶、天冬氨酸转氨酶、红细胞压积、血红蛋白)无明显影响且不影响免疫原性。这表明功能化 TPEPy-Glc-BC 对真核细胞具有良好的生物相容性,是一种生物安全的伤口修复材料。

小鼠皮肤感染创面模型经 TPEPy-Glc-BC/BC 和光照处理后,TPEPy-GIc-BC 光动力处理第 12 天,BC 组创面愈合率为 68%,而 TPEPy-GIc-BC 治疗后创面完全恢复。此外,TPEPy-GIc-BC 光动力疗法治疗的创面皮肤炎症反应最轻微,吞噬细胞浸润较少,肉芽组织较厚,新生血管表达量最高,胶原含量最高,胶原沉积导致创面皮肤重建和愈合速度加快。这表明 TPEPy-GIc-BC 独特的创面愈合能力,其优异的杀菌性能和良好的生物相容性。

综上所述,该团队首次开发了一种通过微生物代谢生物合成系统直接制备抗菌创面的方法。TPEPy-GIc-BC 不仅使获得的 BC 具有光触发抗菌性能还具有生物相容性和有效的抗菌能力,可加速创面修复。该研究为利用微生物代谢的光控杀菌作用制备生态友好的活性创面提供了一种新方法。

三、聚羟基脂肪酸酯的微生物生产

聚羟基脂肪酸酯(polyhydroxyalkanoates,PHA)是由微生物利用多种碳源发酵产生的高分子聚酯的总称,自然界中多种细菌如 *Cupriavidus*、*Pseudomonas*、*Alcaligenes*、Baillus、*Aeromonas* 等均可以在碳源充足但生长受限(缺少氮或磷等生长必需元素)的条件下合成 PHAs。PHAs 具有相同的结构通式,分子量在几万到几百万不等,根据聚合单体的区别,PHAs 可以有更细致的结构及名称区分。例如聚 3 羟基戊酸 [poly-3-hydroxyvalerate/P(3HV)]、聚 3 羟基己酸 [poly-3-hydroxyhexanoate/P(3HHx)]、聚 3 羟基癸酸 [poly-3-hydroxydacnotae/P(3HD)] 等。迄今为止,已有 150 多种 PHAs 单体被确认。由于其具有良好的生物相容性、生物可降解性和热加工性能,PHA 可以制造各种结构和功能材料,例如纤维材料、刚性支撑材料、发光材料、吸油纸和不同透明度与弹性的薄膜材料等。且已被广泛应用于生物医学材料和可降解塑料的生产,但 PHA 的高生产成本和不稳定性阻碍了其商业化进程,如何优化 PHA 工业化生产已经成为生物材料领域的研究热点。

来自清华大学的陈国强教授团队通过结合细胞形态工程、表面电荷改造、嗜盐菌发酵等方法，成功地使用海水和透明塑料发酵罐对 PHA 进行了大规模生产。并在细胞出版社（Cell Press）旗下 *Trends in Biotechnology* 期刊发表综述，系统地回顾了现有的以及新一代 PHA 工业生产技术，全面总结了当前 PHA 工业生产遇到的主要挑战，并对 PHA 产业未来的发展进行了展望。

工业生物技术是绿色制造科技，用微生物或者酶在水中转化农业资源（如淀粉、葡萄糖、脂肪酸、蛋白甚至纤维素）为食品、化学品、燃料、药品或者材料的技术。目前，工业生物技术的制造规模都是万吨规模的。但是，工业生物技术由于高耗能、高耗水、设备投资巨大和工艺复杂等缺点，还不具备与易燃易爆的石油化工竞争的能力。为了克服工业生物技术的这些弱点，陈国强教授的研究团队用合成生物学技术对嗜盐菌进行从头改造，使其能在无灭菌和连续工艺过程中利用海水为介质高效生产各种化学品和材料。以生产环境友好塑料、生物材料聚羟基脂肪酸酯 PHA 为例，该嗜盐菌通过合成生物学的改造，实现了超高 PHA 积累（92%）和可控形变等工作。并成功开发了下一代工业生物技术，包括其理论、模型、分子操作、实验室培养技术、中试技术及工业生产技术，也包括部分产品的应用等。下一代工业生物技术使用耐盐细菌，可以用海水为介质，生产过程可以开放和连续化，使用廉价的塑料、陶瓷或水泥反应罐，大幅度降低了生物制造的复杂性和设备的高昂制造成本。这个技术目前处于全球领先水平。

目前用于 PHA 生产的工业生物技术包括菌株开发、摇瓶优化、实验室发酵罐预发酵以及工业规模放大几个主要步骤。在现有工业生物技术中，用于生产 PHA 的野生型菌株及工程菌株已经得到了详尽的研究。多种不同的菌种分别用于生产不同链长的 PHA，工程化的大肠杆菌也常用于几种 PHA 的生产。尽管成功地进行了工业规模生产，但这些菌株在发酵后仍需要彻底灭菌以杜绝污染。此外，复杂且高成本的 CIB 生产工艺导致 PHA 的市场化仍然受到限制。

近年来，嗜极端微生物，特别是嗜盐单胞菌属，已经成为了量产 PHA 和降低成本的后起之秀。基于嗜极端微生物的下一代工业生物技术（next-generation industrial biotechnology，NGIB）是克服当前工业技术瓶颈的众多手段中最具竞争力的方法之一。那么它和上一代的区别是什么？上一代工业生物技术使用传统的微生物底盘，例如借助大肠杆菌、谷棒杆菌、酵母、芽孢杆菌等微生物进行生产。这些微生物一般生长在比较温和的环境，即中性或略带酸性的营养丰富的环境里。但是，由于在传统底盘微生物的培养过程中，其他微生物也能生长和增殖，所以环境很容易受到其他微生物的感染。为了防止这些感染，就需要做非常严格的无菌操作，包括对发酵反应器进行高温灭菌、空气输送的无菌过滤等。而在高压高温下会产生大量蒸汽，会导致巨大的能量消耗。同时，为了防止污染物进入环境，还得在操作上严格培训，加大了生物制造过程的复杂性和制造成本。

而下一代工业生物技术所使用的嗜盐菌，能快速生长于碱性和高渗透压强的环境之下，它不会被其他微生物感染，自然也就无需采取非常复杂的微生物感染防护措施。这样一来，在一个相对开放的条件下微生物就可以自由地生长，从而省去无菌操作、高温高压灭菌等步骤，进而也让设备密封性的严苛要求得到"松绑"。这不仅能让实验人员获得一定程度的劳动力解放，也能提高制备工艺的经济性。另外，其间产生的废水相对更少，而且还能循环使用。概括来说，下一代工业生物技术兼具节能、节水、工艺简单、设备简单、操作简单、经济性高等优势。而生物材料聚羟基脂肪酸酯 PHA 则是下一代工业生物技术的典型应用案例。

基于快速增长的极端嗜盐单胞菌开发出的下一代工业生物技术使得生物生产工艺更具成本效益和操作友好性，同时保持了产物稳定的分子量和组成。目前国内外已有数家 PHA 生产公司采用了嗜盐单胞菌属生产 PHA，预计全球 PHA 生产将不断扩大以满足不断增长的市场需求。尽管 NGIB 有望显著降低生产成本，但仍需要进一步突破以最终实现从上游生产到下游应用的强大 PHA 工业生产线。

在过去的 10 余年中，随着基因工程的进步，使人类有能力对以 DNA 为生产代码的微生物进行重编程，构建高效的细胞工厂，用来生产不同性能的生物材料。然而，在已经开发出的众多生物材料中，当前用于商业化的生物材料只是冰山一角。微生物生产的 PHA、细菌纤维素以及重组胶原蛋白已成功商业化，为推进生物材料的商业化提供了范例。

第三节 合成生物学技术在生物能源和生态环保中的应用

一、合成生物学与生物能源

1973年，全世界所有的初级能源供应有86%以上来自化石燃料。从那时起，能源供应不断增长：从20世纪70年代的6Gtoe增加到2023年的150Gtoe。2023年化石能源消费量占全球能源消费量的81%（天然气：23%；石油：32%；煤炭：26%）(IEA, 2009)。欧盟为原油的净输入国，在交通方面极度依赖化石燃料(EC, 2010)。而中国则是世界最大石油进口国，每年需进口数亿吨原油来满足需求。面对如此巨大的需求，人们要寻找石油的替代产品。同时，气候变化、石油和天然气资源短缺所产生的潜在经济和政治影响也受到越来越多人的关注。

由生物质（如植物的柄、干、茎、叶）生产的生物燃料可显著降低对石油进口的依赖以及减少能源使用对环境造成的破坏，生物质燃料转化过程如图5-7所示。对于加速纤维素生物质降解成便于转换为生物燃料的糖的研究，生物技术至关重要。目前燃料乙醇生产的主要来源是谷类（玉米、小麦等），尽管木片、杂草、玉米秆以及其他木质纤维素的生物质极其丰富，但与谷类相比其更难降解为糖类。因此，对于我们的能源需求而言，产自纤维素的乙醇是最基础的产品之一。然而许多学者和工程师认为由于存在技术挑战，乙醇并非最佳生物燃料。通常来说，乙醇具有腐蚀性，且吸湿性极强，乙醇往往自动结合4%的水分。乙醇汽油在燃烧值、动力性和耐腐蚀性方面都存在不足。首先，乙醇的热值只有常规汽车用汽油的60%，所以使用含有10%乙醇的混合汽油时，发动机的油耗会增加5%。其次，乙醇的汽化潜热很大，所以在混合气形成和燃烧速度方面会有影响，导致汽车的动力性能、经济性和冷启动性下降，不利于加速。此外，乙醇在燃烧过程中会产生乙酸，对汽车金属尤其是铜有腐蚀作用，所以需要添加腐蚀抑制剂。乙醇还会对汽车的密封橡胶和其他合成非金属材料产生腐蚀、溶涨、软化或龟裂作用。最后，乙醇容易吸湿，如果乙醇汽油的含水量超过标准指标，容易发生液相分离。

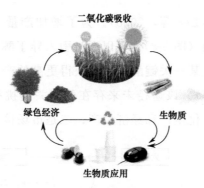

图 5-7 生物质燃料转化过程

通常认为丁醇较之乙醇是更好的替代燃料。丁醇作为"高级"（4-碳）醇，在碳氢排列上丁醇更接近汽油（带有 4-12 个碳原子）和柴油（常有 9-23 个碳原子）。此外，诸如藻类这样的来自水中的生物质不与生产粮食的耕地发生竞争，可用于制备多种产品，包括生物柴油和氢能源。从长远来看，氢能源生产，抑或借助于人工光合作用将太阳能和水直接用于发电，这些几乎可以提供无穷无尽的能源。

生物燃料对环境产生的影响包括改变温室气体（GHG）的排放、取代不能再生的燃料、对水和空气质量产生积极影响，以及对生物多样性、土壤的过肥和酸化产生有益的影响。目前，生产的生物燃料主要是乙醇和生物柴油，这需要农业生物资源，如甘蔗、玉米、油菜籽、大量的水和肥料，以及杀虫剂。今天，大多数环境效应与耕种生物能源作物的农业生产密切相关。

在促进可持续性生物能源的生产与使用方面，生物技术，特别是合成生物学技术，可以通过以下 3 个方面起到关键作用：

① 开发下一代生物燃料的原料；

② 生物质转化为生物能源的新方法；

③ 设计技术方案时兼顾社会、经济和环境方面的挑战。

下面对丁醇和氢气进行具体介绍。

1. 非乙醇生物燃料丁醇

作为交通燃料，丁醇的性质比乙醇更接近汽油（UNEP，2009）。与乙醇相比，丁醇有更高的能源密度，能用目前现有的管道基础设施运输，也能直接用于传统石油发动机。用丙酮丁醇梭菌在进行丙酮丁醇乙醇（ABE）发酵时会同时产生丙酮、乙醇和丁醇，但由于丁醇对发酵菌株有毒性所以缺陷是产量低和产物浓度低（Lee 等，2008）。为了增加产量，现已采用大肠杆菌工程菌的丁醇生产途径（图 5-8）。可以通过引入异丁醇途径，并用细长集球藻在光合途径中过表达某一关键酶，从而获得更高的产率。具有较长碳链的醇甚至会更好（如辛醇）。该途径未来存在两大关键挑战：一是证明有工艺能实现丁醇大规模商业化生产和经济生产；二是市场接受度问题。

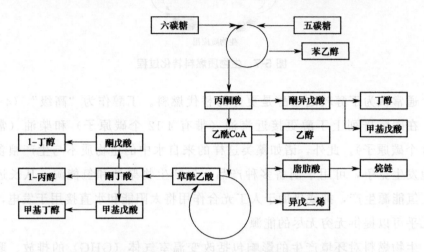

图 5-8　大肠杆菌中产出下一代生物燃料的代谢工程路径

2. 非乙醇生物燃料氢气

由于化石燃料藏量有限并造成了有害的环境影响，寻找能源替代来源已经成为一个社会密切关注的问题，因此，诸如生物柴油或乙醇等几种生物燃料已被认为是部分取代石油的备选项，尽管它们的生产潜力目前还有限。目前人们正致力于从纤维素中扩大可高效适用的生物质范围。然而，也必须寻找中长期内的其他替代物。目前认为氢是未来能源来源中最具前景的候选者，因为使用氢能显著减少 CO_2 排放，并且氢的能量密度极高（H_2 为 142MJ/kg，石油为 42MJ/kg）。

目前，天然气的蒸汽改造是在工业规模上建立的最好的生产氢的体系；然而，它是源自非可再生能源，同时还产生大量的硫以及 CO_2。实际上，大多数源自化石燃料的生产工艺每产出一分子氢则释放出约两分子的 CO_2。为了从可再生清洁能源中生产氢，正在研究几种替代物。其中，如果克服几项局限，生产生物氢能源将会是有前景的能源替代方式。氢作为潜在交通燃料的优势在于它能满足建筑物和便携式电源（取代电池）的能源需要。游离氢不会大量自然产生，因此必须借助各种工艺才能生产。相比于碳或碳水化合物，氢只是一个能源载体（就像电一样），并不是一个主要的能源来源。光合生物燃料需要光合作用直接用于产生生物燃料。在这个过程中，简单生物所起的作用既是催化剂又是加工厂，合成并分泌出时刻需要的燃料。通过转移自养生物体内光合作用的自然流从而产生氢气和烃类气体，取代自然产出的氧气。该方法的特点是产物生成直接来自光合作用，并且使源自生物的自然产物分离，避开了收获和加工各自生物质的需要。改造绿色微藻内的光合作用也许能产生出清洁、可再生、经济可行的生物燃料。然而，需要处理与用持续高产的光合作用生产这些生物燃料有关的特殊生物学问题。

目前，已知以下类型的光合生产工艺：

① 产氧的光合作用绿色藻类［FeFe］-氢化酶；蓝细菌［NiFe］-氢化酶；蓝细菌固氮酶。

② 不产氧的光合作用细菌固氮酶。

目前光合生产的目标是：将大量培养条件下太阳能转化为化学能的光合作用效率最大化；提高绿色微藻生产氢和硅的持续性和产量；开发高级的生产生物燃料的管式光合生物反应器；使得有氧存在时也能生产氢（使耐氧氢化酶工程化），表 5-5 为包括光合作用生物产氢在内的不同产氢过程一览表。

表 5-5 包括光合作用生物产氢在内的不同产氢过程一览表

产氢过程	基本技术原理	优点	缺点
炭气化	炭暴露于热蒸汽时分解出含氢的气体混合物	现在即可获得该技术	需要高温（＞700℃）和能源；CO_2 污染
热化学	高温下各种化学反应能分解氢和氧	通过聚集太阳光能产热	需要在多种候选反应中找到效率最高的反应
光电化学	单极吸收太阳能，通过电解分解水	使用太阳能电池比电解效率更高	需要找到工作良好又不腐蚀的材料
生物质发酵	一些细菌能代谢纤维素并产氢	庄稼废弃物中可获取大量纤维素	必须重新工程化细菌代谢以使工艺更高效
生物氢能源农场	使用太阳光培养藻类/蓝细菌产氢	最环境友好型的产氢方式	必须重新工程化光合作用从而产出高过糖类的更多的氢

像衣藻这样的藻类，在没有充足阳光的昏暗条件下也能开启光合作用途径。当阳光不足时，叶绿素和其他色素的排列组合将被激活重组成极其高效吸收阳光的"天线复合体"结构。在阳光充足时，这些大量的天线复合体不但没有必要，相反还会阻止阳光抵达中心细胞。科学家们正试图工程化出含叶绿素少的藻类。一般衣藻细胞的天线复合体共有470个叶绿素分子，但是如果缩减至只有132个叶绿素，也能进行光合作用，科学家们已经算出这是增加氢产率的四个因素之一。不幸的是，这样的藻类还不存在。为了创造出有此特性的株系，研究者们正对衣藻进行成千上万次突变的实验改造。这包括通过插入DNA标记序列进入细胞以随机整入基因组，从而改变它们的基因。迄今为止，已经找到了几株有前景的突变体，但是仍需大量工作。

理想的藻类产氢系统要符合以下标准：

① 没有细胞损耗——细胞自然维持着相同的细胞密度，没有细胞质量的净增，新细胞通过死亡细胞的隐性生长而获得养料。

② 池的深度使得光线吸收最大化即可，不必太深。

③ 细胞拥有缩小尺寸的天线复合体以便其吸收能转化成氢的质子。这使得额外的质子进入藻类溶液中。被液体中的细胞进一步吸收。因此，所有的入射质子都能被吸收并转化为氢。

④ 所有通过光系统Ⅱ（PSⅡ）的电子都被用于生产氢，没有副反应。

⑤ 细胞以最大速率转移电子以生产氢，无氧气和抑制现象产生。

⑥ 盛装细胞的反应器材料需廉价、持久耐用且为透明材料，足以透过所有所需波长的光，氢的渗透率低，从而氢不会外泄，不让藻类细胞附着在内表面以阻挡阳光。

氢经济是指依赖氢能源的经济体系。氢可被用作化石能源或燃料电池的替代燃料系统，因此有巨大的经济潜力。氢经济的效用取决于众多因素，包括使用、化石燃料的可获得性和成本、气候变化、氢生产的效率，以及针对可持续能源生产的政策。然而，由氢经济引发的对传统化石燃料的替代需要基础设施（如管线、贮存罐以及两系统不相兼容的发动机）的巨大变化。氢经济的可行性还取决于氢生产的成本。

二、合成生物学与生态环保

1. 合成生物技术处理土壤污染物

人类活动是造成土壤污染的主要原因，污染不仅涉及矿区及工业区附近的土壤，而且由于集约化农业生产活动，耕地土壤中也同样可以见到这种污染。迄今为止，在许多国家（包括很多欧洲国家、孟加拉国、中国和美国在内的发展中国家和工业化国家），地下水和地表水的污染已成为公共健康的主要威胁。异型生物质（包括占相当大比例的杀虫剂）以及多种矿物质是已确定的两种主要的土壤污染物类型，后者包括在低浓度下不造成污染的矿物质，如金属离子（包括铁离子）的磷酸盐、硝酸盐或硫酸盐，以及有毒矿物质，如铅、镉、汞、砷等。异型生物质多为脂肪族和芳香族的化合物，还包括一些含硫分子或更多其他的外来化合物。起初人们想通过纯培养或者混合培养的微生物将脂肪族和芳香族化合物降解，但我们不得不降低这一期望。这一点可以从木材稳定性的证据上得以印证：木材中含有大量的木质素，而其基本成分即为芳香族化合物（典型的香豆素衍生物和各种甲氧基苯丙素类化合物）。从技术上说，通过合成生物学、利用现有途径可以完成复合醇类的降解，即将这些途径组合置于合成途径中并参与微生物的代谢。然而，大量的芳香族化合物能破坏或穿透细胞膜，导致维持细胞活性的电化学势遭到破坏。这意味着即使将有成效的途径集中在一起，也只能在低污染物浓度下运行。因此应用合成生物学的最佳方法是将生物修复与物理化学方法相结合，从而促进各污染领域的净化排污。另一个在大多数合成生物学应用中明确存在的共同技术挑战在于，当这些应用大规模进行时，微生物及其变异将被等比例放大。除非我们能够驾驭其进化趋势从而使之服务于人类的需求，否则微生物很可能会迅速形成各种变异的个体，它们虽能倍增繁殖，却不能执行所需的任务。被放射性物质污染的土壤属于特殊情况。对于有毒矿物质，研究者的思路是运用合成生物学构建生物群，从而对有毒物质进行浓缩和沉淀。

2. 环境监测的生物传感器

生物传感器通常被称为生物装置，它由两个部分组合而成，包括用于捕捉目标分子的受体部分和将靶受体结合事件转换为可测量信号的信号转导部分,见图 5-9。这些可测量信号是能够与检测的目标分子成正比的信号,可以是荧光、化学发光、比色、电化学以及磁力响应等信号。生物传感器提供了一种简单又可靠的测量方法,用于对环境中感兴趣的物质进行检测,它已实际应用于医学诊断、环境监测、食品安全和军事用途等方面。生物传感器成本低、无需复杂的样品制备即可定量测定,这与对环境污染物进行直接监测的标准分析方法相比具有明显的优势。

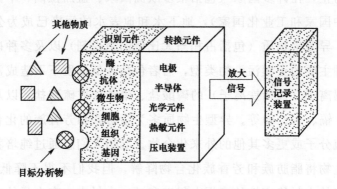

图 5-9 生物传感器

合成生物学在系统设计中带来的新发展、在信号转导和控制元件领域带来的新方法(如用于逻辑门的定义良好的基因电路),促进了生物传感器领域的发展。很多新概念也随着合成生物学的到来而引入。生物传感器与先进的检测技术相结合,成为环境监测的重要工具,它们通过快速和远程监测可识别环境中的危险因素,例如重金属、杀虫剂、基因毒素、酚类、砷和三硝基甲苯(TNT)。

用于环境监测的生物传感器有以下 4 种类型。

① 酶生物传感器,广泛应用于监测环境中的一些重要物质。其工作原理为:因目标底物的存在导致酶的比活性被抑制。通常所用的酶为氧化还原酶和水解酶。

② 免疫生物传感器,是一类根据抗原-抗体相互作用的原理设计的检测设备。

③ 基于核酸的生物传感器,采用寡核苷酸作为检测元件,其上结合了一段已知序列的碱基或一段结构复杂的 DNA/RNA。核酸生物传感器可用于检测 DNA/RNA 片段或者其他化学物质,现已用于检测环境污染和有毒

物质。当以 DNA/RNA 作为目标分析物时，可通过杂交反应进行检测；而在另外一些应用中，DNA/RNA 则充当一些特殊生物或化学物质（如 DNA 结合蛋白、某些污染物或核酸靶向药物）的受体。

④ 全细胞生物传感器，尤其是使用微生物的传感器，是一种将传感器和全细胞（微生物）相结合的分析设备。起初的微生物传感器用于检测微生物呼吸和代谢作用途径中的底物或抑制物。全细胞生物传感器可反馈环境中的特殊信号，它们可用于识别水中和食物中的致病性微生物（例如沙门菌或大肠杆菌），或者监测土壤、空气、水中的危险化学品。

美国杜克大学的 Homme Hellinga 和他的同事提出了一种受体和传感蛋白质的运算设计，这种蛋白质具有新的功能，例如可以结合目标化学物质。他们改良了一种大肠杆菌糖结合蛋白，该蛋白质可以结合具有爆炸性的 TNT 分子。改良的蛋白质被嵌入一个改造后的基因电路中，随后将其整合进细菌体内，从而创造出全细胞传感器。当这个传感器感受到目标物 TNT 时就会变绿。人们设计类似的微生物传感器用于监测环境的污染物。美国埃默里大学的团队用合成生物学的方法，构建了一个改造的大肠杆菌株系，其拥有追踪并代谢除草剂阿特拉津（atrazine）的能力。阿特拉津是一种对野生动植物有害的环境污染物。技术的关键是一种合成开关的组合，即细菌可以对化学物质进行追踪，同时从另一种细菌那里获得的基因提供细菌对阿特拉津进行降解的能力。Justin Gallivan 和他的团队用 RNA 研制了一个阿特拉津结合分子（一种合成的核糖开关）。这是一种结合了一个小分子的 RNA 片段，在结合小分子后 RNA 的形状会发生改变，从而改变了基因表达。接下来，携带开关的细菌上转入了从另一种细菌分离出的阿特拉津降解基因。结果显示，细菌在涂有阿特拉津的培养皿上形成环状，从而证明了其寻找并降解阿特拉津的行为，即它们移向阿特拉津附近并将其从培养皿上清除。砷的细菌生物传感器是英国爱丁堡大学于 2006 年的 iGEM 工程设计完成的。研究团队开发了一种装置，该装置可以对不同的砷浓度做出反应，使 pH 值变化，而 pH 值与砷浓度的关系可以通过标定来确定。在这里，他们将砷的存在与 pH 值的变化相耦合，将其转变为一种可简易测量的参数。与之前的砷检测设备相比，该方法只通过 pH 计就可以很容易检测到信号。运用这类细菌生物传感器去检测位于农村地区的砷也更为容易。除了砷以外，还可以运用酶或全细胞传感器检测环境中较为显著的金属离子。使用脲酶的光纤生物传感器，可以通过测量生物传感器响应的抑制程度从而检测到许多的金属离子。例如一种此类生物传感器对汞离子特别敏感，其检测限在10nmol/L。在全细胞生物传感器中，工程菌用于清除汞离子污染的基因是同发光基因连接在一起的，这类生物传感器通常对汞离子有特异响应，其检测限可达纳摩尔级（Tescione 和 Belfort，1993）。

广泛使用的酚类物质被列在优先级污染物质列表里。这个列表还包括环境生物传感器发展的主要目标物杀虫剂。杀虫剂的杀虫功能是通过其作为一种底物或抑制物与特定的生化目标相结合来实现的。美国国家环保署（EPA）国家暴露物研究实验室拉斯维加斯的生物传感器研究小组研制了电化学生物传感器用于检测酚类物质和有机磷酸酯（OP）杀虫剂。其研究表明，在检测水和土壤中酚类物质方面，酪氨酸酶电极非常敏感并且耐用，但制造装置的难点在酶固定化技术方面。这个小组的研究重点是研制酚类物质的生物传感器，用于环境保护相关的地下水、土壤和污泥中显著酚类物质的检测。研究小组的另一个目的是要开发用于检测有机磷酸酯杀虫剂的酶生物传感器，为此他们研究了有机磷水解酶（OPH）和乙酰胆碱酯酶。在以有机磷水解酶为基础的方法中，可以通过检测酶附近底物 pH 值的变化来监测有机磷杀虫剂，而 pH 值变化则是通过检测与酶共价结合的异硫氰酸荧光素（FITC）来测定的。他们将异硫氰酸荧光素标记的酶分子吸附在有机玻璃珠上使用，并用微珠荧光检测器进行检测分析。

用于有效环境保护的商品化生物传感器，是一项由欧洲委员会资助的编号为 FP 7-SEM-2008-01 的项目，它集成了创新生物传感器的研究和技术，以及在工业和/或环境、农业领域的其他社会经济实体的相关开发成果。这项工程要建立一个生物传感器模块化工业平台，旨在高效检测水中的杀虫剂、重金属离子和有机化合物。这项工程的一个任务是建立三种类型的传感器，分别命名为"MultiLights"、"MultiAmps"和"MultiTasks"。这些传感器将被集合在一个全系统平台里，该平台的特征是：高反应特性、高选择性、高稳定性和高敏感度；在室温下操作，容易使用、低消耗、响应速度快；样品预处理量小，小尺寸，原位检测、便于运输；可实时在线测量，简单的集成电路接口，并使低成本生产成为可能。

3. 塑料降解物合成高值化学品的路径设计与构建

石油基合成塑料因高分子量、高疏水性及高化学键能等特性难以被生物降解，在环境中不断累积，由此导致的"白色污染"已经成为一个全球性环境问题。填埋和焚烧是目前塑料垃圾处置最简单、常用的方法，但随之带来的是更为严重的环境二次污染问题。为解决这一问题，开发绿色高效的废塑料资源回收利用技术，从源头解决塑料污染，成为发展塑料循环经济的关键。利用微生物/酶将塑料降解为寡聚体或单体，或进一步转化为高值化学品，因反应条件温和、不产生二次污染等优点将成为废塑料污染治理与资源化的新途径（图5-10）。

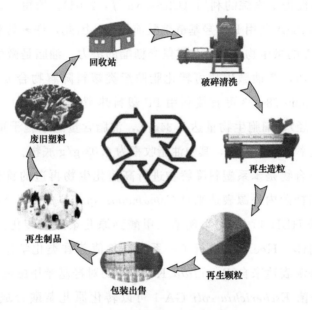

图5-10 废塑料资源回收利用

聚羟基脂肪酸酯（polyhydroxyalkanoates，PHA）是多数细菌胞内碳源和能源的储备物，因其可完全生物降解，被认为是可替代传统塑料的新型生物材料，以塑料降解物为底物合成PHA受到广泛关注。2011年，Jasmina等利用 P. putida CA-3 转化苯乙烯获得了 3.36g/L 的PHA产出，建立了芳香族环境污染物降解与脂肪族PHA合成的独特联系，为聚苯乙烯（polystyrene，PS）塑料的循环利用提供了可行的方向。进一步，以低密度的聚乙烯（polyethylene，PE）粉末为底物，经过21d的生物转化，Sen等利用 Cupriavidus necator H6 积累了细胞干重3.18%的短链PHA，这也是直接降解PE材料并进行生物化合物合成的首次报道。此外，发现恶臭假单胞菌

P. putida GO16、*P. putida* GO19 和弗雷德里克斯堡假单胞菌 *Pseudomonas frederiksbergensis* GO23 在降解 PET 的同时可以积累一定量的中等长度 PHA，其中 GO16 和 GO19 积累 PHA 的速率可达到 8.4mg/(L·h)。

表面活性剂可以乳化水性介质中的疏水性物质，从而增加细胞对疏水性物质的利用度。因此，PE、PP、PVC 等塑料经热解获得的疏水性脂肪烃等疏水性底物常用于表面活性剂的合成研究。例如，沙门菌 *Renibacterium salmoninarum* 27BN 可利用正十六烷为唯一碳源生长并积累鼠李糖酯，鼠李糖酯的分泌又能进一步促进十六烷的利用（Christova 等，2004）。值得一提的是，鼠李糖酯的合成与 PHA 共用 R-3-羟基链烷酸前体库，因此，许多具有同化塑料降解物合成 PHA 的微生物也具有合成鼠李糖酯的潜力。油脂是微生物体内能量存在的主要物质，产油微生物可转化脂肪烃类塑料降解物合成并积累油脂。*Y. lipolytica* strain 78-003 可直接利用 PP 塑料热裂解混合物（主要包含脂肪醇、烷烃和烯烃），细胞生物量达 2.34g/L，油脂含量达细胞干重的 23%，底物到细胞转化率达 0.13 g/g，其中油脂收率为 0.03 g/g 底物。

芳香类化合物是苯系塑料降解物进行高值化生物再造的首选去向。Hee 等通过在大肠杆菌内外源表达来自 *Comamonas* sp. E6 的 TphAabc 和 TphB，获得工程菌株 HBH-1，首先实现苯二甲酸到原儿茶酸的转化。进一步，以原儿茶酸为前体，Hee 等又进行了一系列高价值芳香类化学品的合成研究。首先，通过外源表达来自 *P. putida* KT2440 的对羟基苯甲酸酯羟化酶（PobA），大肠杆菌 *Escherichia coli* GA-1 可以转化原儿茶酸合成 1.4mmol/L 没食子酸，转化率达 40.1%。为消除没食子酸单菌合成中辅因子失衡问题，Hee 等将没食子酸的合成途径分成两个模块：原儿茶酸合成模块（PCA-1）和没食子酸合成模块（HBH-2）。在最优菌株接种情况下，系统转化原儿茶酸合成没食子酸的转化率达 92.5%。运用同样的策略，通过在没食子酸合成菌株 GA-1 中外源表达没食子酸脱羧酶（LpdC），工程菌 PG-1a 可以实现 32.7% 对苯二甲酸到邻苯三酚的转化。为解决此转化过程中副产物儿茶酚的积累，Hee 等构建另一条以儿茶酸为中间物的邻苯三酚合成途径：原儿茶酸经脱羧形成邻苯二酚，再经过酚羟化酶（PhKLMNOPQ）的作用生成邻苯三酚，通过混合培养儿茶酸合成菌株与邻苯三酚合成菌株，最终对苯二甲酸转化合成邻苯三酚的产量达到 0.6 mmol/L，是单菌培养的 3 倍。运用同样的策略，Hee 等还完成了对苯二甲酸到黏康酸和香草酸的合成，这些成果为

PET降解物的高值回收提供了宝贵经验。许多塑料降解物或其降解中间代谢物具有细胞毒性，严重抑制了细胞的生长和产物的合成。例如，中间代谢物乙醇醛与乙二醛是乙二醇代谢过程的重要中间产物，4mmol/L乙醇醛和7.5 mol/L乙二醇便可完全抑制恶臭假单胞菌的生长。

加快醛类物质到对应毒性较弱的醇或者酸的转化，是降低醛类物质毒性的常用策略。基于此，Franden等通过过量表达乙醇酸氧化酶GlcDEF减少了乙醇醛的积累，使 P. putida 工程菌 MFL114 可以耐受 2mol/L（约124g/L）乙二醇，并最终消耗 0.5mol/L（31g/L）乙二醇生成细胞干重32.19％的 PHA。塑料降解物成分多样，单一微生物往往无法实现其完全降解。采用多细胞混合培养技术，针对性地选用功能微生物，或可加速塑料降解物的生物炼制过程。PU塑料的降解单体主要是己二酸、乙二醇、1,4-丁二醇和异氰酸酯［甲苯-2,4-二异氰酸酯（2,4-TDI）或4,4′-二苯基甲烷二异氰酸酯（4,4′-MDI）］，异氰酸酯进一步衍生转化为2,4-甲苯二胺。基于此，研究人员首先鉴定并构建了聚氨酯单体的降解微生物（Caturutomo等，2020）。据报道，拜氏不动杆菌 Acinetobacter beijingii ADP1 具有很好的己二酸降解能力，通过克隆其己二酸降解关键阅读框 dac（dcaAKIJP）并外源表达于 P. putida KT2440，工程菌株 P. putida KT2440 A12.1p 获得了在己二酸为碳源的培养基快速生长的能力；突变菌株 P. putida KT2440 B10.1 和工程菌 P. putida KT2440ΔgclR ΔPP_2046 ΔPP_2662∷14d 分别可以降解1,4-丁二醇和乙二醇。研究发现，2,4-甲苯二胺表现出严重的细胞毒性，同时也影响了聚氨酯水解体系中其他单体的生物利用效率。因此，研究人员利用石蜡油和二（2-乙基己基）磷酸（D2EHPA）作为溶剂和反应性萃取剂（助溶剂），对聚氨酯水解体系进行了TDA萃取去除。在pH4的情况下，TDA的去除效率达到了93％。在此条件下，通过混合培养 P. putida KT2440 A12.1p、P. putida KT2440 B10.1 和 P. putida KT2440ΔgclR ΔPP_2046 ΔPP_2662∷14d，实现了混菌体系对体系其余塑料单体的完全转化。进一步，通过在己二酸、1,4-丁二醇和乙二醇降解的3个恶臭假单胞菌中外源表达鼠李糖酯合成关键基因 RhlA 和 RhlB，实现了聚氨酯塑料单体到鼠李糖酯的增殖生物再造。

第四节　新时代中的合成生物学

习近平总书记指出，当今世界发展科学技术必须具有全球视野，把握时代脉搏，紧扣人类生产生活提出的新要求。科技创新，推动人类文明进步的根本动力。进入新时代以来，我国的合成生物学也取得了新的飞跃。本节就以酵母染色体合成和二氧化碳合成淀粉为例进行介绍。

一、酵母基因组化学再造

酵母属于高等微生物的真菌类，是一种常见的单细胞微生物。酵母有细胞核、细胞膜、细胞壁、线粒体、相同的酶和代谢途径。酵母无害易生长，水中、土壤中、空气中乃至动物体内都存在酵母。酵母是兼性厌氧生物，有氧气或者无氧气都能生存，目前未发现专性厌氧的酵母，在缺乏氧气时发酵型的酵母可以糖类转化成为二氧化碳和乙醇（俗称酒精）来获取能量。酵母是一种天然发酵剂，广泛用于食品、发酵和医药等领域。作为高等真核生物，特别是人类基因组研究的模式生物，酵母最直接的作用体现在生物信息学研究领域。当一个功能未知的人类新基因被人们发现时，可以迅速地在酵母基因组数据库进行检索，查找与之同源的酵母基因，从而获得其功能方面的相关信息，进而加快人类基因的功能研究。研究表明，有许多涉及遗传性疾病的人类基因均与酵母基因具有很高的同源性，研究这些基因编码的蛋白质的生理功能以及它们与其他蛋白质之间的相互作用将有助于加深对这些遗传性疾病的了解。此外，在人类许多重要的疾病研究中，如早期糖尿病、小肠癌和心脏疾病，均是多基因遗传性疾病，酵母基因与人类多基因遗传性疾病相关基因之间的相似性将为揭示涉及这些疾病的所有相关基因的研究提供重要的帮助。在合成生物学中，作为单细胞真核生物，酵母的重要性在于酵母菌具有比较完备的基因表达调控机制和对表达产物的加工修饰能力，是理想的合成生物系统。

当然，若想利用酵母作为合成生物系统，首先需要明晰其基因组及功能。在酿酒酵母测序计划开始之前，人们就已经通过传统的遗传学方法确定了酵母中编码 RNA 或蛋白质的大约 2600 个基因。

通过对酿酒酵母的完整基因组测序发现，在12068kb的全基因组序列中有5885个编码专一性蛋白质的开放阅读框。这意味着在酵母基因组中，编码蛋白质的基因平均每隔2kb存在，即整个基因组有72%的核苷酸顺序由开放阅读框组成。表明酵母基因比其他高等真核生物基因排列紧密。此外，酵母基因组中还包含：约140个编码RNA的基因，排列在ⅩⅡ号染色体的长末端；40个编码SnRNA的基因，散布于16条染色体；43个家族的275个tRNA基因也广泛分布于基因组中。在测序计划完成后，酵母染色体的化学合成与再造就成为构建酵母合成生物系统的关键。然而，酵母染色体的化学合成与再造是一个极具挑战的科学难题。酵母共有16条染色体。与原核生物在遗传物质特点上有诸多不同，真核生物的遗传物质信息量要庞大得多、复杂得多。例如，天津大学元英进教授研究团队负责的5号染色体共有53.6万个碱基对，10号染色体则有超过70.7万个碱基对，见图5-11。要想通过化学方法从单核苷酸构建出完整的染色体极其困难。

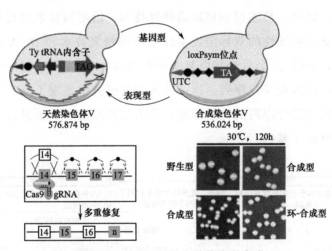

图 5-11　酵母5号染色体的化学合成

1. 工程化模块化高效率化再造两条染色体

鉴于此，研究人员用工程学思想将这一庞大的工作进行了系统设计。研究人员把染色体看作一个大楼，进而分解成每一层楼、每一间屋、每一块砖。合成工作就从构建基本的"砖"开始，即"Building Block"。以5号染色体为例，研究人员将53.6万个碱基对分成了17个大的片段，再分成263个中等片段，进而分解成942个长度为750个碱基对的小片段。这些小片段就构成了最后合成整条染色体的"Building Block"。这一策略显著提升了超长DNA从头合成的工作效率。

2. 创建缺陷修复技术实现长染色体精准合成

众所周知，合成染色体很难，想要获得有生物活性的人工合成染色体难上加难。在基因组的化学合成过程中，碱基序列的异常和错配会严重影响合成细胞的生长与功能，即人工合成基因组存在缺陷。因此，如何定位和修复这些缺陷靶点是基因组合成面临的两大难题。

以往，在合成基因组中发现并修正一个碱基突变错误，往往要花费数月时间，而且难度巨大。研究人员创新性地开发出了一种合成基因组的缺陷靶点定位技术——混菌标签缺陷序列定位方法（图5-12），能够快速匹配出人工合成的酵母基因组中导致表型异常的基因靶点，实现了人工合成菌株和野生型菌株一样具备自我调控能力，做到化学合成基因组具有生物活性。对酵母5号染色体的初级合成版本解析显示，共有3331个碱基不同于设计版本，且种类复杂。研究人员通过创建缺陷修复技术，运用同源重组技术和基因打靶方法，建立了系统性的双标定点基因组精确修复技术和DNA大片段重复的修复技术，历时18个月全部修复5号染色体中3331个错误序列，使每个分子都能够精确匹配设计序列。这一技术的突破首次实现了真核人工基因组化学合成序列与设计序列的完全匹配，为人工基因组的重新设计、功能实现与技术升级奠定了基础。

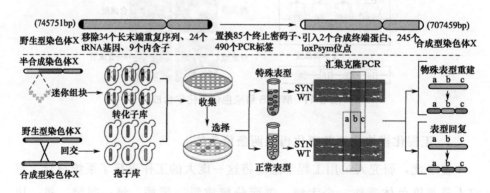

图 5-12 混菌标签缺陷序列定位方法

更进一步，研究人员还通过双分子"逻辑门开关"启动基因组重排系统，实现了基因组重排的精准控制，在基因水平上实现酵母菌性能的快速进化。这一技术在未来人工合成各类分子领域有着巨大的应用潜力，通过定向的高通量筛选，有望实现能源产品、天然产物、药物分子的高效合成。

二、二氧化碳合成淀粉

在传统的农业中，粮食必须在土地里种植，只有在科幻作品里粮食可以通过工厂里的机器加工而成，如今合成生物学让这个幻想逐渐变成现实。淀粉是人类食物中最主要的碳水化合物，是大米、面粉、玉米等主粮的首要成分，既是食物中最重要的营养成分，也是重要的饲料组分和工业原料。淀粉的重要性不言而喻，我们生活的方方面面都涉及淀粉，例如刷牙、喝牛奶、穿衣等。淀粉提供全球超过80%的卡路里，也就是说，在近20亿吨谷物粮食生产中12亿~14亿吨都是淀粉。

众所周知，绿色植物通过光合作用固定二氧化碳可以进行淀粉合成，但通过光合作用生产淀粉的过程存在能量利用效率低、生长周期长的特点。例如在将二氧化碳转变为淀粉的过程中，玉米等常见农作物涉及60多步的代谢反应和复杂的生理调控。其间，太阳能的理论利用效率不超过2%。并且，农作物的种植通常需要一定的周期，作物种植期间还需要大量的土地、肥料、淡水等资源保障。目前，迫切需要可持续供应淀粉和利用二氧化碳的战略来克服人类面临的重大挑战，例如粮食危机和气候变化。设计不依赖于植物光合作用的新途径将二氧化碳转化为淀粉是一项重要的创新科技任务，将成为当今世界的一项重大颠覆性技术。科研人员一直希望改进光合作用这一生命过程，通过改进光合作用提高二氧化碳的转化速率和光能的利用效率，最终提升淀粉的生产效率一直是合成生物学领域的研究热点与难点。但实现这一目标，并不是一件容易的事。人工合成淀粉涉及合成生物学，自然作物光合作用模拟，生命合成代谢过程重新设计。但总体而言，设计全新人工生物系统进行不依赖植物种植的淀粉制造依然存在着很多不确定因素，特别是科学问题复杂、技术路线不清、瓶颈问题难测。

受天然光合作用的启发，中国科学院天津工业生物技术研究所的马延和研究员团队在太阳能分解水制绿氢的技术上，采用类似"搭积木"的思路和方式，从头设计、构建了11步反应的非自然固碳与淀粉合成途径，同时进一步开发高效的化学催化剂，把二氧化碳还原成甲醇等更容易溶于水的一碳化合物，完成了光能-电能-化学能的转化，在实验室水平首次实现从二氧化碳到淀粉分子的人工全合成（图 5-13）。核磁共振等检测显示，天然淀粉分子与人工合成淀粉分子的结构组成一致。其人工合成效率约为传统农业生产的 8.5 倍。按照目前技术参数，在充足能量供给的条件下，理论上 $1m^3$ 大小的生物反应器年产淀粉量相当于我国 5 亩（1 亩 = $666.7m^2$）玉米地的年产淀粉量。该过程的能量转化效率超过 10%，远超光合作用的能量利用效率（2%），也为后续进一步采用生物催化合成淀粉奠定了理论基础。这条新路线使淀粉生产方式有望从传统的农业种植向工业制造转变，为 CO_2 合成复杂分子开辟了新的技术路线。

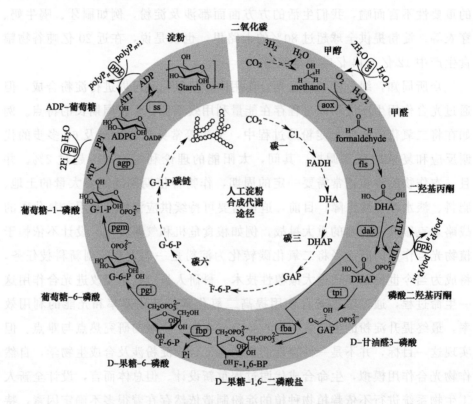

图 5-13 人造淀粉合成代谢途径的设计和模块化组装

1. 工程化模块化人造淀粉合成

研究团队采用类似"搭积木"的思路和方式，首先将高浓度二氧化碳在高密度氢能作用利用化学催化剂下还原成碳一（C1）化合物，然后设计构建碳一聚合催化新酶，通过化学聚糖反应，将碳一化合物聚合成碳三（C3）化合物，最后通过生物途径优化，将碳三化合物进一步聚合成碳六（C6）

化合物（D-果糖-1,6-二磷酸盐、D 果糖-6-磷酸），再最终合成直链和支链淀粉（Cn 化合物）。

研究团队利用甲醛酶（fls）从候选 C1 中间体设计和构建淀粉合成途径的酶促部分，使用组合算法从甲酸或甲醇中起草了两条简明的淀粉合成途径。原则上，淀粉可以通过 CO_2 与甲酸或甲醇作为 C1 桥接中间体的九个核心反应来合成（图 5-13，内圈）。具体来说，通过 C1 模块（用于甲醛生产）、C3 模块（用于 D-甘油醛 3-磷酸生产）、C6 模块（用于葡萄糖-6-磷酸生产）和 Cn 模块（用于淀粉合成）的组合使 CO_2 转化成淀粉。但通过检索和模拟，作者发现节能但在热力学上不利的 C1 模块产生的甲醛可能无法为 C3a 模块中 fls 的关键反应提供材料。因此，他们构建了具有热力学上更有利的反应级联反应的替代 C1 模块。把在热力学上最有利的 C1e 模块成功地与 C3a 模块组装在一起，并从甲醇中获得了显著更高的 C3 化合物产率。在计算途径设计的帮助下，通过组装和替换由来自 31 个生物体的 62 种酶构成的 11 个模块，研究团队建立了人工淀粉合成代谢途径（ASAP 1.0），其中有 10 个以甲醇为起始的酶促反应（图 5-13，外圈）。ASAP 1.0 的主要中间体和目标产物通过同位素 13C 标记实验检测，验证了其从甲醇合成淀粉的全部功能。

2. 高效率人造淀粉合成

在建立 ASAP 1.0 之后，研究团队试图通过解决潜在的瓶颈来优化这条途径。首先，由于其低动力学活性，酶 fls 在 ASAP 1.0 中约占总蛋白质剂量的 86%，以维持代谢通量并将有毒甲醛保持在非常低的水平。定向进化增加了 fls 催化活性，产生了变体 fls-M3，其活性提高了 4.7 倍。实验表明，变体 fbp-AR 在 AMP 变构位点包含两个突变，可减轻 ADP 抑制并显著改善 DHA 的 G-6-P 产生。三种核苷酸对 fbp 和 fbp-AR 的抑制模式分析表明 ATP 或 ADP 是系统抑制的决定因素。通过将 fbp-AR 与报道的对 G-6-P 具有抗性的变体整合，组合变体 fbp-AGR 实现了进一步的改进。考虑到 dak 和 ADP-葡萄糖焦磷酸化酶（agp）之间的 ATP 竞争，因为底物 DHA 及其激酶 dak 的增加导致前 4h 内淀粉产量异常降低。作者证实 DHA 和 dak 的共存通过 Cnb 严重抑制了淀粉合成并输出 DHA 磷酸盐（DHAP）作为淀粉的主要产物，这证实了 dak 竞争性地消耗了大部分 ATP。作者没有减少 dak 的用量，而是尝试增强 agp 的能力。根据报道的氨基酸置换结果，这些变体显示出与dak增强的竞争态势。最好的变体agp-M3成功地将DHA的淀粉合成增加了大约6倍。通过使用这3种工程酶（fls-M3、fbp-AGR和agp-M3），研究团队构建了ASAP 2.0，它在10h内从20mmol/L甲醇中产生了约230mg/L直链淀粉。与ASAP 1.0相比，ASAP 2.0的淀粉生产率提高了7.6倍。

在ASAP 2.0中取得上述成功后，研究团队通过先前开发的无机催化剂$ZnO-ZrO_2$将酶促过程与CO_2还原相结合，进而从CO_2和氢气合成淀粉。由于CO_2加氢的不利条件，研究团队在ASAP 3.0中开发了具有化学反应单元和酶促反应单元的化学酶促级联系统。为了满足fls对高浓度甲醛的需求并避免其对其他酶的毒性，他们进一步用两个步骤操作酶促单元。为了从CO_2合成支链淀粉，研究团队在ASAP 3.1中引入了来自创伤弧菌的淀粉分支酶（sbe）。该设置在4h内产生了约1.3g/L支链淀粉。合成支链淀粉在碘处理后呈红棕色，吸收最大值与标准支链淀粉相当。合成的直链淀粉和支链淀粉都表现出与其标准对应物相同的1~6个质子核磁共振信号。

人工合成淀粉的意义：

第一，人工合成淀粉为我们解决"粮食危机"提供了一条新道路。在此之前，人们只能依靠种植的方式收获食物，由于种植方式耗时长、收获有限，所以"四海无闲田，农夫犹饿死"，全球仍有超过1亿人处于严重饥饿状态。而人工合成淀粉的科学成果为农业生产带来重大变革。人类可以不再依赖光合作用，采用人工合成淀粉，生产各种各样的材料和食物。在实验室里，人工光合作用的能力得到了进一步提高，使淀粉生产的传统农业种植模式向工业规模化生产模式的转变成为可能，为二氧化碳原料合成复杂大分子开辟了新的技术路线。当"二氧化碳制淀粉"技术被工业化运用后，未来淀粉的生产将通过类似"啤酒发酵"的模式在车间实现按需定制生产，彻底变革传统农业种植获取的生产方式。而一旦二氧化碳制淀粉的生产工业车间具有经济可行性，将有可能会节约90%以上的耕地和淡水资源。

第二，缓解温室气体造成的气候危机。曾经，农业操作是"碳源"。农药、化肥、农膜等农业物料的生产中会有大量的二氧化碳排放；农业机械的运用及农业灌溉将同样耗费化石燃料，亦会有大量的二氧化碳排放。如果能利用可再生能源产生的电能将二氧化碳分子转化为甲醇、甲酸等，不仅可将可再生能源以化学能的形式转化和存储，还能降低大气中二氧化碳的浓度，缓解全球气候变暖、海洋酸化等问题，是一种能同时实现碳循环利用和可再生能源存储的有效途径。显而易见。二氧化碳合成淀粉既是生命科学发展的进步，也是人类应对、解决全球性挑战的有力工具。

酵母染色体合成和二氧化碳合成淀粉既是我国合成生物学的标志性研究成果，也是中国科技事业勇攀高峰的生动缩影，还是实现高水平科技自立自强不断照亮民族复兴之路的充分体现，更是发展壮大的中国有能力为人类文明进步作出更大贡献的有力例证。

三、 DPP4抑制剂西格列汀个性化糖尿病治疗的机制

二肽基肽酶-4（DPP4），是治疗2型糖尿病（T2D）的重要靶点。DPP4负责胰高血糖素样肽 GLP-1（7-36）或 GLP-1（7-37）的降解，这两种物质都被称为活性的 GLP-1，由肠道内 L 细胞分泌，主要通过激活 GLP-1 受体（GLP-1R）在调控餐后血糖稳态中发挥重要作用。北京大学医学部教授姜长涛团队、北京大学第三医院乔杰院士团队、北京大学化学与分子工程学院雷晓光教授团队、首都医科大学王广教授团队以及来自美国的 Frank J. Gonzalez 团队共同在 *Science* 杂志上发表文章，揭示了肠道菌群如何影响西格列汀临床响应性以及肠道菌源宿主同工酶跨物种调控代谢性疾病的新机制（图 5-14），为解开西格列汀临床响应性之谜提供了答案。

首先，研究者开发了一个筛选平台，以鉴定可能影响宿主功能的微生物-宿主同工酶。经过筛选可以发现，DPP4 在 10 个人类样本中具有最高的平均 Z 因子（统计效应大小）。多种 DPP4 抑制剂已被开发并用于 T2D 的临床治疗，但由于未知原因，其临床疗效因患者而异。为了评估微生物 DPP4 在体内的生理功能，对照喂养小鼠口服广谱抗生素 1d，通过测量 16S rRNA 基因的相对丰度来监测肠道细菌的清除率。在肠腔外组织中没有观察到 DPP4 活性、肠腔外组织和血浆中的活性 GLP-1 水平和总 GLP-1 水平的变化。高脂饮食（HFD）喂养会导致脂肪毒性和肠道微生物区系形态和分布的改变（即肠道生物失调），从而破坏肠道屏障。12 周 HFD 喂养后，肠屏障通透性增加，抗生素治疗组小鼠粪便和肠腔外组织中的 DPP4 活性显著减少，腔外肠道组织和血浆中的活性 GLP-1 水平高于对照组。而粪便微生物区系移植（FMT）逆转了抗生素对 DPP4 活性和活性 GLP-1 水平的影响。HFD 喂养的 DPP4 全身缺陷（DPP4-/-）保留了 DPP4 在肠腔外组织中的活

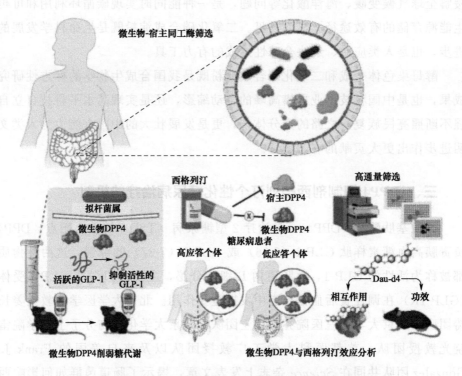

图 5-14 肠道微生物-宿主同工酶的发现和抑制以调节宿主代谢

性，这是因为肠道微生物 DPP4 存在且肠通透性增加。相反，当用抗生素治疗 DPP4-/-小鼠时，DPP4 活性缺失，活性 GLP-1 增加。微生物-宿主同工酶活性筛选系统表明，微生物 DPP4 可以降低 GLP-1 的活性。

研究者采集 19 名健康志愿者的新鲜粪便样本，体外培养微生物群落并检测 DPP4 活性。建立了一个代表 6 个门的 272 个可培养菌株的文库。通过使用 GLP-1 模拟物作为实验底物，在拟杆菌门（多形拟杆菌、脆弱拟杆菌、埃氏拟杆菌、B. vulgatus 和 B. dorei）进行实验。其中，多形拟杆菌对氨基-丙氨酸-对硝基苯胺和甘氨酸-丙基-对硝基苯胺的活性最高。对 24 个蛋白质进行了系统发育分析，其中包括上述拟杆菌的 19 个 DPP4 同源物、牙周细菌的 DPP4 同源物和人的 DPP4。表达并纯化了 14 种候选酶，并测定了它们的 DPP4 活性。虽然序列比对表明，5 种拟杆菌属中有 19 种酶与人 DPP4（hDPP4）同源，但并不是所有的细菌基因产物在功能上都与 hDPP4 相似。B. thetaiotaomicron 多肽酶 1、B. Fragilis 多肽酶 1、B. eggerthii 多肽酶 1、B. uggatus 多肽酶 1 和 B. dorei 多肽酶 1（分别为 btDPP4、bfDPP4、beD-

PP4、bvDPP4 和 bdDPP4）显示出较强的 DPP4 活性。通过酶动力学测定发现，btDPP4 的表观单分子速率常数与米氏常数的比值（k_{cat}/K_m）大于其他微生物的 DPP4 同工酶和 hDPP4。此外，在所有被测试的 DPP4 蛋白中（包括 hDPP4），btDPP4 对 GLP-1 的活性最高。

为了探讨微生物 DPP4 在宿主葡萄糖代谢中的作用，研究者利用 CRISPR-Cas9 进行基因组整合，在大肠杆菌 Nissle 1917（EcN）中表达了 5 种拟杆菌 DPP4 蛋白。将表达不同微生物 DPP4 的 EcN 单剂量灌胃 HFD 小鼠。只有 EcN∷btDPP4、EcN∷bfDPP4 和 EcN∷bvDPP4 定植组的肠腔外组织中 DPP4 活性较高。随着 DPP4 活性的改变，EcN∷btDPP4、EcN∷bfDPP4 和 EcN∷bvDPP4 组的肠腔外组织和血浆中的活性 GLP-1 水平显著降低。此外，EcN∷btDPP4、EcN∷bfDPP4 和 EcN∷bvDPP4 组的葡萄糖诱导的胰岛素水平和葡萄糖耐量均低于对照组。EcN∷btDPP4 在 DPP4-/-小鼠中观察到与野生型小鼠相似的作用。为了探讨 btDPP4 在 B. thetaiotaomicron 对葡萄糖稳态的影响中的作用，研究者构建了一株缺乏 DPP4 的 B. thetaiotaomicron JS071（bt-△DPP4），并用它定植野生型 HFD 小鼠，与野生型 B. thetaiotaomicron 进行比较。用 Bt 感染 HFD 小鼠后粪便和肠腔外组织中的 DPP4 活性增加，肠腔外组织和血浆中活性 GLP-1 浓度降低，且表现出更低的葡萄糖刺激的胰岛素水平和更差的葡萄糖耐量。Bt-△DPP4 的定植减弱了以上影响。微生物 DPP4 减少高脂饲料喂养小鼠体内活性 GLP-1 的水平并扰乱糖代谢。

研究者发现临床上的 DPP4 抑制剂西格列汀对 btDPP4 的活性比 hDPP4 低。然后，研究者解出了 btDPP4 的 apo 结构。btDPP4 的氨基酸序列与 hDPP4 的同源性为 32%，其整体结构可以重叠在 hDPP4［蛋白质数据库（PDB）ID 1R9N］上。为了阐明西格列汀对 btDPP4 的抑制作用弱于 hDPP4 的分子基础，研究者将 btDPP4 与西格列汀共结晶。2mFo-DFC 图表明西格列汀在图示位点结合。西格列汀结合的 btDPP4（淡绿色）和西格列汀结合的 hDPP4（灰色，PDB：1X70）之间的活性位点重叠。与 hDPP4 相比，btDPP4 中结合的西格列汀的三氟甲基发生了约 40°的翻转，避免了与 btDPP4-E342 的空间碰撞，从而不能与 V/VI 连接子基序形成稳定的相互作用。因此，在 btDPP4-西格列汀络合物结构中观察到的弱三氟甲基三唑并吡嗪基（TMTP）接触可能是西格列汀对 btDPP4 抑制作用减弱的原因，而可变的 V/VI 连接子基序为解释 DPP4 抑制剂对 DPP4 同系物的不同抑制效率提供了结构基础。单独抑制 hDPP4 可能不能完全恢复活性 GLP-1 的浓度。研究者采集 57 例新诊断的 T2D 患者在西格列汀治疗前和治疗 3 个月后的血清和粪便样本，并监测糖化血红蛋白（HbA1c）的变化，将西格列汀治疗期间 HbA1c 下降至≤6.5% 或下降>1% 的患者定义为西格列汀高应答者（SHR，$n=34$），其余患者定义为西格列汀低应答者（SLR，$n=23$）。SLR 患者粪便中 DPP4 的基线活性显著高于 SHR，且 B. thaiotaomicron 在 SLR 中富集，可作为 SHR 和 SLR 组之间的可区分标记。SLR 组 btDPP4 和 bvDPP4 的 mRNA 水平较高。btDPP4 与空腹血糖和 HbA1c 的改善呈负相关，与粪便 DPP4 活性呈正相关，提示 btDPP4 和 bvDPP4 的丰度可能反映了 T2D 患者粪便 DPP4 的活性。

研究表明，靶向微生物 DPP4 有治疗 T2D 的潜力。研究者开发了一个使用 btDPP4 蛋白的高通量药物筛选系统，并测试了一个包含约 107000 个化合物的小分子文库的抑制效果。在 10 mmol/L 浓度下，10 种化合物对 btDPP4 活性的抑制>90%（命中率 0.01%），低命中率表明该筛选具有选择性。其中，蝙蝠葛等中草药中的生物碱天然产物 DAU 对 btDPP4 的抑制活性最强（半抑制浓度 $IC_{50}=0.37$ mmol/L）。合成一系列 DAU 衍生物，用于初步构效关系研究。发现 DAU-d4（通过羟基甲氧基化合成）显示出比天然分子更好的 btDPP4 抑制活性（$IC_{50}=88$ nmol/L），而没有 hDPP4 抑制活性，在 K_d 为 0.27mmol/L 时与 btDPP4 结合。DAU-d4 对 bfDPP4、beDPP4、bvDPP4 和 bdDPP4 有很强的抑制作用。接下来，研究者测定了 btDPP4-DAU-d4 络合物的共晶结构，分辨率为 2.74Å（1Å=10^{-10} m），并确定了结合位点。活性部位周围不同的残基组成，特别是 V/VI 连接子基序，是决定 DAU-d4 抑制 btDPP4 与靶向 hDPP4 的特异性的主要因素。

研究者用 DAU-d4 处理 PBS 对照、Bt 或 Bt-△DPP4 定植的 HFD 小鼠。发现 Dau-d4 降低了粪便和肠腔外组织中 DPP4 的活性。DAU-d4 处理增加了活性 GLP-1 含量，与较高的葡萄糖刺激胰岛素水平和改善的口服葡萄糖耐量试验反应有关。Bt 定植削弱了 DAU-d4 作用，而 Bt-△DPP4 则没有。DAU-d4 在 DPP4-/-小鼠中同样有效。饲喂 HFD 12 周后小鼠再用 DAU-d4 治疗 6 周，显著降低了粪便和肠腔外组织中 DPP4 的活性，提高了肠道和血浆中活性 GLP-1 的水平，并改善了糖耐量。对 ob/ob 小鼠的作用与抑制活性 GLP-1 的降低有关，DAU-d4 和西格列汀的组合，在不改变体重、食物摄入量或宿主 DPP4 的肠道水平的情况下，进一步改善了 ob/ob 小鼠的糖耐量。

该研究开发了一种基于活性识别未表征的肠道微生物-宿主同工酶的方法，从而提供了对肠道微生物区系-宿主相互作用的更深层次的理解。肠道微生物二肽基肽酶（DPP4）同工酶可以破坏宿主的葡萄糖稳态，微生物 DPP4 活性的变化可能是 2 型糖尿病（T2DM）患者对西格列汀（DPP4 抑制剂）的异质性反应的原因之一。研究者强调了开发针对宿主和肠道微生物酶的治疗方法以获得更大的临床疗效的前景。

四、合成生物学在微生物药物研究中的应用

天然产物一直是药物先导化合物的重要来源，但 20 世纪 80 年代兴起的组合化学和高通量筛选技术，使传统药物发现受到冷落，许多大型制药公司大幅裁减了基于天然产物药物挖掘的项目，主要原因有两个：一是传统技术与方法发现的天然产物骨架有限；二是天然产物在鉴定、纯化、合成和规模化生产等方面存在重大技术挑战。进入 21 世纪，高通量基因组测序技术的迅速发展及分子生物学操作技术的日趋成熟为开发新的天然产物发掘方法创造了条件，特别是合成生物学概念与相关技术的快速崛起，使科学家们可以高通量分析、预测未知化合物的骨架结构，也可以设计和改造合适的底盘细胞，从而提高已知化合物的产量以及获得更多结构修饰的新化合物。这一理念先后在大环内酯类抗生素和抗疟化合物青蒿素的开发中获得成功，并在更多微生物天然药物研究中大放异彩。

1. 氨基糖苷类抗生素

作为曾经治疗细菌感染的一线临床药物，氨基糖苷类抗生素在人类与病原微生物的抗争中做出了巨大贡献。虽然这一大类药物一直以来因其耳毒性和肾毒性等毒副作用而颇受诟病，并且因其日益严重的耐药性而受到严峻挑战，但借助合成生物学能使这些经典"老药"焕发新的活力。庆大霉素是氨基糖苷类代表性化合物，临床上曾经是治疗由革兰氏阴性菌所引发严重感染的首选药物。庆大霉素骨架上复杂多样的甲基化和氨基化修饰与其生物活性密切相关，也是其耐药性产生的关键结构单元。孙宇辉课题组从单基因功能

的探究到多基因网络的解析,全面揭示了庆大霉素甲基化立体交叉代谢网络,为庆大霉素复杂多组分的产生提供了合理的解释,更重要的是为定向产生高效低毒的庆大霉素单组分提供了一张清晰的代谢线路图。西索米星是庆大霉素的结构类似物,但性能上大大优于后者,孙宇辉课题组开发了一种将 CRISPR-Cas9 系统与体外 λ 包装系统相结合的克隆方法,成功用于西索米星合成基因簇的靶向克隆(40.7kb),为后续西索米星的开发奠定了基础。这种基因簇克隆的新颖方法普适性好,有望广泛应用于微生物天然产物途径的高效克隆。

C_7N 氨基环醇 β-valienamine 和 valienamine 是用于开发新型生物活性 β-糖苷酶抑制剂的平台化合物,由于结构中存在多手性中心,对其进行化学全合成非常困难。冯雁课题组和白林泉课题组利用来自圆形芽孢杆菌(*Bacillus circulans*)的具有立体选择特异性的异源氨基转移酶 BtrR,设计了 β-valienamine 的人工合成途径并实现了在井冈霉素产生菌吸水链霉菌 5008(*Streptomyces hygroscopicus* 5008)衍生菌株中的生产。接着,他们运用蛋白质进化技术,将来自大肠杆菌的 BtrR 同工酶 WecE 改造成活性提高了 32.6 倍的突变体酶 VarB,并将突变体酶 VarB 的编码基因引入吸水链霉菌 5008 衍生菌株,实现了一步法发酵产生 valienamine(图 5-15)。这项工作通过合成生物学的理念建立了快速生产 β-valienamine 和 valienamine 的途径,大大简化了常规生产时所涉及的有效霉素 A 合成和降解的多个生物合成步骤。α-葡萄糖苷酶抑制剂阿卡波糖是由放线菌 *Actinoplanes* sp. SE50/110 产生的治疗 2 型糖尿病的主要药物。阿卡波糖的生物合成途径一直未被清晰揭

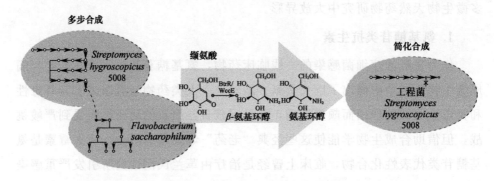

图 5-15　valienamine 天然多步合成途径及改造后的简化合成途径

示,严重阻碍了在产生菌中提升其发酵效价。白林泉课题组发现化合物 1-*epi*-valienol 和 valienol 是阿卡波糖合成途径的旁支产物,并在发酵液中大量累积,这是由氨基脱氧己糖单元合成不充分造成的。在此基础上,该课题组改造了阿卡波糖的代谢通路,减少旁支产物的同时提高了氨基脱氧己糖这一前体物的合成量,最终将阿卡波糖的产量提升至 7.4g/L。这项工作也证明,利用合成生物学的理念和手段,可以将已有的合成途径进行理性改造,从而大幅提高天然药物效价。

2. 核苷类抗生素

核苷类化合物结构独特,临床上许多用于治疗病毒感染性疾病的药物以及农业上用于生物防治植物病虫害的抗生素都来自这个家族。核苷类抗生素的生物合成逻辑并不复杂,一般是通过简单的碱基模块构建复杂的分子,但合成过程涉及许多复杂的多酶反应。近年来,核苷类抗生素生物合成领域取得了多项突破,为通过合成生物学针对性地制造人工设计的核苷类药物铺平了道路。陈文青课题组发现并解析了多氧霉素(polyoxin)中氨甲酰基聚草氨酸(carbamoyl poly-oxamic acid,CPOAA)的生物合成途径,并体外重构了 CPOAA 的生物合成途径,丰富了核苷类抗生素可编辑的合成元件。同时,他们解析了多氧霉素核苷骨架 C-5 特殊的甲基化修饰和喷司他丁(pentostatin,PTN)以及维达拉滨(vidarabine,Ara-A)C-2 羟基的异构化,为核苷类抗生素的体外改造提供了参考。他们还解析了间型霉素(formycinA,FOR-A)和吡唑呋啉(pyrazofurinA,PRF-A)等嘌呤相关的 C-核苷类抗生素核糖与吡唑衍生物的碱基 C-糖苷键的催化基础,以及结核菌素(tuberculin,TBN)等核苷类似物嘌呤与糖苷的 N-糖苷键连接途径。这些核苷类抗生素的组装逻辑的阐明不仅为进一步了解相关核苷类抗生素的生物合成提供了酶学基础,而且有助于通过合成生物学策略合理设计更多的杂合核苷类抗生素。最近,他们报道了一种靶向基因组挖掘方法,寻找并表征了海口小单孢菌 DSM45626 和柠檬色链霉菌 NBRC13005 中嘌呤核苷类抗生素芒霉素(aristeromycin,ARM)和助间型霉素(coformycin,COF)的生物合成途径,为合理寻找嘌呤类抗生素开辟了新的途径(图 5-16)。研究结果阐明了多个核苷类抗生素的生物合成途径以及组装逻辑,丰富了该家族可编辑的合成元件,并找到多处核苷类抗生素可修饰位点,有助于将来通过合成生物学策略定向设计多修饰位点的杂合核苷类抗生素。

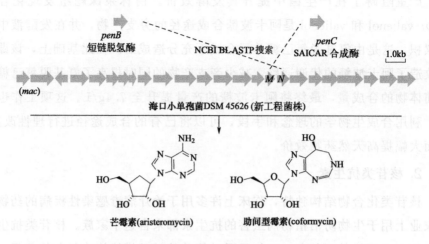

图 5-16 嘌呤核苷类抗生素的靶向基因组挖掘

3. 核糖体肽

核糖体肽是一大类具有高度结构多样性和多种生物活性的天然产物。到目前为止，已经发现了 20 多个不同的核糖体肽家族，每个家族都具有独特的化学特征。硫肽类抗生素是一类富含元素硫、结构被高度修饰的核糖体肽，具有包括抗感染、抗肿瘤和免疫抑制等在内的一系列重要生物活性。因此，对硫肽类的生物合成研究有助于理解肽或蛋白质的复杂翻译后修饰过程，并能指导开发新的肽类药物。那西肽（nosiheptide）是最早被解析生物合成途径的核糖体肽之一，近年来，刘文课题组解析了一类自由基 S-腺苷甲硫氨酸（SAM）甲基转移酶 NosN 的功能，该酶除了催化甲基转移，还可以通过功能化 S 偶联的吲哚部分选择性地构建一碳单元，与硫肽骨架形成酯键并建立 nosiheptide 特有的侧环系统，来转化聚噻唑基肽中间体。同时，刘文课题组还解析了硫肽类抗生素的中央哌啶杂环的生物合成，这一成果极大地丰富了核糖体肽的合成和修饰元件。硫链丝菌素（thiostrepton，TSR）和盐屋霉素（siomycin，SIO）也都是硫肽抗生素的重要代表，可有效拮抗多种革兰氏阳性菌，并已被用作动物抗菌剂使用。基于 TSR 与原核病原体的构效关系，刘文课题组构建了一个新型硫肽化合物组合合成平台，得到了经喹啉酸（quinaldicacid，QA）修饰的 SIO 类似物，并生成了一个新的 SIO 衍生物 5′-氟-SIO，其水溶性相比天然硫肽化合物有很大改善，且抗菌活性超过 TSR，这为利用合成生物学策略改造现有核糖体肽的理化性质提供了新思路（图 5-17）。除了硫肽类化合物，其他核糖体肽家族化合物的研究也正如火如荼地进行。张琪课题组以 cypemycin 为模型，分析了前体肽成熟所涉及的构效关系，生成了一系列新的 cypemycin 突变体，其中 T2S 突变体表现出对微球菌的活性增强。这项研究凸显了运用基因组挖掘和合成生物学技术探索核糖体肽的潜力。

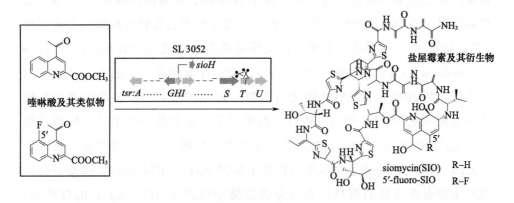

图 5-17　喹啉酸及其类似物喂养工程菌 SL 3052 生产盐屋霉素及其类似物

4. 萜类

萜类是自然界中最为丰富的一类化合物，在生物医药、能源、食品和化妆品领域有着广泛应用，著名的青蒿素和紫杉醇都属于这一大家族。时至今日，研究人员对萜类化合物生物合成元件的挖掘还远远不足。为此，刘天罡课题组对丝状真菌来源的 I 型萜类环化酶进行系统发育分析，发现第三个进化分支（Clade Ⅲ）上的萜类环化酶具有底物及反应杂泛性的潜质。随后，该课题组在前期对萜类化合物"定向合成代谢"深刻认识的基础上，构建了一个含有 3 个不同模块（底物供给模块、不同异戊二烯前体合成模块、萜类合酶模块）的萜类化合物组合生物合成平台，研究 2 个位于 Clade Ⅲ 分支的萜类环化酶 FgMS 和 FgGS 合成萜类化合物的潜力。结果显示，它们能够合成多达 50 种单萜、倍半萜、二萜以及二倍半萜化合物，其中包含 3 个全新骨架，从而证明了上述萜类化合物组合生物合成平台的有效性与高效性。维生素 E 是全球市场容量最大的维生素类产品之一，其化学结构中含有萜结构单元，一直以来，工业上依靠化学法对其进行合成。刘天罡课题组与能特科技公司合作，采用微生物发酵合成的法尼烯为中间体来合成维生素 E 前体——异植物醇，进而合成维生素 E，颠覆了国外垄断数十年的化学全合成技术，为萜类药物的生物合成提供了新思路。酿酒酵母是天然化合物生产的优质异源宿主，然而，它对亲脂性天然产物，特别是在细胞内积累的化合物，例如聚酮化合物和类胡萝卜素，显示出有限的产量。刘天罡课题组将谷氨酸镰刀菌中的倍半萜烯合酶 FgJ03939 放在酿酒酵母底盘中得到充分利用，以生产新型倍半萜品镰刀菌二烯、表-岩藻糖醇、岩藻糖醇和 5/7、5/6/3 三环系统以及 5 个已知的倍半萜，这极大丰富了萜类化合物可编辑的合成元件（图 5-18）。赵广荣课题组重建了正交柠檬烯生物合成（orthogonal limonene biosynthetic，OLB）途径，该途径引入 NPP 合成酶编码基因 SlNDPS1，从而实现了将 IPP 和 DMAPP 转化为 NPP（cis-GPP），再由植物来源的柠檬烯合成酶催化 NPP 转化为柠檬烯。结果显示，正交柠檬烯生物合成途径能比传统柠檬烯生物合成途径更加有效地生产柠檬烯，当感应葡萄糖的启动子 $HXT1$（P_{HXT1}）在染色体水平调控竞争基因 $ERG20$ 的表达时，携带正交柠檬烯生物合成途径的菌株在补料分批发酵中可产生 917.7mg/L 的柠檬烯，比传统柠檬烯生物合成途径增加 6 倍，是目前报道的最高产量。在酿酒酵母生成萜类化合物研究中，正交工程策略正展现出巨大的潜力。

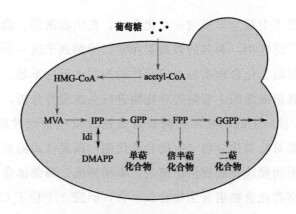

图 5-18　酿酒酵母中萜类化合物合成通路

目前，利用合成生物学构建的人工合成体系通常不具备天然催化体系中酶的高度组织性，由此会大大降低整体的催化效率，并会导致代谢流不平衡。为解决这一难题，刘天罡课题组和夏江课题组开发了一种人工蛋白骨架结构，该结构基于一对简单的多肽相互作用标签 RIAD 和 RIDD，RIDD 会自发形成生理条件稳定的二聚体，RIAD 则会进一步与 RIDD 二聚体结合，形成稳定的三聚结构，通过在目的蛋白上分别融合表达这一对多肽标签，就能实现原本存在物理分割的代谢通路的链接，使人工合成体系运转得更为高效。将这一技术运用到萜类化合物虾青素和类胡萝卜素的生物合成中，在底盘细胞中对萜类合成前体的代谢关键节点进行了精准组装进而汇聚代谢流，成功实现了高产。这项工作证实，通过人工蛋白骨架结构可以将目标化合物的关键合成节点进行连接，从而解决底物传递以及代谢流不平衡等问题，最终实现目标分子产量的提升。毫无疑问，人工蛋白骨架技术是未来合成生物学的一大热点，将在更多更为复杂的生物体系中得到应用。

5. 聚酮化合物

阿维菌素等具有重要药用价值的聚酮化合物是放线菌的次级代谢产物，主要在发酵罐中菌体生长的稳定期产生，而聚酮化合物生物合成的细胞内代谢物源头一直未有定论。王为善课题组、张立新课题组和向文胜课题组联手，通过控制细胞内三酰甘油（TAG）的代谢流大幅提高了链霉菌多聚酮的效价。研究人员首先运用多组学技术发现，在菌体的初级代谢中，胞内积累的 TAG 在稳定期会降解，这一过程将导致碳代谢从胞内 TAG 和胞外底物的合成流向聚酮化合物的生物合成。基于这一发现，研究人员设计了一种名为"TAG 的动态降解"（ddTAG）的策略，提高了天蓝色链霉菌、委内瑞拉链霉菌、缘条链霉菌和阿维链霉菌中放线菌素、杰多霉素 B、土霉素和阿维菌素 B1a 的滴度，尤其将 ddTAG 应用到 180t 工业规模发酵中，可将阿维菌素 B1a 的效价提高到 9.31g/L，这也是迄今为止阿维菌素的最高发酵效价。另一个通过改变前体供应代谢流来提高聚酮类药物发酵产量的例子是红霉素。红霉素的生物合成通常是以丙酰辅酶 A 为直接前体，但丙酰辅酶 A 的过量供应会导致高丙酰化引起的反馈抑制，从而影响红霉素的发酵。为解决这一问题，叶邦策课题组开发了一种能解除丙酰基转移酶引起的反馈抑制来提高细胞中丙酰辅酶 A 供应的策略，结果显示，基因工程菌株中红霉素产量比工业高产菌株 Ab 高出 22%。这项发现揭示了蛋白质酰化在抗生素合成前体供应中的作用，并为应用合成生物学提升次级代谢产物产量提供了有效的翻译后修饰策略（PTM-ME）。

随着病原菌耐药性的日益加重，以及新型疾病的不断出现，我国生物药物产业的发展正面临着自主知识产权药物品种匮乏、品质提高和规模化生产等诸多方面的难题和机遇，而合成生物学则是促成我国生物药物产业超常规发展的核心动力。我们要继续在天然药物资源挖掘、合成基因元件库搭建、药物人工合成体系深度优化、高效基因编辑技术开发、酶蛋白结构生物学与分子进化等方向开展研究，并积极布局合成生物学前沿，包括生物传感器（biosensors）、基因组尺度的代谢网络模型（genome-scale metabolic models）、基于生物的化学地图（bio-based chemicals map）等，最终实质性加强基础研究与工业化生产的深入对接，系统整合各方实力，建立我国从上游到下游，从源头到产品的系统性和可持续的药物研发体系，彻底变革小分子药物的创制模式，实现我国生物医药产业的源头创新和转型升级。

第五节　合成生物学的发展趋势

一、未来合成生物学的主要研究方向

未来合成生物学的主要研究方向将在"先进使能技术""生物功能元件的设计与构建""人工设计与合成生物体系"以及"智能生物系统对环境因子的感知及反馈"等方面。

① 先进使能技术的开发和应用。内容包括：探索新型的基因合成、基因编辑和基因组装技术；研究基因密码子的扩展及其应用，例如利用非天然氨基酸来设计关键酶等。

② 人工合成生物体系的建立和重构。内容包括：利用合成生物学方法探索和理解生命的基本规律，例如通过人工合成生命体基因组等方式；研究人造细胞重构的原理以及进化机制，例如构建人工多细胞体系，包括动物、植物、微生物等。

③ 生物元件挖掘及合成生物的高效应用。内容包括：研究代谢网络的重新构建及其与底盘的适应性；合成天然和非天然产物，如药物和生物材料等。

④ 智能生物系统对环境因子的感知及反馈。内容涉及人工体系在光遗传学、抗逆、生物传感等方面的智能调节。

二、未来合成生物学重点关注的科学问题

未来 3~5 年，合成生物学研究重点将在以下 7 个科学问题上，并开展跨学科的原创性研究。

① 挖掘和表征生物元件及隐性的生物合成途径，以揭示和阐明关键的化学规律；在分子水平上精确表征和规范生物元件（群）；建立高质量的重组微生物生产体系库和基因元件库；以生物元件为基础实现生物合成的精准调控。

② 探索并定向进化智能元器件及生物合成体系。利用功能基因和调控机制深入挖掘智能元件与调控网络；通过人工定向进化方法定制生产生物元件；建立动态网络模型以解析并优化生物合成体系的关键节点；根据实际需求重建代谢网络生物体系与智能合成系统。

③ 通过 DNA 组装及合成，对底盘细胞进行基因编辑，优化元件线路与底盘细胞；利用代谢工程及系统生物学方法对现有代谢通路进行人工改良；挖掘合成生命的系统集成与适配性规律；阐明生物底盘系统与外源元件交互作用理论。这些方法将有助于实现功能分子人工合成通路及其与底盘的适配性。

④ 智能化环境影响的合成生物体系。挖掘与环境抗逆性相关的基因元器件，对微生物的人工代谢网络进行重构；构建生物传感器识别开关元器件并感知环境变化；设计与组装智能微生物调节引擎、pH 控制器、抗氧化防御系统以及其他环境适应性调节装置。

⑤ 研究合成生物体系的生物学机理。深入探究酶的催化反应机理，进行酶的定向进化以创造新酶；全面分析酶序列结构与功能的整合；探索调控因子的作用机制和改造方法，实现从单基因分子向多基因分子进化的技术突破；探究调控因子的作用机理和改造机制，构建高效合成微生物体系。

⑥ 构建人工合成生物体系的新范例。通过人工手段进行基因组设计和合成，对微生物（生物体）进行基因改造；从全基因组层面揭示遗传物质的作用机制、遗传信息的传递与调控规律；有目标地设计和改造生命体，实现预设的功能。

⑦ 创新人工生物体系的构建与运作技术。推动基因合成、基因编辑及基因组装等技术的研发与推广；研究基因密码子扩展的方法及其在非天然氨

基酸设计中的应用；实现生物大分子的定向进化以及人工设计；构建关键调控网络，并研究多重调控通路交叉协同的机制；优化基因回路设计的动态网络建模；探索新的生物合成路径编辑改造及优化方法。

三、合成生物学产业发展趋势

近年来，合成生物学产业繁荣发展，全球众多初创公司如春笋般涌现，引领了资本市场对这一创新领域的浓厚兴趣。据 SynBioBeta 数据，2018 年全球合成生物学公司获得的融资规模接近 40 亿美元，2019 年为 31 亿美元。而令人瞩目的是，到了 2020 年这一数值跃升至 78 亿美元，同比增长高达 1.5 倍，并且有 74 家合成生物学公司成功上市。根据麦肯锡的预测，到 2025 年，合成生物学产业将在生物制造领域产生巨大的经济影响，预计达到 1000 亿美元，其中大部分的物质将可能通过生物制造方式生产。此外，合成生物学在医药健康领域的经济影响预计在 0.5 万亿～1.2 万亿美元。在未来 10～20 年内，该领域的应用将减轻全球疾病负担的 1%～3%，并最终解决全球疾病总负担的 45%。

合成生物学产业生态具有广泛的覆盖面，涵盖了各种不同的技术和产业方向，并且每个方向都拥有相当的市场规模。因此，可以将整个合成生物学产业划分为大致的上、中、下游三个领域。其中，上游领域致力于开发使能技术，包括 DNA/RNA 合成、测序与组学以及数据相关的技术、产品和服务；中游领域则是专注于对生物系统和生物体进行设计、开发的技术平台；下游领域则涉及人类衣食住行方方面面的应用开发和产品落地。值得注意的是，合成生物学公司的技术和创新通常不会局限于上述产业的某一个层次。特别是对于着重下游应用和产品落地的公司，需要具备打通从研发到产品落地全链条的过硬能力，以降低自身的商业风险和确保强竞争力。同时，来自上、中、下游的重大突破和创新也在相互促进和加强，共同推动整个合成生物学产业的发展。

1. 合成生物使能技术公司

解析基因组信息是现代生物学研究的基石。1990 年开始的"人类基因组计划"耗时 13 年，耗资约 30 亿美元，成功绘制出人类基因图谱。然而，只有当 DNA 测序变得更加快速和廉价时，我们才能充分挖掘各种生物基因图谱的潜力。自 2003 年人类基因组测通以来，DNA 测序成本的下降速度已经超越了电子工程中的"摩尔定律"。到 2019 年，人类个体全基因组测序的价格已经低于 1000 美元，并有望在未来 10 年降至 100 美元以下。测序成本的降低和产量的提高导致生物数据的急剧增加。此外，除了基因组信息外，转录组、代谢组等组学技术的进步推动了我们对于细胞内分子和系统网络的深入理解，并增强了设计生物系统的能力。

合成生物学聚焦于以系统化方法来设计、改造和创建具有特定功能的生物系统，生命的编码和控制密码由核酸掌握。因此，DNA/RNA 的编辑、合成和组装技术成为合成生物学产业的基石。科研机构和产业界获得的大量研究数据需要通过信息载体的合成来转化为实际价值。在 DNA 读写领域，已经形成了一定的商业态势，其突破之处在于技术的持续创新带来了读写长度的增加、保真度的提升和成本的逐渐降低。根据 BCC Research 的报告，全球 DNA 读写和编辑应用市场预计将从 2019 年的 170 亿美元增长到 2024 年的 431 亿美元。作为 DNA 合成领域的领军企业，Twist Bioscience 公司自 2013 年成立以来，其开发的基于硅芯片的 DNA 合成技术显著提高了 DNA 合成通量并降低了化学试剂的用量，为客户提供包括寡核苷酸文库在内的 DNA/RNA 合成产品。Twist Bioscience 已于 2018 年在纳斯达克成功上市。另一家美国公司 Synthego 则运用生物信息学、机器学习和自动化技术开发了一套自动化合成 RNA 的系统，用于构建 CRISPR 工具包和 sgRNA 文库，为制药行业的客户提供服务。Synthego 公司的核心产品 CRISPRevolution 可以在自动化实验室内实现快速、精准的 sgRNA 合成，相较于传统方法，其成本降低了 80%。同时，通过优化算法，sgRNA 能够使细胞内基因编辑效率高达 90%。2020 年 8 月，Synthego 获得了 1 亿美元的 D 轮融资。法国 DNA Script 公司开发了无模板酶促 DNA 合成技术，其 "SYNTAX DNA Printer"台式设备可以在实验室中快速、高效、高保真地合成目标寡核苷酸序列。DNA Script 公司与通用电气合作，利用其 DNA 合成技术研发针对新型冠状病毒感染（COVID-19）的疫苗和疗法。2020 年 7 月，DNA Script 公司宣布完成了 8900 万美元的 B 轮融资。2021 年 4 月，Molecular Assemblies 公司宣布完成了 2400 万美元的 A 轮融资，该资金主要用于推动酶促 DNA 合成的商业化发展。公司的总裁兼首席执行官 Michael Kamdar 表示，他们在开发酶促 DNA 合成技术方面取得了重大进展，这种技术能够克服传统化学合成的众多限制。据SynBioBeta报道，Molecular Assemblies拥有一项关于两步酶促DNA合成工艺的专利，这项技术能够在不使用模板的情况下按需提供高纯度的特定序列DNA。近年来，中国的DNA合成服务行业呈现出强劲的增长趋势，众多出色的国内DNA合成芯片公司开始崭露头角，逐渐打破DNA合成的技术壁垒。其中，苏州泓迅生物科技股份有限公司被誉为"国内DNA制造第一股"，成功自主研发了Syno®1.0～Syno®3.0三个DNA合成平台。基于这些平台，他们进一步开发了生物技术转化及应用平台——泓迅"GPS"平台。该平台将基因型（Genotype）、表型（Phenotype）和人工合成型（Synotype）进行联合分析，从而高效地满足下游科研需求，包括人源化抗体库构建、基因工程疫苗开发、工业酶优化、染色体/基因组的合成、分子辅助育种以及DNA信息存储的技术开发等。泓迅生物科技股份有限公司成立于2013年，2014年获得华大基因1000万元的战略投资，随后于2017年在新三板顺利上市。据2020年7月发布的《2020年度创业板非公开发行A股股票预案》显示，华大基因计划募资20亿元，投向5个项目，其中包括建设DNA合成基地以扩大DNA合成产能。另外，2018年在上海成立的迪赢生物科技有限公司专注于新一代DNA合成技术、NGS的全面解决方案的创新。该公司成功研发出具有自主知识产权的Micropore高通量DNA合成平台和QuarXeq双链RNA探针捕获技术，并获得了数千万元的A轮融资。

  除了在科研领域的常见应用，合成生物学企业也在积极探索如何将DNA测序和合成技术应用于功能性产品的创新开发。例如，Hexagon Bio公司，这家于2016年成立的公司，专注于利用DNA序列来发掘和设计药物。他们通过测序和排序真菌基因组，巧妙地结合数据科学和生物学，成功构建了一个高效快速的真菌基因组筛选平台。此平台的主要任务是寻找并开发具有突破性的药物分子，从真菌中寻找新的治疗可能性。令人振奋的是，在2020年9月，Hexagon成功获得了4700万美元的A轮融资，这标志着他们在这条创新道路上迈出了重要的一步。

  除此之外，随着DNA读写技术的日益精进和成本的逐渐降低，DNA存储已成为合成生物学领域中备受关注的新兴领域。在信息爆炸的数字化时代，数据的存储与安全对于社会的稳定运行至关重要。而DNA的四碱基编码方式及其易于保存和获取的特性，使其成为极具潜力的存储介质。据

Gartner报告预测，到2024年，将有30%的数字商业公司强制进行DNA存储实验，以应对数据的指数级增长，从而超越现有的存储技术。因此，Twist Bioscience、DNA Script、Molecular Assemblies等DNA合成企业纷纷开启DNA存储项目，与此同时，该领域也涌现出许多初创企业。其中，最具代表性的是美国初创公司Catalog。Catalog成立于2016年，专注于构建基于DNA的数字数据存储和计算平台。2018年6月，Catalog成功使用DNA存储了小说《银河系漫游指南》和诗歌《未走的路》，2019年6月，他们完成了16 GB英文维基百科数据的DNA存储。在2020年9月，Catalog宣布完成了一笔可观的融资，金额达到数千万美元。同时，一家名为Helixworks Technologies的爱尔兰公司在DNA存储领域表现优异。该公司推出的开源DNA数据存储平台MoSS有着惊人的存储密度，每平方毫米能达到2.5PB。更令人震惊的是，该平台的写入成本低至0.005美元/字节。有报道称，Helixworks Technologies已经获得了欧盟的资助，将进一步推动DNA数据存储的研究。此外，成立于2016年、总部设在美国加州的Iridia公司也是DNA存储领域的佼佼者。该公司的技术有可能将目前超过100万美元的成本降低到不足1美元。在2021年3月，Iridia公司宣布完成了2400万美元的B轮融资。

除了涉及核酸合成、测序和组学等领域，还有一些公司专注于开发生产力和软件类产品。这些公司为不同领域的研发打造了多种软件产品，使科学家和企业能够更高效地管理DNA信息、实验室硬件和实验流程等，从而提升研发效率。其中，美国的Benchling和英国的Synthace是具有代表性的两家公司。Benchling的生命科学云研发平台在全球拥有超过30万名用户，并于2021年4月完成了2亿美元的E轮融资。

DNA合成、测序和组学技术是合成生物学的基础，它们的进步对整个学科的发展起着决定性作用。从全球视角来看，该行业已进入低成本竞争阶段，技术的持续更新及成本的逐渐降低成为推动企业发展的关键因素。在此领域，国内企业正在迅速追赶，逐步打破国际领先企业的技术垄断。然而，在应用领域，如基因组学和DNA存储等方向，国内尚处于起步阶段，整个行业还未形成成熟的模式。

2. 合成生物平台类公司

合成生物学涵盖了从基因编辑到商业化落地的广泛领域，其中涉及的技术链条异常复杂。将实验室研究转化为实际的产品和服务，需要我们对多种专业技术进行高密度、深度的整合，并建立前所未有的基础设施和方法流程。在这个过程中，合成生物平台类公司发挥着"生物基解决方案"的设计师和开发者角色，为传统企业开拓新的价值领域。

Ginkgo Bioworks 这家美国公司自 2008 年成立以来，便在合成生物学领域独树一帜。经过 2020 年 5 月的 F 轮融资，该公司成功筹集了累计约 14 亿美元的资金，并在 2021 年 5 月以 175 亿美元的 SPAC 方式正式上市。该公司依靠其先进的自动化菌株开发工程、蛋白质工程和发酵工程平台，能够高效地开发和评估微生物菌株，为客户提供定制化的生物解决方案。此外，该公司的自动化平台每月能执行超过 15000 项自动化实验任务，对数千种微生物设计进行测试，从而避免了人工实验中的重复工作，大大提高了研发效率。在 2020 年 6 月，Ginkgo Bioworks 获得了由 Illumina 领衔的 7000 万美元投资，着手打造专注于 COVID-19 检测的项目 Concentric，并凭借其卓越的技术平台，为美国的学校提供核酸检测服务。同时，该公司还与农业公司 Corteva Agriscience 展开合作，利用合成生物学设计创新性的作物保护技术。在 2020 年 12 月，美国国防高级研究计划局宣布与 Ginkgo Bioworks 合作，投入 1500 万美元开发生物防蚊制剂。除美国之外，中国也有以杭州恩和生物科技有限公司和杭州衍进科技有限公司为代表的平台型公司。其中，恩和生物专注于开发自动化、高通量的工业生物研发平台，其业务范围涵盖医药、化工、食品等多个领域。在 2020 年 9 月，恩和生物宣布完成了 1500 万美元的 A 轮融资，并在 2021 年 3 月获得国际化工巨头巴斯夫的战略投资。

然而，仅仅依赖平台为客户提供研发服务，还不足以支撑平台型公司的可持续发展。因此，那些拥有技术链条整合能力的平台类公司，纷纷将其高效实用的平台技术延伸到不同应用领域，以实现产品的实际应用。以 Amyris 公司为例，该公司由 Jay Keasling 教授与 Vincent Martin、Jack Newman、Neil Renninger、Kinkead Reiling 等联合创办，自成立以来一直从事抗疟药物青蒿素及其他萜类化合物的生产。Amyris 是合成生物学领域第一家在纳斯达克上市的企业，如今已成为化工和燃料行业法尼烯和长链烃类化合物生产的知名企业。该公司利用人工酵母生产角鲨烯，成功地替代了传统的鲨鱼肝油和高精度橄榄油的提取技术路线。此外，Amyris 还打造了一系列以天然成分为主打的美妆品牌。2020 年，Amyris 的年销售额达到了 1.73 亿美元。

同样以自有平台为基础打造产品的还有美国的合成生物学明星公司Zymergen。该公司的核心竞争力在于其研发平台的关键组成部分，该平台整合了先进软件算法、机器人技术、数据科学、实验测试和研发流程。通过利用自动化的高通量实验系统，Zymergen能够在短时间内构建出大量不同基因型的菌株，并通过测试生成大量数据，并运用机器学习进行分析，提出新的假设，然后进入下一个实验循环。此外，Zymergen的业务范围覆盖了生物基因数据、合成生物学研发自动化以及下游的材料科学、材料设计、改性和加工聚合等环节。2021年4月，Zymergen在纳斯达克成功上市，其上市的主要驱动力是可用于柔性屏制造的自研产品——Hyaline（聚酰亚胺薄膜）。聚酰亚胺是一种常见的柔性屏材料，被广泛应用于电子产品中。然而，长期以来，这种材料面临着耐折叠性和耐热性等问题。为解决这些问题，Zymergen通过合成生物学的方法，从海洋微生物中分离出酶，合成了带有氟原子的二胺单体后，与日本住友化学株式会社合作开发聚合工艺，最终成功生产出Hyaline。

国内有一家名为蓝晶微生物的公司，通过其研发平台成功打造出多个落地产品，展现了强大的研发实力。该公司的研发平台涵盖了从分子结构设计到微生物菌株开发，再到小试与中试生产、材料改性加工等各个环节，为产品的定制化开发提供了全面保障。蓝晶微生物的核心产品——生物可降解材料PHA（聚羟基脂肪酸酯）已经成功实现应用，引领了环保领域的新潮流。此外，该公司还借助其研发平台的优势，积极研发其他创新产品，例如具有缓解焦虑功能的功能饮料成分和能够补偿人体常见代谢缺陷的新型功能益生菌等。在2021年8月，蓝晶微生物完成了超过6亿元的B轮融资，进一步巩固了其在研发和产品落地领域的领先地位，预示着更为广阔的发展前景。

3. 合成生物产品/应用类公司

2020年的COVID-19全球大流行让我们更加深刻地认识到生命科学的重要性，同时也加速了生物学从实验室到社会生产生活的应用步伐。现代生物技术产业经历了三个关键的变革阶段：首先，1982年重组人胰岛素的上市揭开了医药生物技术的序幕；其次，1996年转基因大豆、玉米、油菜的陆续上市象征着农业生物技术的突飞猛进；最后，当前正经历的是工业生物技术的崛起。相较于前两次浪潮，新一轮的生物科学创新浪潮汇聚了计算机科学、自动化、数据科学等跨学科技术的力量,不仅保障了人类的基本生存需求,更在广泛领域中重塑了生产活动模式,包括健康、农业、消费产品、能源和材料等。在这一进程中,合成生物学作为一门综合性的科学,为这一变革提供了全面且深厚的支持与推动。

在健康领域应用合成生物学主要有两种实施方式:一种是对微生物进行精细调控和改造,使其能够生成特定的药物分子,或者将它们本身作为药物,从而达到治疗疾病的效果;另一种是借助合成生物学的独特思维和设计原理,对哺乳动物细胞进行深度改造,赋予它们特定的功能,例如在器官移植、细胞治疗以及疫苗生产等方面的应用。随着城市的持续扩张,城乡比例逐渐失衡,加上近年来全球自然灾害和社会危机频发,现有的食品供给系统越来越无法满足人类日益增长的食品需求,同时还会带来严重的环境问题。因此,运用新技术实现农业和食品领域的突破显得尤为关键。随着全球范围内以石油和化学为基础的经济面临萎缩,人们对天然来源和可持续产品的关注度不断增强。在此背景下,尽管石油价格持续下滑,但资本和市场对生物基产品的需求依然保持强劲。合成生物学技术可以最大限度地利用经过亿万年进化的生物系统的生产能力,使用生物碳源代替不可再生的化石碳源,创造一个真正可再生、可持续、环境友好的物质生产模式。合成生物学技术在制造领域有着广泛的应用,包括材料、能源和各种所需的功能分子等。除了生成生物来源的化合物和分子,合成生物学还为众多传统石油基化合物提供了更具经济效益和竞争力的解决方法。有理由相信,利用合成生物学进行生物基产品的研发和生产,可能会成为多数合成生物学企业最终的战略重点。

第六章
合成生物学的生物安全与伦理问题

第一届合成生物学国际会议于 2004 年在美国麻省理工学院（MIT）举行。当时合成生物学刚刚引起人们的重视，还远不及现在影响深远，参会的人并不多，会议的主要问题也只是以如何推进合成生物学的发展为主。从 2006 年起，合成生物学国际会议开始扩大规模，邀请全世界范围内所有从事和对合成生物学感兴趣的研究者参加。2006 年的合成生物学国际会议在美国的加州大学伯克利分校（UCB）举行，会议以邀请报告的形式开始，并针对合成生物学可能引发的生物安全、伦理和知识产权等社会问题发表声明。2007 年，为了进一步扩大合成生物学的影响，合成生物学国际会议在瑞士苏黎世联邦理工学院（ETH）召开。2008 年 10 月，合成生物学国际会议在中国香港举行。全世界的合成生物学研究者以及对合成生物学感兴趣的学者云集在主办地共同商讨合成生物学方方面面的问题。

第一节　合成生物学的生物安全风险

一、合成生物学技术的安全风险来源

合成生物学技术作为生命科学的前沿技术，在各个领域应用前景广泛。然而，合成生物学技术作为一项颠覆性的生物技术，同样具有创造的不可逆转性，势必会带来不可预见的生物安全与伦理风险。与 20 世纪 70~80 年代遗传工程的相关争论非常类似，合成生物学一经出现立刻引起了社会的广泛

关注。德国社会学家乌尔里希·贝克教授说："无知和粗心大意是威胁的根源，今天的科学技术是潜在的危险，这种危险不仅存在于今天，而是随着科学技术不断发展的。"这种威胁在过去没有得到充分承认，因为这种现象本身并不构成"威胁"或"灾难"，而是成为一个可能发生损失的起点。在这个技术全球化的时代，风险必然全球化。尽管科学家的研究初衷都是好的，防御系统也是极其严密的，然而，不可否认，生物系统的复杂性远远超出当前人们的认知和预料，它可以进行自我修复、自我管理，甚至能发生突变以适应环境。人们不禁担心，随着"造物技术"的不断发展和广泛应用，在生物合成监管的相关规定还没有出现以前，管理疏漏或技术偏差会不会导致新物种失去控制，演绎现实版的"生化危机"？恐怖主义分子会不会利用合成生物技术制造致命病毒或生化武器？

合成生物学技术是对生命体"从头开始"的设计与制作。由于生命体自身结构和运行机制的复杂性以及生命体特有的自主行为和繁殖现象，使得合成生物的生物过程中存在诸多的不确定性，可能带来各种各样的潜在风险问题。

1. 生物结构的复杂性

生命有机体是一个由许多成分组成的复杂系统，各成分之间的相互作用不是简单线性的，而是构成了一个非线性的相互作用网络。生物体的整体功能不仅仅反映在其组成部分上，更是反映在不同组成部分之间的相互作用中并最终以整体形式体现。生物结构的复杂性决定了其功能的多样性，如果将几个独立功能的子结构整合到上部结构中，下部结构中本不体现的新功能就可能会显示在上部结构中。繁殖、转移和表征在遗传中的体现是由多种因素决定的，对过去现象的解释和对未来事实的预测并非全部准确，所以在结构层面上，人们对生物结构和现象及其关系的认识仍在继续。生命现象的研究过程中，生物体结构的复杂性和生物方法的潜在特性也被逐渐发现，会出现一种复杂的、意想不到的状况，这就带来了困难和风险。

2. 生物行为的自主性

生物体可以根据自身的目的和需要来调节自身的代谢和活动，其组织本身并不完全依赖于遗传机制的作用，但也不与外部刺激因素直接形成线性关系。这种生物有机体及其组分、组分与组分之间的相互作用及其体现的生物行为超越简单因果关系的规律反映了生物有机体组织的独特性。生物体选择性行为虽然是由遗传过程控制决定的，但亦取决于生物体感受、自身状态和环境影响。生物基因程序具有一定的开放性，生物体的"靶行为"亦会根据遗传过程进行调整，同一遗传程序通过生物自组织依然可以表现出不同的行为。在既有生物相互作用的合成过程中，生物体能预先控制生命的自主行为。但是在合成生物学过程中，人类对生物体的自主行为是无法完全预先控制的，这种自主行为的形成带来了意想不到的结果。

二、合成生物学技术风险的体现

合成生物学技术在研发和应用中存在诸多不确定的风险，对合成生物学技术风险的类型进行分类，将有助于了解合成生物学技术风险的性质，为其进行系统认识和有效管理奠定基础，下文将风险的类别大致概括生态风险、社会风险和伦理风险三类。其中伦理风险将以一个小节的形式单独讲述。

1. 生态风险

任何物种生存必须依赖于特定的生态环境，而且它们也构成其他生物生存环境的一部分。合成生物学技术的出现，必然会对生态环境产生一些直接或间接的影响。生物合成学技术的发展和应用是人类智慧的结晶，合成生物学技术的合理使用可以给人类带来益处，但合成生物学技术的滥用则会对生物多样性及生态环境带来潜在风险。作为一种特殊的物种，合成有机体具有永久性遗传。人工合成的生物体比原始的重组 DNA 生物体更复杂或特化，它们在自然环境中生存和繁殖，将 DNA 转移到自然有机体中，就会破坏原有的生态系统，影响其多样性。因为合成有机体有可能比其他自然物种具有更快地进化和适应环境的优势，并且具有更好的特性，或者由于"天敌"缺乏，对疾病和药物的抵抗力强，难以控制生长，对现存生物产生"挤出效应"，自然竞争可能导致原始物种灭绝，破坏自然生态平衡，造成不可挽回的灾难。所以，大规模商业生产得到的合成生物一旦释放到环境中，就有可能导致不可逆转的灾难：生物多样性的丧失和外来基因的引入，然后破坏原有生态系统的平衡，在能源、农业、化学领域的应用对环境构成了重大风险。

同时，某些专门为了解决生物能源、医疗、健康等问题而被设计制造出来的合成生物，仅仅是满足了特定的需求，同样可能带来负面的影响。这会导致合成生物学技术朝着功利化的方向发展，使这类合成生物的使用结果具有很多不确定性，其有效性和经济效益的影响都有待评估。生物是通过进化和基因突变来适应自然选择的进化机器，生物系统具有自我复制、突变进化等特点，这意味着由于其他有机体或环境的突变，合成有机体可能会有意想不到的相互作用。净化特定化学物质的微生物可能会与其他微生物相互作用，将合成基因引入自然物种，并"污染"自然基因库。人工合成的生物可能与自然界中的现有物质相互作用，导致意想不到的副作用。因此，这些挑战也会导致评估方法和过程的重大变化，如果不考虑其生物安全问题，合成生物将无法逃脱转基因产品同样的命运。

2. 社会风险

合成有机体也可能会对人体健康产生不良影响。使用合成生物制品治疗疾病可能会带来意想不到的副作用，人体可能与其他有机体交换遗传物质，从而引起新的疾病，合成产生的病毒可以通过空气传播感染大量的人。同时，使用新的合成生物由于其强大的繁殖潜力，由合成生物学技术开发的新生物可以造成不寻常甚至前所未有的风险。例如，合成有机体故意滥用所造成的风险，一些人工合成病毒离开实验室后将对社会风险造成巨大风险，更遑论人工合成病毒可以被有意用于生物恐怖活动，也可以作为生物黑客攻击。

合成生物学在代谢途径方面取得的成果使得将特定的相关代谢基因组合植入大肠杆菌和酵母菌中继续发挥功能成为可能。这样，微生物就可以作为生物工厂来生产天然的蛋白质，当然也可能被用于生产细菌毒物例如蛇、昆虫和蜘蛛的毒液、植物毒药甚至霍乱等病原体。随着 DNA 合成和测序价格的不断降低及速度的不断提升，任何个人和组织均有可能具有合成 DNA 序列的能力。这使得人们相信生物黑客运用合成生物学技术作为武器似乎已经指日可待，将对人类社会构成重大威胁。自从 19 世纪末科学家科赫和巴斯德发现了微生物引起的感染疾病后，一直以来都有国家级水平的攻击性生物武器计划。

三、合成生物学安全风险的特征

合成生物具有与非生物不同的一些基本特征，如复杂而又独特的结构、遗传、变异和进化等。任何技术，包括合成生物学技术，都不是完全可控和稳定的。由于合成生物学技术的对象和技术的特殊性，合成生物的生命活动在遗传物质、个体、种群和生态系统方面表现出的差异，决定了合成生物学技术与其他技术的不同特征。

1. 长期性

绝大多数单细胞物种没有特定的生命期，它们是不断地进化的，整个遗传过程可以连续追溯到生命的开始。多种类型和不同细胞的选择是一个伴随着用进废退、不断向前滚动的生命循环。库兹韦尔通过加速回归定律表明，一些技术的发展过程不是线性的，而是通过加速回归规律呈指数增长的，并且认为未来的技术变革会更快、更深远，从而彻底打破生物历史进程的传统框架。在整个合成过程的系统中，在任何情况下都可能出现危及生物安全或人类健康的因素。例如，外部环境的污染和合成生物学技术的不当使用，不仅会直接影响到合成生物的安全，而且还会通过可持续、隐蔽和更复杂的传播机制，间接影响合成生物安全的风险。抗生素广泛应用于医疗行业，这可能会阻止细菌生长，刺激动物生长，但与抗生素相关的食品安全性也很明显。由于人为因素对感官检测结果的影响，也会导致食品安全风险。此外，合成有机体在实验室的受控环境中进行，但随着环境条件的变化，合成生命体也会相应发生变化，导致合成生命体的安全风险。一旦释放到环境中，生物体就无法预测合成过程并与环境相互作用。此外，多维性、科学研究的复杂性和环境的随机性也会导致一些变量经过一段时间后超过已有的经验和认知水平，导致不可预见的后果。

2. 整体性

一般来说，合成化学物质具有明确而可预测的特性，但如果一个生命体被合成，这些特性则是无法控制的。理论上，不受控制的释放会导致交叉繁殖和与其他有机体的不受控制，对现有生物多样性构成威胁。特别是人工外来物种对释放生态系统的个体特征、种群、群落结构、生物多样性和系统安全性会产生直接或间接的负面影响。如果一种合成的、高产的蓝藻意外地从池塘中释放出来，它将与当地的藻类竞争。这种合成生物体可以穿过天然水道，繁殖以取代其他物种，掠夺生态系统中的重要营养，并产生负面影响。合成生物燃料的发展也会对自然资源产生影响，这将对原有土地及其粮食生产带来新的强大压力，并影响甚至改变人类环境和生态系统的发展，而这些不是可以预知的。根据人类意图开发和生产的合成生命体与自然生态系统中的多种生命体竞争，合成生命体还可能与其他病毒重组，从而产生新的甚至更致命的病毒。科技成果在任一领域的具体应用所引发的问题往往是多种多样的，这些问题相互交织、相互关联，影响社会生活的各个领域，如果不进行有效的调整和治理，由科技成果引发的问题会更加难以规范，导致这种现象的原因也会变得越来越复杂。

3. 难以预测性

合成生物学技术可能给社会伦理秩序带来极大的不确定性，进而带来负面影响。合成生物学技术可能在未来创造出"人造人"，但"人造人"的出现很可能会导致人类关系的混乱和自身界定困难。一方面，个人很难界定自己；另一方面，人类传承了几千年的关系可能会崩溃，人类关系的秩序将不再存在。血亲人伦关系明确界定了个人在有限范围内的权利和义务，个人可以知道怎样才能使社会有序发展，这种相互关系会受到消极的动摇和破坏，使社会的发展失去内在的秩序，代代相传的文明也会被破坏。

随着合成生物学技术的飞速发展，生物技术在许多领域的贡献都是巨大的，同时，由此产生的潜在破坏性也显示出来了，虽然有些影响目前还没有被发现，但在几十年甚至是几百年后，由于技术的不可预测性会增加风险发生的频率和程度。随着技术的不断发展，技术手段的多样化，不可预见的范围也会逐渐扩大，未来将可能出现一个世界上从未有过的全新的生物体系。新的生物系统也会具有极大的不可预测性，可能造成不利的后果以影响现有的生态系统和其他物种。由于这一新的生物体可能不存在于生态历史上，因此很难预先预测它逃逸和污染的风险。汉斯·约纳斯强调人们应该对其科技行为的"可预见的后果"甚至是"不可预见的后果"负责。责任伦理要求人们对自然生命和人自身负有坚定不移的责任和义务。尽管合成生物学技术可以带来许多好处，但因为生物可以自我复制和繁殖，在世界各地迅速传播，并且自行变异和发展自己，所以它的潜在危险甚至可能超过化学武器的危害。在大学、工业或政府实验室等规范性研究的框架内，合成生物学技术研究的安全性和如何受到保护是一项挑战。物理学家史蒂芬·沃尔夫拉姆指出一些系统的复杂性太高，所以就不可能对它们未来的行为作出可靠的预测和判断，他认为这个系统是"计算上不可逆的"。事实上，生物实验中也并没有完善的安全防范措施。用天然微生物进行实验的实验室都会经过精心设计，以避免发生事故，在实验室工作的工作人员也是训练有素的专业人员，尽管如此意外还是时有发生。合成细菌和其他微生物在环境中的释放结果是不确定的。

四、合成生物学安全风险的应对

2021年9月，习近平总书记在主持中共中央政治局第三十三次集体学习时强调，生物安全关乎人民生命健康，关乎国家长治久安，关乎中华民族永续发展，是国家总体安全的重要组成部分，也是影响乃至重塑世界格局的重要力量。要深刻认识新形势下加强生物安全建设的重要性和紧迫性，贯彻总体国家安全观，贯彻落实生物安全法，统筹发展和安全，按照以人为本、风险预防、分类管理、协同配合的原则，加强国家生物安全风险防控和治理体系建设，提高国家生物安全治理能力，切实筑牢国家生物安全屏障。

合成生物学技术领域目前正处于强势发展阶段，基因合成与加工也处于发展的上升阶段。当人们使用合成生物学技术进行实验研究时，考虑到技术的发展潜力、人类认知的局限性，以及合成生物学技术的潜在风险存在于生态风险、社会风险、伦理风险多个层面，来源复杂，所以必须对生物安全问题有清醒的认识，积极主动地承担责任才可能有效应对合成生物学技术所带来的风险。因此，在我国合成生物学技术的研发中，需要从风险预先评估、科研人员自律、公众参与、政府监督，加快生物安全立法、借鉴国际规范、跨学科合作和全球治理等角度明确具体的责任和义务，建立健全合成生物学技术的监督和管理框架。

（一）对风险进行评估

由于合成生物学技术"成分"所构成的风险具有不可预测性和复杂性，这种风险更难以评估、控制和消除。合成生物学技术当前处于发展的早期阶段，首先必须关注合成有机体释放到环境中的潜在风险。在使用合成有机体之前，应该仔细检查合成生物体的使用情况，特别注意风险分析，避免出现严重的生态、社会和伦理危机。

1. 加强风险认知

目前，我国生物安全管理的职责分散，没有统一的组织对所有信息进行管理，这是国家环境风险评估和管理的主要障碍。世界上对合成有机体的风险评估是基于转基因有机体的，由于合成有机体的整体功能比转基因有机体更复杂、更难预测，因此用转基因有机体的方法进行风险评估是不够的。随着新制剂和新产品的开发，从生物环境中释放的风险变得难以评估，新合成有机体的领域更为复杂，由于没有类似的生物经验，科学家很难预测合成生物对生物多样性的影响，特别是可能出现意想不到的生物流动。而且合成生物学技术的风险具有很大的不确定性，由于生物学理论和物理基础的显著差异，风险评估变得更加困难。因此，管理过程应该随着这一领域的进展而更新，风险评估的研究应该得到更多的支持。为了控制合成生物技术和产品的风险，首先要考虑技术、方法、成分和产品的风险评估。对合成产品中的不确定因素，进行审慎地对待和处理，思考其背后的动机或有意、无意的潜在后果和影响。全面评估合成生物环境的释放还需要高度重视当前认知和技术的局限性、挑战、预期风险和伤害，这对社会监管提出了不小的挑战。

2. 健全风险评价制度

建立适当的评估程序、方法和工具，并制定与其风险水平相适应的管理措施和战略。制定合成细胞生物学管理的规则和指南，针对特定模式系统和应用领域，多角度考察细胞、物种和合成生命系统与环境之间的短期和长期的相互作用，分析影响和决定合成细胞稳定性的遗传和生态因素及其作用机理，能够为预测、构建和控制合成细胞的安全性和稳定性提供新的策略。

建立国家合成生物学数据库，完善合成生物学技术的安全体系，根据风险程度和应用类型对合成生物制品进行管理，确保生物保护，严格应用合成生物学技术，审查研究实验室和科研人员资质，有利于确保合成生物学技术的健康发展。回顾和研究国际上有关合成生物技术的法律法规，制定和编写合成生物学技术和合成细胞研究手册，用分子生物学和计算机辅助模拟方法研究动植物细胞。

建立灵敏的检测方法，研究同种合成细胞与其他物种的基因结合情况，并探讨重组基因的安全性，有利于建立一个基于分子生物学、计算机模拟和模式动物实验的合成细胞安全体系。在此基础上，对不同技术、方法、部件和产品的主要风险点进行识别，确定风险等级，并采取风险防控措施，才能最终建立一套完整的合成生物学技术风险评价、预防和控制体系。

（二）明确各方责任

基于合成生物学技术的跨学科性质，研究人员涉及面很广，不仅包括生命科学家、化学家、工程师、材料科学家，还包括研究人员、学生和大学外私营公司的科研人员等，对于如此广泛的群体，我们应该明确他们的具体职责，以便从不同的层面和角度加强对合成生物技术的安全管理。理解和使用合成生物学技术所带来的风险不仅是科学家和决策者的问题，也是现代社会每个公民作出自己技术选择的必然需要。

1. 科学家的自律

为了防止合成生物学技术的滥用，社会发展合成生物学技术时应努力提高和执行道德、行为标准。美国和欧盟在伦理学方面做了大量的研究，他们认为所有合成生物学技术领域的专家和研究人员都应该自律。在合成生物学技术的实际应用引起广泛关注之前，科学界在这场由合成生物学技术引发的争论中处于领先地位已经为时过晚，公众的争论不是线性的、理性的发展，而是不可预测的，因此为了公共利益而进行合理的事先干预是非常重要的。科学家和研究机构人员必须定期审查生物制剂的分类和清单，并根据新的科学数据对其进行审查，为合成有机体的所有组件和装置制定详细和精确的产品安全指南。从实验室检测解决合成生物的生物安全问题，提高合成基因片段或基因组对人体和自然环境的安全性，确保一些重要的基因组信息不被恐怖分子窃取和利用。黑格尔在《法哲学原理》中以法律哲学为基础，通过解释行为、一致性和责任之间的关系，深化了"责任"的概念。科学家们具有特殊的责任来保护他们正在进行的创造的合成生物并且他们需要承担义务。包括但不限于科学家、科研机构的研究人员、创新群体、企业界、政策制定的决策者，公众都要树立社会责任感，承担起保护环境和保护生物安全的社会责任。

对于防止滥用现代生物学技术，除了科学家还需要从不同的角度通过不同的人来构建一个预防措施的网络。

2. 公众的参与

在合成生物学技术的研发初期，要一定程度地考虑公众参与与提高信息的透明度与准确性。科学技术是影响和属于全体公民的共同资源，公众教育和参与是促进合成生物学技术健康发展的有效措施，需要做好普及合成生物学技术的宣传工作，加强合成生物学技术的潜在风险教育，提高国家对合成生物学技术的认识。支持和促进公众参与关于合成生物学技术风险的相关法规的讨论，可以提高对合成有机体的理解和认识，识别虚假信息，及时发现影响环境的风险因素，将风险降到最低。提高公众对科学研究机构、民间社会组织和个人活动的最大知情权、参与权、监督权和管理权，协助制定科技战略，可以促进新兴合成生物学技术产业持续健康地发展。

必须认识到保持公众身份和支持的重要性。从公众对转基因植物的支持减少中可以看出，为了避免合成生物学技术的快速发展远远超出公众的了解，需要清楚地展示出合成生物学技术对社会积极方面的可能应用。威廉·葛德文认为道德是一种行为准则，是由对最大的普遍福利的审视所决定的，在绝大多数或最重要的时代，一个观点是由良好的行为理念所支配，服从于公共利益的。我们不应高估这项技术的潜在好处，造成公众的不信任，而应努力有效地改善与民间社会组织、社会科学家和伦理的互动。基因工程的历史告诉我们，科学、技术、调控框架和社会重要性应该在各个学科的成熟过程中协调发展。

3. 政府的监督

政府是促进和实施生物安全监管的重要环节。在发展合成生物学技术之前，必须对现有机构进行强有力的监管，在此基础上建立新的监管体系，保护公共安全。从地方到国家，再到世界各地各级的调查和监管机构，都应该对合成生物学技术真正负起责任。

设立生物安全监管机构，加强对从事合成生物学技术研究的机构和个人进行资质检测和管理，完善相关安全审查制度。因为研究人员对合成有机体的特性和潜在风险有更好的了解，对合成生物学技术中生物安全的认识也比国家规则更为有效，所以需要在政府的监督下为合成生物学家建立一个自律机制，促进建立相关行业协会或科学组织建立风险评估的规则和标准。包括建立严格的行业准入就业条件和个人从业资格，由政府设立的专门机构进行审批；建立完整的个人工作经历、信誉记录，对有不安全行为记录的单位或个人给予降级处理，直至其从业资格被撤销。同时，应通过限制研究人员直接参与商业活动的规定，防止因利益而导致合成生物学技术的无序发展。

政府应建立与合成生物学技术相关的专业网站，以支持合成生物学技术的研究与发展。在综合生物安全监测和整合不同监测网络有效性的背景下，建立机构和部门之间的信息和数据交换平台。在政策和资金上给予倾斜，开展具体的研究项目，组织相关研讨会，在全社会开展相关知识培训，加强科学家、公众与政府之间的交流。建立监管部门与公众的有效联系，建立现代信息传输网络，增加双方信息交流，赋予公众参与监督的权利。政府还需要了解包括合成生物学技术在内的新科技的最新发展，以及合成生物学技术的后续和跟进新技术的发展。

政府应该高度重视生物安全，尽快推动合成生物学技术实验安全指南的制定，并制定和实施具体的政策和法规，以及注意完善法律法规的操作性。合成生物学技术的相关组织应尽可能完善地提出伦理和生物安全控制的建议，与国际安全监管部门建立有效联系，加强对国际条约和相关国家合成生物安全体系的研究，开展安全信息的交流。我国可以在有关转基因产品的若干规定中明确合成生物学技术和产品的监管框架，目前合成生物学的技术和产品研发主要在医药领域，监管部门可以借鉴转基因生物安全监管的经验，建立以药品监管部门为主的国家监管机构，监控和管理合成生物学技术在药物开发等方面的应用。

《中华人民共和国生物安全法》由中华人民共和国第十三届全国人民代表大会常务委员会第二十二次会议于2020年10月17日通过，自2021年4月15日起施行。从此我国的合成生物学研究在维护国家安全，防范和应对生物安全风险，保障人民生命健康，保护生物资源和生态环境，促进生物技术健康发展，推动构建人类命运共同体，实现人与自然和谐共生等方面有法可依、有规可循。在合成生物学技术的研究开发和管理中，要确保各学科的协调发展，促进自然科学、工程科学和人文社会科学的有序结合；结合新兴技术的特点，对风险突发事件进行预先判断，对多方协同治理进行预研究和预评估；有效沟通和建立监督和管理机制；尊重跨学科研究人员的团结与合作，促进利益相关者的共同发展。

合成生物学技术的健康发展离不开政府、科学和公众的共同努力，虽然不需要担忧合成生物学技术快速发展带来的伦理安全问题和社会问题，但制定必要的、可预见的合成生物学技术的发展标准和指导方针对于技术发展的回顾和研究具有重要意义。

第二节 合成生物学的概念性伦理

一、生物伦理学

伦理学与伦理，源自希腊语的 εtηos，原指动物不断出入的场所和习惯居住的地方，后引申为"习俗"即习惯发展为由风俗、习惯养成的个人行事风格和操守。古希腊哲学家亚里士多德最先赋予"ethic"以伦理和德行的含义，所著《尼各马可伦理学》一书为西方最早的伦理学专著。中国古代从未使用过"伦理学"一词，从19世纪后才广泛使用。

道德是一种由人们在实际生活中，根据人们的需求而逐步形成的一种具有普遍精神约束力的行为规范，是通过社会舆论、内心信念、传统习惯来调节人与人之间、人与社会之间、人与自然之间的行为规范的总和；而伦理则指在处理人与人、人与社会相互关系时应遵循的道理和准则，是指一系列指导行为的观念，是从概念角度上对道德现象的哲学思考，它不仅包含着对人与人、人与社会和人与自然之间关系处理中的行为规范，也深刻地蕴涵着依照一定原则来规范行为的道理内涵。道德，首先是一种社会意识形态，它通过各种形式的教育和社会舆论的力量，使人们具有善和恶、荣和耻、正和邪、是和非的观念，并逐渐形成一定的理念、规范、传统，以指导或控制自己的行为。从语义上来讲，道德与伦理基本可以互换。

伦理学是关于道德问题的理论，是研究道德的产生、发展、本质、评价、作用以及道德教育、道德修养规律的学说。伦理学可分为规范伦理学和非规范伦理学，规范伦理学又可分为普通规范伦理学和应用规范伦理学，非规范伦理学包括描述伦理学和元伦理学；也有把伦理学分成理论伦理学和实践伦理学的。

生物伦理学（又称生命伦理学）是根据道德价值和原则对生命科学以及卫生保健领域内的人类各种行为进行系统研究的学科。它主要研究生物医学、行为科学、环境、人口控制、生殖、遗传、优生、人体和动物实验，甚至包括脑死亡、安乐死、器官移植、公共卫生、医患关系、合成生命等诸多方面。

从理论和实践来看，生物伦理学含有 5 个层面的内容。

① 理论层面：如道义论、功利论和后果论等。

② 临床实践层面：医务人员面对的器官移植、流产、产前诊断、临终关怀等问题。

③ 研究层面：关于流行病学、药理、基因及其他人体和实验研究等。

④ 社会、文化、宗教层面：社会、文化及宗教因素如何影响生物伦理观。

⑤ 政策层面：应该做什么以及应该如何做的问题不仅发生在个人层次，也会发生在结构层次。医疗卫生改革、高技术在生物医学中如何应用和管理都涉及政策、管理、法律问题，但其基础是对有关伦理问题的探讨。

二、合成生物学对生命概念的挑战

"生命"是一个多元化的概念，从哲学、文学和生物学等不同学科领域中都可以找到相应的描述和解释。鉴于生命形式以及生命活动的复杂性，生命这一概念的内涵与外延范围如此之广，要给"生命"下一个科学的、完整的定义是十分困难的。从生物化学和分子生物学、热力学等不同学科与角度可以得出不同的理解。譬如，生物化学和分子生物学主要是从微观层面进行生物现象研究，在分子水平上探讨生命的本质，对生物体的分子结构与功能、物质代谢与调节进行研究；热力学则把生命看作是一个与其环境交换物质和能量的开放系统……显然，无论是罗列基本的生命性质、特征，还是对生命进行功能定义抑或是结构定义，或许都已经不能涵盖所有的生命形式了。例如，计算机科学领域的"人工生命"（artificial life）就可以通过人工模拟自然生命系统在虚拟体系中打造具有繁殖、进化、信息交换等特征的"人工生命"系统。因此，要求"生命"定义穷尽所有的生命现象只能是一个抽象的假设，因为生命的定义不仅要涵盖已知的生命，而且要涵盖未知的或可能的生命。

首先，合成生物学的出现无疑提供了一种对生命的可能解释："在合成生物学中，生命被理解为一套用于生产目的的人工设计工具"。这种生命概念也被称作"作为工具箱的生命（life as toolbox）"。毫无疑问，在合成生物学家眼中，生命就是信息，他们只关注生物部件的分子性质和结构，将其视作"操作单元"。然而，科学不能解释所有有关生命的问题，对其片面的理解当然会引发相关的哲学、伦理学问题。例如，约阿希姆·博尔特（Joachim Boldt）等伦理学家拒绝将生命概念看作是"toolbox"，他批评合成生物学："将生命形式简化为'适用于物理和化学规律所支配的复杂聚合体'，并且无法理解其内在的价值。"合成生物学家则认为设计与构建新的生物有机体或生物系统可以帮助人们理解复杂的生命现象以及生命的本质。他们通常喜欢引用物理学家理查德·费曼（Richard Feynman）的名言"What I cannot create, I do not understand"（如果我不能够创造，我就不会理解）来解释为什么合成生物学能够促进人类对生命的认知。实际上，生命的概念贯穿围绕合成生物学的本体论、认识论和伦理维度的争议与讨论，它可以看作是合成生物学所引起的哲学、伦理、法律和社会等问题的焦点与切入点。合成生物学对生命概念所带来的挑战不仅打破了传统的生命观念还蕴含着对生命与非生命、自然与人工等界限的挑战，从而使得人们对：生命究竟是什么？生物学意义上的人造生命是否是真正的生命？人造生命是否具有道德地位等哲学、伦理学问题进行重新审视与思考。

其次，合成生物学是否会削弱对生命的尊重？这个世界上每天都会诞生各种类型的生命，人类或者其他生物在选择伴侣和配偶的同时实际上也意味着有选择地繁衍、诞生下一代生命。问题的关键在于"自然地"创造生命与"人为地"设计、构建生命之间存在伦理差异。如果未来生命是可以在实验室中合成、批量生产的，那么"自然的"生命的"价值"可能会降低，并且可能会降低人们对生命的尊重，从而违背了"尊重生命"这一基本的生命伦理原则。将生命视为"工业产物"或"商品"甚至会引发更大范围的伦理争议。

针对这一观点，有学者提出了不同意见。首先，尊重生命不代表"我们对地球上任何生命形式都不能利用和创造"，否则人类也无法生存和繁衍。因此抽象地谈论合成生物学是否会削弱对生命的尊重并没有实际的意义。在这个问题上或许可以采取泛人类中心主义的立场："我们只能把人看成是目的而不是手段，不能把任何生命形式都看成是目的而不是手段"。Boldt 也认同低等生物可以被视为是达到目的的"手段"，因为无论是出于现实考虑还是伦理衡量，这种"工具模式"都是恰当的。而对于较高等级的非人类生物，我们也将这种"工具模式"应用于此。从义务论角度来说，尊重生命的伦理原则并不能构成反对合成生物学制造生命的充分理由。因为如果认为合成生物学可能会带来负面影响，以对生命有害的方式被应用，因此就断定合成生物学本身会挑战生命的尊严。那么，这就好像在说"政治，文学，科学或宗教都侵犯了生命的尊严，因为它们也都可能导致负面的结果"。而处于创造人造生命的边缘这一事实本身就体现了"人类的尊严和生命本身的尊严"。

三、合成生物实体的道德地位

在合成生物技术出现之前，关于"人们是否应该对合成生物实体进行道德评价"的问题已有不少相关讨论。例如，对于现代生物技术，尤纳斯认为，"致力于生命之根研究的技术，其伦理的、首要的和基本的问题是伴随着技术的任意改造，其直接的对象是否遭到了公正对待"。根据2010年瑞士联邦非人类生物技术伦理委员会所发布的报告，生物的诞生方式（无论是由自然产生抑或是经由人工途径）不会影响其道德地位。当前争论的焦点在于，用作合成生物学研究模型的微生物（或合成生物学产物）是否具有道德地位。该委员会主张采纳生物中心主义的立场：微生物也在一定程度上具有内在价值。部分委员会成员认为，从人类学的角度来看，微生物因其与人类的关系而在伦理上应当予以尊重。

从生物中心主义和物种完整性的角度来看，美国生态伦理学家保罗·泰勒（Paul Taylor）认为"所有生物都是生命目的论的中心，因为每个生物都是以自己的方式追求自身利益的独特个体"。作为道德主体，人类有义务承认"能追求其自身利益"实体的"内在价值"，而道德主体的主要责任是在维护人类自身利益与适当控制和操纵生物体"内在价值"，而道德主体的主要责任是在维护人类自身利益与适当控制和操纵生物体之间找到一种平衡。因此，对于生物中心主义者来说，"合成生物学的创造行为隐含着对其产生的生物体的道德责任"。对此反对的观点认为我们对每种有机生命形式的内在规范性并没有明确的区分标准，而生物系统自我保护的目的也不一定具有道德价值。因为目的论的目的与道德上的善之间可能存在差异，由于生物中心主义对"目的"概念的界定模棱两可，因此这一立场是有问题的。但这也并不意味着人类就可以不伦理地对待物种。那么什么样的物种具有道德地位呢？国内学者肖显静指出：物种的内在价值体现于承载了其形成演化历史印记的理想的"DNA条形码"之中。凭借这样的本质，物种也就拥有了道德地位，应该得到人们的尊重。人类有责任维护物种的完整性及其道德地位。肖显静还提出"考查目的很重要"。如果是针对生物的基因疾病进行基因修补等治愈目的，那么这样的行为是在维护生物的"基因完整性"，是应该得到伦理辩护的；但如果是出于改造生物的目的并且这种改造影响到了生物"物种的完整性"以及"基因完整性"，那么就应该遭到伦理的拒斥。

此外，还可以从具有体悟本性（sentient beings）和非体悟本性（non-sentient beings）这两个生物体的固有价值或内在价值来分析生物体的道德地位"可以把生物体理解为具有能够维持自身生命延续直至生命衰败的固有价值"。那么，由于目前合成生物实体是无知觉的（non-sentient）微生物生命体，或许"其道德地位并不是一个真正的问题"。

综上，无论是从何种角度分析合成生物学对生命的干涉所引发的伦理问题，也无论这些视角存在着怎样的伦理争议或不足，至少有一点是我们能够确定的。那就是大部分学者都认同这样一个事实：不管将来合成生物学的发展方向如何，我们都不可以采取随便的态度去对待生命，至少要给予生命基本的尊重，因为即使是对生物物种轻微的改变也将会引发一系列我们目前所无法掌控的始料未及的严重后果。

第三节 合成生物学的知识产权问题

一、合成生物学的知识产权问题背景

合成生物学的发展在很大程度上革新了人们对生命的认知，由此，合成生物学领域正变得越来越有利可图，也越来越有争议，并且正在向更广泛的领域多样化发展。2019年4月，苏黎世报道了世界上第一个完全由计算机生成的细菌基因组的发明。2019年5月，人类利用人工合成生物学技术在大肠杆菌变体中创造了合成生命。据统计，SynBio市场在未来6年内的年均复合增长率将达到28.2%，到2025年年底市场价值将超过5.6亿美元。全球进一步发展合成生物学的努力在北美和欧洲都引起了政府的关注。在亚太地区，私营机构继续在跨学科领域进行大量投资，增加了对工业和医疗应用解决方案的巨大需求，据媒体报道，仅2019年第二季度就有超过37家合

成生物公司筹集了超过 12 亿美元的资金。

合成生物学是用来描述某些超强的新工具元件在合成基因序列和有机体工程中的应用。从本质上说，合成生物学代表着生物技术当前进化中的下一次迭代，并对其前景寄予厚望。但任何领域的技术发展都是从无到有、从不足到逐渐完善的过程，合成生物学领域的研究发展也不例外，对于如何有效且快速地促进合成生物学研究及其技术成果商业转化，如何使合成生物学在人体生命工程、生物资源、环保、现代农业和医药等领域发挥重大作用，世界各国相关领域的政府管理机构、科研机构、专家学者等都非常重视，多次召开相关学术研讨会，制定相关政策，加大对相关产业的扶助力度，而重中之重是如何促进创新，确保合成生物学的科研有序进行及其科研成果的商业转化，保障合成生物学相关技术和产品的权利人的权益，这就使得合成生物学领域的知识产权保护问题显得尤为重要。目前，我国法学界围绕合成生物学的知识产权保护带来的挑战及现有法律问题开展了深入的研究，旨在制定出符合我国国情的合成生物学的知识产权保护制度，力求全方位、多层次、立体式地促进我国合成生物学领域的跨越式发展，为合成生物学技术研究和相关技术产品的生产、销售等商业转化保驾护航。

二、合成生物技术能否被授予专利权

专利制度最初是为了保护机械发明而制定的，后来才慢慢扩展到化学和生物学领域，究竟这种制度是否适合保护合成生物学等新领域的技术发明则是未知的。笔者认为我们可以借鉴其他生物技术授予专利权的经验来判断。

1. 生物技术能被授予专利权

世界首例生物技术专利是由通用电气公司（General Electric Company）的遗传工程师查克拉巴蒂（Ananda M. Chakrabarty）于 1972 年申请的，他利用遗传工程技术，改变假单胞菌属（*pseudomonas*）的菌种，使其可以吞噬原油。美国专利局最初拒绝了查克拉巴蒂的专利申请，理由是"生物是自然的产物"，不能申请专利。然而随着分子生物学的发展，从一个生物中剪下一段 DNA 再移植到另一个生物中已经司空见惯。1980 年美国最高法院决定重新审理查克拉巴蒂的上诉。首席法官伯格（Warren Burger）在判决书中写道"太阳底下的任何人造事物"——无论是生物还是非生物，原则上都可以申请专利。他还说:"专利持有人制造了一种新的细菌,明显不同于自然界发现的其他生物,并且具有显著的实用性潜力。他的发现不是大自然的杰作,而仅仅属于他自己,因此是可以授予专利的。"这是第一次将生物技术专利合法化,而这项判决引发了大量资金涌入新兴的生物技术领域。

1980年以后生物专利进一步扩大到基因序列。而其中最关键的一步是对分离、纯化DNA序列授予专利。理由是基因只是一种化合物,从身体分离和纯化出的特定DNA序列已经变成一种完全不同于自然状态的东西,从而成为具有专利资格的发明。澳大利亚法学家路易吉·帕隆比(Luigi Palombi)认为这一理由很脆弱,轻蔑地称之为"隔离发明"。不过无论如何它为美国、欧洲和日本的专利机构授予基因专利提供了法律基础,我国的专利法也有所借鉴。2006年在伯克利的一个工作会议上,有人提出大概五分之一的人类基因已经申请了专利,这一现实冲击了整个生物技术产业。

鉴于基因专利带来的弊端,2010年5月29日,美国法官罗伯特·W·斯威特(Robert W. Sweet)宣布围绕基因BRCA1和BRCA2的7项专利失效,这些专利主要运用于乳腺癌和卵巢癌的防治。斯威特法官认为这些截取基因片段的专利是"不当授权",在判决书的第125页明确提出:"该DNA在天然、隔离的状态仍能保持其特异性,证明是不受知识产权保护的自然产物。"对这种"自然产物"授予专利,将会扼杀这个领域的研究和创新,并限制测试选择。美国《纽约时报》认为这个案件代表了"法律的未来",如果判决继续得到支持,将对人类基因专利、医药产业的发展乃至知识产权法的修改产生深远的影响。

那么究竟基因能否授予专利?现在依然是一个有争议的问题。世界卫生组织曾经指出,《与贸易有关的知识产权协议》是否要求国家对基因授予专利仍然是不明确的。基因专利的支持者指出协议要求专利应该适用于所有领域的技术发明,并没有明确将基因排除在外。而反对者则说协议并没有给"发明"概念一个准确的定义,因而不能确定分离DNA序列是发明而不是发现。世界卫生组织报告的结论是:"国家自行判断基因是否具有专利性。"不过它同样警告发展中国家利用这种模棱两可的规定报复发达国家:"鉴于目前大多数经济发达国家的实践,以及知识产权覆盖面扩大的趋势,必须指出这是一个有争议的选择。"

2. 合成生物技术的可专利性分析

传统的生物技术专利尚且存在如此大的争议，那么合成生物技术能否被授予专利呢？《欧洲专利公约》曾经对此有过相关的规定，这是一个欧盟成员国政府间的条约，为专利制度建立了一个共同的法律框架。《欧洲专利公约》区分了哪些技术可以获得专利而哪些不能，如第53条规定"可专利性不包括植物和动物品种以及生产植物或动物的生物过程"。我国专利法也有相似的规定。这里明确排除了微生物，也就是说微生物是可以获取专利的。《欧洲专利公约》第26条到第29条则是对生物技术发明的具体规定，允许一些生物主体的可专利性，例如蛋白质或核酸，只要它们的工业应用申请了专利。

按照我国专利法的规定，合成生物技术要获得专利权必须满足三个基本条件，即新颖性、创造性和实用性（以下简称"三性"）。新颖性，也就是说如果一个合成生物技术拥有不同于现有技术的崭新功能，并且没有被公开发表、使用过，申请日以前也没有被申请专利，那么就具有新颖性。创造性是指该发明有突出显著的特点，如果一个合成生物技术，例如合成的DNA传感器，在防止食物腐败和检测土壤成分上明显优于以前的技术，并且是创造性思维产生的结果，就具有了创造性。实用性是指一个新的发明必须能够造福人类，具有价值。目前合成生物学很多产品都具有很好的经济效益和社会效益，并且能够实行产业化制造，例如人工合成的抗疟药青蒿素、除虫化合物以及用于吞噬石油的微生物蓝藻等。

由此看来，按照专利法的规定，似乎凡是符合新颖性、创造性和实用性的合成生物技术都可以获得专利权。其实不然，各国专利法中还包含了一些伦理条款，例如我国《专利法》第四条规定"申请专利的发明创造涉及国家安全或者重大利益需要保密的，按照国家有关规定办理"。而相似的规定在其他国家的专利法中也有所体现，例如《欧洲专利公约》第53条规定"对违背公共秩序或道德的商业用途的发明不授予专利"。

专利审查机构往往过分看重合成生物技术的经济价值而忽视伦理条款所维护的公共利益。因此，单凭专利法中的伦理条款来管理合成生物技术专利是不够的，专利法无法防止违背伦理的行为。因此，在合成生物技术授予专利前必须接受伦理审查，以便对哪些合成生物技术应该授予专利而哪些不能做出正确的判断。

三、合成生物技术专利带来的争议

目前对于合成生物技术是否应该授予专利权主要存在两种截然对立的观点。第一种观点认为应该给合成生物技术授予专利权，这一观点的拥护者是以文特尔公司（不仅包括他的非营利的研究所也包括他的合成基因组公司，专利权属于后者）为代表的合成生物企业，他们认为知识产权（如专利、版权、商标等）是对发明者辛苦付出的公正奖励，这些专属权利能够激励未来的创新活动，因此他们坚决支持对合成生物技术进行专利保护。而另一种观点则反对合成生物技术授予专利权，这一观点的支持者是以国际基因工程设计竞赛主办方为代表的民间组织。他们认为参照近几十年计算机领域自由开放源代码软件的经验，专利的独家权利对于发明和创新并非不可或缺。他们指出访问现有知识和信息对进一步创新的重要性，人类有权参与文化生活和推动科技进步，并且认为事关人类整体利益的发明创造，不应该被纳入知识产权的保护范围内。

这两种观点争论的核心是专利制度能否推动合成生物技术的创新，同时也代表了当前国际知识产权体系两大框架的较量——即"知识产权框架"（intellectual property frame）和"知识享用权框架"（access to knowledge frame），前者强调专利权（更广义上的知识产权）在促进创新方面的作用，主张采取积极的专利战略。而后者强调专利共享的伦理精神，主张实行"资源开放"的战略。目前来看，第一种框架在过去三十几年里占据了统治地位，但对第二种框架的支持也在呈上升趋势。国际专利法也在这两种框架的博弈中进行适时的修改和调整。

（一）支持合成生物技术授予专利权的理由

以文特尔公司为代表的合成生物企业支持合成生物技术授予专利权，他们的理由是：

① 所有符合专利法规定的合成生物技术都应该依法授予专利权，不能另眼相看。不过笔者认为虽然专利法是专利审查的主要依据，但是也必须考虑伦理因素。"可以"授予专利权是实然层面的，表示实际的状况，而"应该"授予专利权是应然层面上的，涉及伦理问题。与传统生物技术相比，合

成生物技术对人类有更大的影响力和控制力，如果授予专利权，可能带来意想不到的严重后果。因此对合成生物技术的专利授予标准应该更加严格，这并不是另眼相看。

② 合成生物技术的研究与开发需要投入大量资金，对符合条件的合成生物技术授予专利权，使其在一定期限内依法享有独占实施权，是对投资的一种合理回报，符合成本效益原则。这一点在合成药物的研发上尤其显著，正如美国律师理查德·波斯纳所说："药物是典型的专利制度的孩子"。通常发现并研制一种新药物需要花费数千万美元（包括动物试验和临床试验等费用，以此来获得监管部门的市场准入）。据报道，美国2015年的新药研发成本已达26亿美元。然而一旦新药物进入市场就很容易被复制，如果不对研究成果加以保护就难以防止潜在竞争对手的剽窃，从而降低经济效益，甚至无法收回研发成本。长此以往，谁会投资新药物的研发？因此，美国和欧洲的制药公司坚决支持专利制度在全球的推广和实施，因为它是收回研发成本以及盈利的必不可少的手段。他们的很多拥护者也是1995年《与贸易有关的知识产权协议》（TRIPS协议）的主要创始人。这个国际条约禁止任何国家将药物排除在专利保护之外。

（二）反对合成生物技术授予专利权的原因

以国际基因工程设计竞赛主办方为代表的合成生物学民间组织反对合成生物技术授予专利权，并且认为不应该将专利制度应用于合成生物学领域，原因如下所述。

1. 合成生物技术专利降低了生物地位

有人认为给合成生物授予专利权会降低生物的地位，侵犯生物的尊严。理由是欧盟在《关于生物技术发明的法律保护的欧洲指令》中给"生物材料"进行了如下定义："生物材料"是指在生物系统中任何含有遗传信息和能力、能够自我复制的材料。值得一提的是，"生物材料"的范围不仅仅包括基因和细胞，也包括完整的生物有机体。2003~2004年，这个指令的实施引发了荷兰的政治辩论，一些议会成员担心这一新的立法会降低生物的地位。为了回应这一担忧，内阁部长指出："所有的生物组成了生物材料，但又不仅仅是生物材料。"显然这个回应是苍白的，并不令人满意。因为所有生物（包括人类）显然满足指令中"生物材料"的定义，在这个意义上它们就会被仅仅当作材料，而丧失了生命的地位。同时，该指令还宣布所有生物都可以被申请专利。由此不可避免地得出结论，在现代专利法中生物有机体被当作载体、原材料或遗传物质而大大降低了它们的生物地位。

2. 合成生物技术专利有损人类的整体利益

对于符合专利法"三性"的合成生物技术，并非一定应该授予专利权，它还必须受到伦理道德的制约。也许有人会提出反驳意见，专利法本身包含了伦理条款，再加入其他的伦理道德约束会限制专利保护的实施。这种观点似乎很有道理，但是在实际操作中，专利审查人在审查专利之时，往往更看重其带来的科学和经济效益，而忽视了伦理条款的存在。也就是说，专利法中的伦理条款常常没有起到应有的道德屏障作用，而只是形同虚设。笔者认为对于一些极大地影响人类健康和生态环境的合成生物技术必须接受伦理条款的审查，甚至实施强制许可。而对于事关人类整体利益的公共卫生领域以及气候变化等环境治理领域的合成生物技术不应该授予专利权。

3. 专利权在一定程度上阻碍合成生物技术的创新

很多伦理学家和经济学家认为，专利权可能会阻碍合成生物技术的创新，而非促进其发展。近些年来，专利的激励作用已经越来越受到质疑，即便在最崇尚专利制度的药物研发领域，激励效果也不明显。美国的官方数据显示，过去30多年间，医药研发企业的生产力已经明显下降。讽刺的是，根据经济学家格鲁顿第斯特（Grootendorst）的分析，专利制度本身会产生非常高的利润，会造成极大的经济资源浪费——专利权人不从事生产活动而成为寻租者。

一些激进组织甚至要求彻底禁止对合成生物技术授予专利权。他们认为合成生物技术不同于传统的生物技术，对其授予专利会阻碍创新的访问机制。他们结合了合成生物技术的关键特征，证明专利制度会阻碍合成生物学的创新。

（1）特征一：跨学科性质

合成生物学结合了不同学科的方法，例如生物学、化学、纳米技术、计算机工程等。这需要专利局以及专利人员掌握并精通所有相关领域的技术，以确保对先进技术的发现和判断是准确的，这就对招聘和训练专利人员提出了很高的要求，还会花费很多额外的培训经费。合成生物学涉及最多的两个领域是生物技术和计算机工程，而这两个领域的专利问题都是伦理争论的焦点，目前没有得到权威的答案。一些观察家因此预言合成生物学的专利问题必定是一场"完美的风暴"。

（2）特征二：复杂性

合成生物学的目标是在功能明确的标准生物元件（例如具有已知功能的基因序列）的基础之上构建复杂的生物系统，专利可能会对此造成重大威胁。因为建立一个生物系统需要成千上万个不同的组件，即便一小部分组件被专利保护或受其他权利限制，就需要花费很大代价来获得"自由操作"的权利，进而难以组装整个系统。一个简单的合成生物产品，例如一个生物燃料细菌往往也要涉及数以百计的不同部分，在极端情况下可能被多个持有者的不同专利保护，从而形成所谓的专利丛林。一个早期的例子——转基因"黄金水稻"的研究就涉及70多个专利权的批准，这种情况会使协商变得困难而且昂贵。而在现代生物技术混乱的专利环境中，一个专利丛林就足以毁掉合成生物学的前景——设想每一个小蛋白路径和基因序列都有一个专利权人收取费用，会极大地增加合成生物技术的研究成本，除非基本组件能供人免费使用。

专利制度还不利于合成生物学后续技术的发展，如果合成生物学的基础元件被授予了专利，那么依赖于这些元件的其他后续技术就必须支付相关的专利费用。可以借鉴基因专利的典型例子，专利范围扩散到生物（包括人类在内）的成千上万的基因或DNA序列，将直接阻碍新技术（如DNA微阵列和全基因组测序）的发展和应用。目前的专利法形势仍然具有很大的不确定性，因此全基因组分析的新方法是否面临专利侵权责任还是未知之数。合成生物学应该充分吸取基因工程等传统生物技术的专利教训，避免重蹈覆辙。

（3）特征三：标准化、相互关联性和相互操作性

这是合成生物学更深层次的特征。如果某个元件变成一个标准或经常被使用而获得类似标准的性质，那么不得不使用这个标准元件的人就会被"绑架"——他们完全依赖这个元件，从而为这个元件的专利权人创造了巨大的商业机会。所谓专利勒索或专利敲诈就是一个公司不生产任何东西，专门以起诉别人，收取专利使用费、许可证费或牌照费为业务模型，这类公司利用

专利牟取暴利，不利于合成生物学的发展。例如1993年，美国安进（Amgen）公司仅靠血液中的一种生长因子专利权就获取了近6亿美元的收益，而1994年，该公司又以2000万美元的价格向洛克菲勒（Rockefeller）大学购买了一条肥胖基因专利。安进公司作为专利权人通过专利许可或转让获利，没有创造实际的经济效益，从某种程度上说阻碍了经济和科技的进步。

除此之外，"知识享用权框架"的支持者指出专利权也不利于公民参与合成生物技术创新。广泛参与文化（包括科学和技术）创新是人类发展的需要，人们有权利积极参与科学进步，而非仅仅被动地分享利益。如果给合成生物技术授予专利，会阻碍人们对合成生物知识的访问和使用，侵犯人们的文化权利。

正如知识产权专家桑德·玛达薇（Sunder Madhavi）所说："参与世界知识的生产本身就是目的。所有人都在寻求独立思考，运用他们的聪明才智改善他们的生活以及周围人的生活。"阿马蒂亚·森（Amartya Sen）研究机构认为发展并不是坐享其成，而是寻求过上幸福充实生活的能力，自给自足的同时与他人互相影响。从这种意义上来说，专利制度阻碍了公民参与合成生物技术创新的文化权利，同时也不利于合成生物学的发展。

四、合成生物学相关专利保护的伦理建议

（一）促进专利法与合成生物技术的发展

目前各国的专利法并非完美，还存在很多弊端，如"三性"概念不严格、专利检索困难以及不利于创新等。研究者认为：政府以及国际组织应该根据合成生物学的发展情况适时调整和完善专利法，以实现两者的共同发展。那么如何完善呢？前面提到通过直接改变司法体系来协调合成生物学与专利法共同发展的方法必然会引发技术或法律偏见，使得世界知识产权体系变得更加复杂。因此，研究者认为应该将知识产权和合成生物学的共同发展置于一个更广阔的政治和研究背景中。

全球有许多不同的集团，例如公司、政府、行业组织、科研人员、发达国家以及发展中国家等。它们都有各自的目标，并朝着不同的目标发展，从而产生一个错综复杂的相互作用网络。预测这个相互作用网络的发展方向有

利于探索全球知识产权系统（与经济、政治和技术发展相关）的发展方向，进一步促进合成生物学的发展以及激发我们的道德和政治关注。因此，专利法与生物技术的与时俱进是更广泛的科学与社会的共同演化的一部分。在全球政治合力的不断演化中，中国等发展中国家正在不断崛起，并扮演着重要的角色。专利法应该更多地考虑到这一因素，改变对于原有发达国家需求的片面定位，更多地鼓励发展中国家研制需要的合成生物技术，维护人类的整体利益。

（二）加强资源开放和共享的伦理精神

在市场经济时代，资源、信息的共同分享和利用，已经成为一种伦理精神。我国的合成生物学发展应该在知识产权主导的情况下，适当实行资源开放和共享的伦理精神。合理借鉴"知识享用权框架"的三种共享方案。

1. 生物元件基金会

为了防止过度专利保护制度阻碍合成生物学的发展，美国斯坦福学院的德鲁·恩迪（Drew Endy）和麻省理工学院的汤姆·耐特（Tom Knight）等"知识享用权框架"的发起者和支持者成立了一个生物元件基金会。该基金会奉行"开放"和"共享"的精神，主要职责是对标准生物元件进行注册、管理和共享，并将注册表保存在公共领域，免费提供给合成生物学研究人员，同时鼓励研究人员贡献出自己研发的生物元件，进一步促进这些可替换的 DNA 片段的公共分享。"知识享用权框架"与法律专家詹姆斯·博伊尔（James Boyle）的想法不谋而合，即合成生物学组织可以比照人类基因组计划，将新生物元件尽快公开，并将部分生物元件纳入公共领域。不过，也有人担心开放和共享生物元件会造成病毒式传播，被生物恐怖主义者利用，制造生物武器。从目前的情况来看，合成生物学尚处于发展的初步阶段，一个新的专利发明或是新的生物元件不大可能提供大量微生物用于恐怖主义。另外，也有人担心无条件的资源开放和共享会阻碍合成生物技术的最终产品，例如某种新型药物的专利化，毕竟在现有的创新系统里知识产权保护仍然是最重要的部分。

2.《生物元件公开协议》

鉴于以上弊端，2009 年《生物元件公开协议》（Biobrick Public Agreement）提出一个新的资源共享方案：确定生物元件的贡献者和生物元件的使用者的权利与义务。该协议由两个单独的协议组成：《贡献者协议》和《用户协议》。前者主张生物元件的贡献者对签订协议的使用者不行使任何知识产权；后者则要求用户必须注明生物元件贡献者的出处，并遵守生物安全惯例和相关法律。从实践的效果来看，《生物元件公开协议》并没有引发病毒式的传播，也没有妨碍最终产品的专利化。不过这种策略可能会降低潜在贡献者共享生物元件的积极性。

毫无疑问，一方面合成生物学家秉持开放和共享的伦理精神，建立生物元件基金会以共享生物元件和基本工具，另一方面他们也不得不面对、适应知识产权主导的世界现实。但是，《生物元件公开协议》可以在帮助合成生物学组织发展壮大的同时而无需支付高昂的产权费用，这对我国合成生物技术的发展有一定的借鉴意义。

3. iGEM 的共享精神

国际基因工程机器设计竞赛（iGEM）堪称"知识享用权框架"的第三种共享方案，自从 2004 年 iGEM 举办以来，吸引了大批世界各地的大学生、研究人员和业余爱好者的参与，使得该组织发展成为一支重要的、拥有自主权利的国际力量。除了强烈的竞争特色以外，iGEM 高度重视共享与合作，鼓励参与者将发明合成 DNA 登记在标准生物元件注册表上，甚至放弃申请专利。iGEM 也是一个向世界各地传播合成生物新技术和新知识的重要机制。正如肯尼斯·欧伊（Kenneth Oye）和蕾切尔·威尔豪森（Rachel Wellhausen）写的那样："iGEM 与合成生物学的推广活动是国际科学技术共享的模型和典范。"iGEM 的精神影响了人们对专利的态度，越来越多年轻的合成生物学研究人员开始践行共享的精神。2007 年以后，中国的大学生逐渐参与 iGEM，在合成生物学的资源共享中贡献自己的力量。

恩迪作为 iGEM 的主创认为只有资源开放和共享才能解决全球的公共卫生问题。在基因工程设计竞赛的过程中，他看到了公共卫生发展的希望和潜力："其中的一个积极影响是能获得设计所需要的生物材料，这些材料很多是很难获取或者非常昂贵的。具体来说，降低合成生物技术的研发成本，使长期被忽视的领域得到更多的关注，例如孤儿病——发病群体主要是缺乏购买力的穷人。"他认为新兴的 iGEM 能够有效弥补专利权的不足，进而推动公共卫生事业的发展。

值得注意的是，恩迪不曾将发展中国家排斥在现代科学技术之外，他说："如果我们可以启动成千上万个青蒿素项目，能否改善人类的生存和环境状况？如果让那些依赖昂贵制造方法的制药技术从共享中受益，将会怎样？"恩迪深知要实现这个梦想不仅仅需要技术，还需要伦理、政治和商业环境的支持。最后他认为要促进公共卫生领域以及制药业的创新，必须在世界范围内推广 iGEM 的共享精神，提高"知识享用权框架"的地位。这对于我国发展公共卫生等领域的合成生物技术也是很有借鉴意义的。

（三）发展技术专利的替代方案

合成生物技术专利权可能会导致垄断，而打破这种垄断的一种有效方法就是研发合成生物技术专利的替代方案开放给所有人使用。一个典型的例子是锌指技术，锌指蛋白可以产生大量复杂的分子工具，锁定并切割 DNA 序列。这项技术被美国加利福尼亚桑加摩生物科技公司申请了专利，并将每个锌指蛋白定价为 1.5 万美元，极大地限制了其他研究人员使用锌指技术，不利于合成生物技术的创新和发展。但不久该公司的垄断地位就受到了威胁，一个名为锌指联盟的学术组织研发了一个替代的锌指技术方案。2011 年，哈佛大学的一个学生团队在参加 iGEM 的过程中发明了另外一种制造锌指的新方法，并开放了这一技术。哈佛大学团队研发的替代方案扩大了锌指技术的可及性，有助于打破目前锌指市场价格过高的局面。这些学生还致函美国参议院和众议院，建议决策者在保护知识产权和促进技术资源开放之间找到一个平衡点。

第四节　合成生物学生物安全与伦理案例

基因编辑技术是一种定向改造 DNA 基因序列的技术，也是合成生物学的基本技术。通过这项技术，人类理论上可以彻底掌握生命的密码。1953 年，沃森与克里克提出了 DNA 双螺旋结构，由此拉开了现代分子生物学的序幕，虽然 DNA 结构发现得很早，但人类却在很长一段时间中对基因编辑并无太多进展，直至 20 世纪 70 年代，科学家发现细菌中存在一种特殊的酶，它能够降解噬菌体的 DNA，从而保护细菌免受噬菌体的侵害，这种酶就是限制性内切酶。限制性内切酶的发现使人类编辑基因成为可能。

1996年,美国基因公司Sangamo Therapeutics推出了第一代基因编辑技术ZFNs,该技术可以修饰体细胞和多功能干细胞的基因组,但需要设计合成复杂的蛋白模块,构建周期长,步骤烦琐,并且无法实现对任意靶基因的结合。显而易见,如此烦琐的步骤是难以进一步商业变现的。ZFNs出现的13年后,第二代基因编辑技术TALENs问世。与ZFNs相比,虽然蛋白设计进行了简化,但仍需要耗费大量的时间设计和组装。同时,因为过大的体积,在递送到靶细胞方面更为困难,也无法进行高通量基因编辑。复杂的机制让基因编辑的进一步应用受到极大限制,这也为后续迭代路径指明了方向,那就是简便与高效。

2012年,埃曼纽尔·卡彭蒂耶与詹妮弗·杜德纳开发了第三代基因编辑技术CRISPR/Cas。与前两代技术相比,CRISPR/Cas最大的变化在于效率的提升,系统简单、精准,编辑效率高,操作成本低,极大降低了技术门槛,并让基因编辑有望实现临床应用的可能。基于CRISPR/Cas技术的平台价值,两人在2020年被授予诺贝尔化学奖,而卡彭蒂耶更是在后来创立了CRISPR Therapeutics公司,其上市的基因疗法Casgevy成为全世界首款获批上市的CRISPR基因编辑疗法。

理论上通过基因编辑可以治愈所有类型的疾病,尤其是很多先天缺陷的基因疾病,让人们看到了治愈的希望。更有甚者,还曾提出通过编辑衰老基因,让人类返老还童。但是基因编辑具有不可逆性,编辑后的细胞在正常分裂后,被编辑的基因也会被继承。也就是说,人类对于基因的改变会一直在后世中流传,如果编辑进了错误或当前看不出错误的基因,那么就会造成基因污染。所以说,基因编辑不仅仅是一个学术问题,更是一个社会伦理问题。

2018年11月26日,南方科技大学副教授贺某某宣布:全球首例"免疫艾滋病"基因编辑婴儿(露露和娜娜)于11月在中国健康诞生。贺某某表示:研究团队对这对双胞胎的CCR5基因进行了修改,使她们出生后获得先天抵抗艾滋病病毒HIV的能力。这一消息迅速激起轩然大波,震动了世界。

2018年11月26日,国家卫生健康委回应"基因编辑婴儿"事件,依法依规处理。11月27日,科技部副部长徐南平表示本次"基因编辑婴儿"如果确认已出生，属于被明令禁止的，将按照中国有关法律和条例进行处理。中国科协生命科学学会联合体发表声明，坚决反对有违科学精神和伦理道德的所谓科学研究与生物技术应用。11月28日，国家卫生健康委员会、科学技术部发布了关于"免疫艾滋病基因编辑婴儿"有关信息的回应：对违法违规行为坚决予以查处。

2019年1月21日，从广东省"基因编辑婴儿事件"调查组初步查明，该事件是南方科技大学副教授贺某某为追逐个人名利，自筹资金，蓄意逃避监管，私自组织有关人员，实施国家明令禁止的以生殖为目的的人类胚胎基因编辑活动。12月30日，"基因编辑婴儿"案在深圳市南山区人民法院一审公开宣判。贺某某等3名被告人因共同非法实施以生殖为目的的人类胚胎基因编辑和生殖医疗活动，构成非法行医罪，分别被依法追究刑事责任。

总之，如果说合成生物学是一把双刃剑，那就意味着"我可用敌亦可用"。我们能够因为合成生物学所带来的生物安全、伦理和知识产权风险就放弃对合成生物学的研究，而让这把剑仅仅被恐怖分子和别有用心的人掌握吗？答案显然是否定的。中国有句古话，"知己知彼，百战不殆"。战胜各种危机的方法，绝对不是避而不谈或不去碰触，而是尽快地完全掌握所有相关知识和技术。只有完全掌握了基因复制、重组等相关技术，才能在新的病毒和有害生物出现之后迅速利用合成生物学技术破坏其复制和侵害功能，真正提高人类抵御侵害的能力，才能够驾驭合成生物学，使其为生命科学的发展进步和人类应对、解决全球性挑战做出更大贡献。

参考文献

[1] 美国科学院研究理事会. 合成生物学时代的生物防御 [M]. 郑涛, 叶玲玲, 程瑾等译. 北京: 科学出版社, 2020.
[2] 杨根生. 生物药物合成学 [M]. 杭州: 浙江大学出版社, 2012.
[3] 路易西. 化学合成生物学 [M]. 北京: 科学出版社, 2013.
[4] 邓子新, 喻子牛. 微生物基因组及合成生物学进展 [J]. 北京: 科学出版社, 2014.
[5] 张亭, 冷梦甜, 金帆, 等. 合成生物研究重大科技基础设施概述 [J]. 合成生物学, 2022, 3 (1): 184-194.
[6] 郭思敏, 叶斌, 徐飞. 美德伦理视角下的合成生物学技术伦理治理 [J]. 合成生物学, 2022, 3 (1): 224-237.
[7] 朱梦梅, 李琨, 王梁华, 等. 依托生物化学与分子生物学课程构建合成生物学竞教平台 [J]. 广东化工, 2022, 49 (1): 233-234, 189.
[8] 杜瑞, 王梦歌, 彭金金, 等. 环境未培养微生物中新型抗生素的发掘研究进展 [J]. 生物加工过程, 2022, 20 (2): 172-181.
[9] 刘秀玉, 罗凌龙, 马莹, 等. 植物天然产物途径创建 [J]. 药学学报, 2021, 56 (12): 3285-3299.
[10] 管宁子, 尹剑丽, 王义丹, 等. 合成生物学在慢病防治领域的应用与展望 [J]. 生命科学, 2021, 33 (12): 1520-1531.
[11] 杨琛, 袁其朋, 申晓林, 等. 化学品绿色制造的合成生物学 [J]. 合成生物学, 2021, 2 (6): 851-853.
[12] 罗楠, 赵国屏, 刘陈立. 合成生物学的科学问题 [J]. 生命科学, 2021, 33 (12): 1429-1435.
[13] 王千, 白杰, 江会锋. 合成生物学酶改造设计技术的研究进展 [J]. 生命科学, 2021, 33 (12): 1493-1501.
[14] 池豪铭, 刘天罡. 合成生物学助力天然产物的高效合成及创新发现 [J]. 生命科学, 2021, 33 (12): 1510-1519.
[15] 杨琛, 徐健, 杨弋. 代谢研究新技术助力合成生物学 [J]. 生命科学, 2021, 33 (12): 1476-1482.
[16] 王凤姣, 徐海洋, 闫建斌, 等. 植物天然农药除虫菊酯的生物合成和应用研究进展 [J]. 合成生物学, 2021, 2 (5): 751-763.
[17] 刘婉, 严兴, 沈潇, 等. 生物元件库国内外研究进展 [J]. 微生物学报, 2021, 61 (12): 3774-3782.
[18] 曾正阳, 刘心宇, 马铭驹, 等. 合成生物学产业发展与投融资战略研究 [J]. 集成技术, 2021, 10 (5): 104-116.
[19] 李敏, 林子杰, 廖文斌, 等. 人工智能在合成生物学的应用 [J]. 集成技术, 2021, 10 (5): 43-56.
[20] 刘媛媛, 石向前, 吕宪峰. 微生物药物的合成生物学研究进展 [J]. 当代化工研究, 2021 (17): 173-174.
[21] 倪吉. 合成生物学: 面向未来的行业 [J]. 中国石油和化工, 2021 (9): 38-41.
[22] 张婵, 姚广龙, 张军锋, 等. 广藿香百秋李醇分子调控及合成生物学研究进展 [J]. 生物技术通报, 2021, 37 (8): 55-64.
[23] 郭曼曼, 田开仁, 乔建军, 等. 噬菌体重组酶系统在合成生物学中的应用 [J]. 中国生物工程杂志, 2021, 41 (8): 90-102.
[24] 于慧敏, 郑煜堃, 杜岩, 等. 合成生物学研究中的微生物启动子工程策略 [J]. 合成生物学, 2021, 2 (4): 598-611.
[25] 张春月, 金佳杨, 邱勇隽, 等. 传统与未来的碰撞: 食品发酵工程技术与应用进展 [J]. 生物技术

进展，2021，11（4）：418-429.

[26] 李玉娟，仇华炳，柳天晴，等 . 合成生物医学应用领域态势分析 [J]. 集成技术，2021，10（4）：3-16.

[27] 刘陈立，董宇轩，郭旋 . 合成生物学在推动肿瘤细菌疗法临床药物开发中的应用 [J]. 集成技术，2021，10（4）：78-92.

[28] 袁其朋，孔建强 . 天然产物的生物合成专刊序言 [J]. 生物工程学报，2021，37（6）：1821-1826.

[29] 姜逢霖，巩婷，陈晶晶，等 . 植物来源药用天然产物的合成生物学研究进展 [J]. 生物工程学报，2021，37（6）：1931-1951.

[30] 孔红铭，赵楠星，陈秋平 . 利用合成生物学改善食品营养研究进展 [J]. 食品安全导刊，2021（15）：166-168.

[31] 陈书 . 基于OPCUA的合成生物学自动化铸造平台控制系统的研究及开发 [D]. 秦皇岛：燕山大学，2021.

[32] 钱秀娟，刘嘉唯，薛瑞，等 . 合成生物学助力废弃塑料资源生物解聚与升级再造 [J]. 合成生物学，2021，2（2）：161-180.

[33] 张媛媛，曾艳，王钦宏 . 合成生物制造进展 [J]. 合成生物学，2021，2（2）：145-160.

[34] 荆晓姝，丁燕，韩晓梅，等 . 联合固氮菌的合成生物学研究进展 [J]. 微生物学报，2021，61（10）：3026-3034.

[35] 范婷婷，王慕瑶，李俊，等 . 酵母生物多样性开发及工业应用 [J]. 生物工程学报，2021，37（3）：806-815.

[36] 王盼，朱晨辉，赵婧，等 . 合成生物学在蛋白质功能材料领域的研究进展 [J]. 合成生物学，2021，2（1）：46-58.

[37] 李洋，申晓林，孙新晓，等 . CRISPR基因编辑技术在微生物合成生物学领域的研究进展 [J]. 合成生物学，2021，2（1）：106-120.

[38] 利用合成生物学和机器学习算法来加速人类肝脏类器官的开发 [J]. 生物医学工程与临床，2021，25（1）：121.

[39] 张曦，李鹏程，黄建东，等 . 合成生物学在活体功能材料构建上的应用 [J]. 科学通报，2021，66（3）：341-346.

[40] 袁盛建，马迎飞 . 噬菌体合成生物学研究进展和应用 [J]. 合成生物学，2020，1（6）：635-655.

[41] 王启要，李鹏飞，高淑红，等 . 国际基因工程机器大赛对本科生综合能力培养模式的探索 [J]. 生物工程学报，2021，37（4）：1457-1463.

[42] 许颖颖 . 可逆性甘氨酸裂解体系的体外构建与动力学研究及其在一碳合成生物学中的应用 [D]. 北京：北京化工大学，2020.

[43] 赵培培，王国栋 . 植物活性特异性代谢物合成生物学应用研究进展 [J]. 植物生理学报，2020，56（11）：2296-2307.

[44] 肖海，张坤生 . 我国合成生物学发展下的知识产权保护 [J]. 科技管理研究，2020，40（20）：173-181.

[45] 李晓萌，姜威，梁泉峰，等 . 细菌群体感应系统在细胞间通讯中的应用及其合成生物学研究进展 [J]. 合成生物学，2020，1（5）：540-555.

[46] 刘美霞，李强子，孟冬冬，等 . 烟酰胺类辅酶依赖型氧化还原酶的辅酶偏好性改造及其在合成生物学中的应用 [J]. 合成生物学，2020，1（5）：570-582.

[47] 迟佳妮，郭明璋，刘洋儿，等 . 基于合成生物学的功能微生物在种植业生产中的研究进展 [J]. 农业生物技术学报，2020，28（9）：1688-1698.

[48] 彭耀进 . 合成生物学时代：生物安全、生物安保与治理 [J]. 国际安全研究，2020，38（5）：29-57，157-158.

[49] 饶海密，梁冬梅，李伟国，等 . 真菌芳香聚酮化合物的合成生物学研究进展 [J]. 中国生物工程杂志，2020，40（9）：52-61.

[50] 谭乐, 安一硕, 张鑫卉. 打通创新链, 促进产学研——中国科学院深圳先进技术研究院合成生物学发展及展望 [J]. 中国基础科学, 2020, 22 (4): 44-50.

[51] 田荣臻, 刘延峰, 李江华, 等. 典型模式微生物基因表达精细调控工具的研究进展 [J]. 合成生物学, 2020, 1 (4): 454-469.

[52] 周楠, 夏婷颖, 黄建东. 合成生物学在探索生物图案形成基本原理中的应用与展望 [J]. 合成生物学, 2020, 1 (4): 470-480.

[53] 曹中正, 张心怡, 徐艺源, 等. 基因组编辑技术及其在合成生物学中的应用 [J]. 合成生物学, 2020, 1 (4): 413-426.

[54] 王琛, 赵猛, 丁明珠, 等. 生物支架系统在合成生物学中的应用 [J]. 化工进展, 2020, 39 (11): 4557-4567.

[55] 李佳秀, 蔡倩茹, 吴杰群. 萜类化合物在酿酒酵母中的合成生物学研究进展 [J]. 生物技术通报, 2020, 36 (12): 199-207.

[56] 李国玮, 游淳. 二糖磷酸化酶及其在体外合成生物学中的应用 [J]. 食品与发酵工业, 2020, 46 (21): 284-291.

[57] 王高丽, 金雪芮, 罗云孜. 合成生物学在含氟化合物生产中的应用 [J]. 合成生物学, 2020, 1 (3): 358-371.

[58] 陈大明, 周光明, 刘晓, 等. 从全球专利分析看合成生物学技术发展趋势 [J]. 合成生物学, 2020, 1 (3): 372-384.

[59] 朱婷婷. 苔类植物黄酮糖基转移酶功能研究及其合成生物学应用 [D]. 青岛: 山东大学, 2020.

[60] 徐静, 由紫暄, 张君奇, 等. 合成生物学方法改造电活性生物膜研究进展 [J]. 化工学报, 2020, 71 (9): 3950-3962.

[61] 徐彦芹, 杨锡智, 罗若诗, 等. 合成生物学在生物基塑料制造中的应用 [J]. 化工学报, 2020, 71 (10): 4520-4531.

[62] 张婉, 徐飞. 合成生物学伦理问题研究态势分析 [J]. 医学与哲学, 2020, 41 (9): 41-47.

[63] 韩来闯. 生物元件的挖掘、改造及在基因表达调控系统中的应用 [D]. 无锡: 江南大学, 2020.

[64] 马诗雯, 王国豫. 合成生物学的"负责任创新" [J]. 中国科学院院刊, 2020, 35 (6): 751-762.

[65] 江会锋. 合成生物技术助力可持续发展 [J]. 生物技术通报, 2020, 36 (4): 6-7.

[66] 吴晓燕. 合成生物学在工业生物技术中的应用 [J]. 世界科技研究与发展, 2020, 42 (2): 217.

[67] 蒲璐, 黄亚佳, 杨帅, 等. 合成生物学在感染性疾病防治中的应用 [J]. 合成生物学, 2020, 1 (2): 141-157.

[68] 张博, 马永硕, 尚轶, 等. 植物合成生物学研究进展 [J]. 合成生物学, 2020, 1 (2): 121-140.

[69] 曲俊泽, 陈天华, 姚明东, 等. ABC 转运蛋白及其合成生物学中的应用 [J]. 生物工程学报, 2020, 36 (9): 1754-1766.

[70] 唐娅丽, 于昌江, 刘宇, 等. 浮萍合成生物学研究进展 [J]. 生命科学, 2020, 32 (2): 100-109.

[71] 曾小美, 苏莉, 刘亚丰, 等. 合成生物学底盘微生物细胞的应用及其生物安全在创新型本科生培养中的实践 [J]. 微生物学通报, 2020, 47 (4): 1224-1229.

[72] 丁明珠, 李炳志, 王颖, 等. 合成生物学重要研究方向进展 [J]. 合成生物学, 2020, 1 (1): 7-28.

[73] 刘延峰, 周景文, 刘龙, 等. 合成生物学与食品制造 [J]. 合成生物学, 2020, 1 (1): 84-91.

[74] Xie Z X. "Perfect" designer chromosome V and behavior of a ring derivative [J]. Science, 2017, 355 (6329).

[75] Wu Y, Li B Z, Zhao M, et al. Bug mapping and fitness testing of chemically synthesized chromosome X [J]. Science, 2017, 355 (6329): 4706.

[76] Cai T, Sun H, Qiao J, et al. Cell-free chemoenzymatic starch synthesis from carbon dioxide [J]. Science, 2021, 373 (6562): 1523-1527.